高等学校"十四五"
农林规划新形态教材

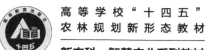

新农科·智慧农业系列教材

果园智能化栽培管理

主 编 刘永忠

U0391249

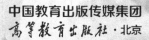

中国教育出版传媒集团

高等教育出版社·北京

内容简介

　　本书是新农科建设背景下，为适应智慧农业专业人才培养的需要而编写的教材。全书共分为10章，系统介绍了果业发展基本情况和趋势、果树生物学特性、智能化管理和装备、苗木繁育、园区建设、土肥水管理、树体花果管理和病虫害防控等基本理论知识和技术，以及实现智能化管理的路径和思路。

　　本书可作为智慧农业专业本科生的教材，也可以作为从事智慧农业研究的研究生、科研及管理工作者的参考书籍。

图书在版编目（CIP）数据

　　果园智能化栽培管理 / 刘永忠主编 . -- 北京：高等教育出版社，2023.12
　　ISBN 978-7-04-061469-5

　　Ⅰ . ①果… Ⅱ . ①刘… Ⅲ . ①人工智能 - 应用 - 果树园艺 - 高等学校 - 教材 Ⅳ . ① S66-39

　　中国国家版本馆 CIP 数据核字（2023）第 232147 号

Guoyuan Zhinenghua Zaipei Guanli

策划编辑　赵晓玉	责任编辑　赵晓玉	封面设计　裴一丹	责任校对　张　薇		
责任印制　赵义民					

出版发行	高等教育出版社	网　　址	http://www.hep.edu.cn	
社　　址	北京市西城区德外大街4号		http://www.hep.com.cn	
邮政编码	100120	网上订购	http://www.hepmall.com.cn	
印　　刷	北京中科印刷有限公司		http://www.hepmall.com	
开　　本	850mm×1168mm　1/16		http://www.hepmall.cn	
印　　张	17.75			
字　　数	450 千字	版　　次	2023 年 12 月第 1 版	
购书热线	010-58581118	印　　次	2023 年 12 月第 1 次印刷	
咨询电话	400-810-0598	定　　价	49.00元	

本书如有缺页、倒页、脱页等质量问题，请到所购图书销售部门联系调换

编写人员

主　编　刘永忠
副主编　李大志　吕石磊　王　磊
编　者（按姓氏笔画排序）

王仁宗（湖北富邦科技股份有限公司）　　王　磊（上海交通大学）

卢晓鹏（湖南农业大学）　　　　　　　　吕石磊（华南农业大学）

刘永忠（华中农业大学）　　　　　　　　李大志（湖南农业大学）

李　震（华南农业大学）　　　　　　　　佃袁勇（华中农业大学）

陈　晨（农业农村部南京农业机械化研究所）　林丽蓉（华中农业大学）

罗其斌（武汉禾大科技有限公司）　　　　罗　娅（四川农业大学）

周卫军（湖南农业大学）　　　　　　　　郑永强（西南大学）

袁会珠（中国农业科学院植物保护研究所）　鲍秀兰（华中农业大学）

潘志勇（华中农业大学）

新形态教材·数字课程（基础版）

果园智能化栽培管理

主编 刘永忠

新形态教材网 Abooks

关于我们 | 联系我们　　登录/注册

果园智能化栽培管理

刘永忠

开始学习　　收藏

　　果园智能化栽培管理数字课程与纸质教材紧密结合，内容包括教学课件、彩图、参考文献、自测题、知识拓展等学习资源，以帮助学生进行自主学习。

http://abooks.hep.com.cn/61469

前言

　　果树产业发展对促进社会经济发展、保障人民营养健康和满足人民日益增长的美好生活需要起着重要的作用；近些年也成为助力精准扶贫和乡村振兴的重要产业。我国果树的种植面积和产量在进入21世纪后相继跃居世界首位，部分果树的种植面积和产量均领先世界其他国家，成为世界果树生产大国。但是我国果树产业的快速发展主要体现在种植面积和产量的增长上，一方面，果树生产主要是以传统模式种植，管理理念和栽培技术相对落后、品质参差不齐、品牌和营销不足、果园经营效益不高，距果树生产强国还有较大差距。另一方面，果树产业从业人员老龄化现象日益严重，开沟施肥和冬季清园的树体修剪等很难做到位，难以保证果园产量和果实品质。这些问题已经严重影响了我国果树产业持续健康发展。

　　果树产业的健康发展离不开懂产业、有理论和技术的专业人才。我国经历了传统农业和生物化学农业，目前正在向机械化农业和智慧农业迈进。根据"工业4.0"概念（2013），农业也出现了相应的"农业4.0"划分标准。"农业1.0"为以靠人力和畜力为主、"农业2.0"为以利用机械为主、"农业3.0"为以操控计算机为主、"农业4.0"为以操控机器人为主进行农事操作的农业。农业管理智能化将随着我国农业现代化推进而前行，虽然我国果业多数产区还处在"农业1.0"和"农业2.0"时代，少数产区的果园管理应用到自动化管理，物联网等新技术仅在小范围内试验。但是随着我国移动网络、物联网、大数据、人工智能技术的快速发展，现代农业发展政策层面的稳步推进，以及果业健康发展的迫切需求，果园管理必定会实现数字化和智能化。基于此，依据高校与高等教育出版社关于"新农科背景下课程与教材创新发展'十四五'规划"，《果园智能化栽培管理》作为新农科背景下智慧农业系列教材，由华中农业大学负责组织编写。

　　本书按照"农艺、农机和信息"三结合原则，系统介绍了果业发展基本情况和趋势、果树生物学特性、智能化管理和装备、苗木繁育、园区建设、土肥水管理、树体花果管理和病虫害防控等基本理论知识和技术，以及实现智能化管理的一些路径或思路；适宜作为数字园艺或智慧园艺专业学生的教材，或者作为现代果业科研及管理工作者的参考书籍。

　　本书的编者均是我国高等学校和科研院所从事相关工作的一线专家。第1章由华中农业大学刘永忠编写；第2章由上海交通大学王磊和四川农业大学罗娅编写；第3章由华南农业大学李震、吕石磊，西南大学郑永强，华中农业大学鲍秀兰编写；第4章由湖南农业大学李大志和卢晓鹏编写；第5章由华中农业大学刘永忠、潘志勇编写；第6章由湖南农业大学周卫军编写；第7章由西南大学郑永强和华中农业大学林丽蓉编写；第8章由华中农业大学刘永忠和佃袁勇，华南农业大学吕石磊编写；第9章由中国农业科学院植物保护研究所袁会珠、农业农村部南京农业机械化研究所陈晨编写；第10章由上海交通大学王磊、湖北富邦科技股份有限公司王仁宗和武汉禾大科技有限公司罗其斌编写。全书由刘永忠统稿。

由于我们的学识有限，书中难免存在问题和错误，诚恳希望使用本书的教师、学生和科技或产业人员提出宝贵意见，使教材内容不断修正、更新、充实和提高。

刘永忠

2023 年 8 月

目录

~~~

主要参考文献

第1章
果树生产现状和趋势

我国的果树栽培历史悠久，早在《诗经》中就有栽培果树和采集野果的记载，以及许多描述水果的诗篇，如《周南·桃夭》中的"桃之夭夭，有蕡（fén）其实"；《大雅·抑》中的"投我以桃，报之以李"；《秦风·车邻》中的"阪有漆，隰（xí）有栗"和《秦风·晨风》中"山有苞棣，隰有树檖（指现在的梨）"等；《诗经》中提及的水果包括桃、李、梅、梨等11类果树。

果树产业发展对促进社会经济发展、保障人民营养健康和满足人民日益增长的美好生活需要起着重要的作用。在完善果树产业结构、延伸产业链和提升产业组织服务水平的基础上，如何推进果树产业栽培管理科技创新、实现降本丰产优质，是我国果树产业持续健康发展中需要解决的关键问题。

 第1节 果树生产分布

一、世界果树种植分布

据联合国粮食及农业组织（FAO）统计，2019年全世界共有230多个国家和地区，或多或少都有果树种植，全世界果树种植面积有5 800多万 hm^2、产量超过6.4亿 t（表1-1）。从表1-1中可知，目前世界上果树种植主要在亚洲和非洲，面积分别占全世界的50.9%和20.6%，产量分别占世界产量的55.0%和11.4%。而美洲产区的产量和面积则分别占世界产量的21.5%和14.4%，欧洲和大洋洲的果树种植面积和产量则相对较少。从单位面积产量来看，全世界的果树平均单产为11.1 t/hm^2，而美洲的果树平均单产最高，为16.7 t/hm^2；其次是大洋洲，为13.6 t/hm^2；亚洲排在第3位，为12.0 t/hm^2；非洲的果树平均单产最低，只有6.2 t/hm^2。

据FAO 2019年统计，世界果树种植面积排名前5位的是柑橘、葡萄、芒果（包括山竹和番石榴）、香蕉和苹果（图1-1），种植面积分别超过860万 hm^2、690万 hm^2、550万 hm^2、510万 hm^2 和470万 hm^2。柑橘主要分布在亚洲和美洲，占世界种植总面积的84% 左右，其中亚洲占57% 左右；葡萄主要分布在欧洲和亚洲，占世界种植总面积的78% 左右，其中欧洲占50% 左右；芒果主要分布在亚洲，占世界种植总面积的90% 左右；香蕉主要分布在亚洲、非洲和美洲，占世界种植总面积的97% 左右，其中亚洲和非洲种植面积相

表 1-1　2019 年世界果树主要区域的种植面积和产量 *

区域		面积 / 万 hm²	总产量 / 万 t	单位产量 /（t/hm²）
全世界		5 824.3	64 884.9	11.1
亚洲		2 965.7（50.9%）	35 690.9（55.0%）	12.0
其中：	东亚	1 285.2	17 147.9	13.3
	南亚	939.8	10 826.2	11.5
	西亚	375.0	2 960.9	7.9
	东南亚	306.7	4 184.9	13.6
	中亚	58.9	571.0	9.7
非洲		1 197.0（20.6%）	7 374.1（11.4%）	6.2
其中：	西非	522.8	1 148.6	2.2
	东非	330.0	1 912.3	5.8
	北非	240.9	2 723.3	11.3
	中非	71.9	871.5	12.1
	南非	31.5	718.4	22.8
美洲		836.6（14.4%）	13 952.2（21.5%）	16.7
其中：	南美洲	444.1	7 314.9	16.5
	中美洲	177.3	3 412.3	19.2
	北美洲	173.5	2 584.9	14.9
	加勒比地区	41.6	640.1	15.4
欧洲		777.8（13.4%）	7 222.0（11.1%）	9.3
其中：	东欧	191.7	1 622.0	8.5
	北欧	6.4	87.8	13.7
	南欧	458.6	4 183.6	9.1
	西欧	121.0	1 328.5	11.0
大洋洲		47.3（0.8%）	645.5（1.0%）	13.6
其中：	澳大利亚	30.4	330.7	10.9
	新西兰	7.1	161.6	22.7

　　* 数据来源 FAO；括号中的数据表示占全世界的比例。

当，均占世界种植总面积的 36% 左右；苹果主要分布在亚洲和欧洲，占世界种植总面积的 90% 左右，其中亚洲占 68% 左右。

　　目前世界果树种植面积排在前 5 位的主要分布国家和地区见表 1-2。柑橘主要分布在中国大陆、印度、巴西、西班牙和美国；葡萄主要分布在西班牙、法国、中国大陆、意大利和土耳其；芒果主要分布在印度、印度尼西亚、墨西哥、巴基斯坦和泰国；香蕉主要分布在印度、巴西、中国大陆、坦桑尼亚和卢旺达；苹果主要分布在中国大陆、印度、俄罗

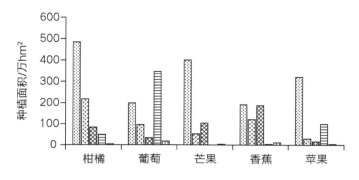

图 1-1　2019 年世界种植面积位于前 5 位的果树及分布情况

图例：⊠ 亚洲　⊠ 美洲　⊠ 非洲　▤ 欧洲　▥ 大洋洲

表 1-2　世界主要果树种植面积列前 5 位的国家和地区*

序号	柑橘	葡萄	芒果	香蕉	苹果
1	中国大陆（267.7）	西班牙（93.7）	印度（257.2）	印度（86.6）	中国大陆（204.1）
2	印度（96.1）	法国（75.5）	印度尼西亚（25.1）	巴西（46.2）	印度（30.8）
3	巴西（70.3）	中国大陆（74.3）	墨西哥（21.6）	中国大陆（34.4）	俄罗斯（21.1）
4	西班牙（29.5）	意大利（69.8）	巴基斯坦（21.5）	坦桑尼亚（30.3）	土耳其（17.4）
5	美国（27.8）	土耳其（40.5）	泰国（20.9）	卢旺达（25.4）	波兰（16.6）

* 2019 年 FAO 的统计数据，括号内为种植面积，单位为万 hm^2。

斯、土耳其和波兰。很显然，中国和印度是世界上果树种植非常重要的国家。

（一）亚洲果树分布

亚洲位于北半球和东半球，跨寒、温、热三带，气候类型复杂多样：东亚东南部是湿润的温带和亚热带季风区，东南亚和南亚是湿润的热带季风区，中亚、西亚和东亚内陆为干旱地区，以及北亚大部分为半湿润半干旱地区。正因为如此，几乎所有的果树种类在亚洲均有分布，亚洲是世界上果树种植面积和产量最大的一个洲（表 1-1）。据 2021 年 FAO 统计，整个亚洲约有 43 个国家和地区有果树种植，其中东亚的果树面积和总产量最高，2019 年分别超过 1 280 万 hm^2 和 17 147.9 万 t，平均产量达到 13.3 t/hm^2；其次是南亚、西亚、东南亚和中亚，种植面积分别为 939.8 万 hm^2、375.0 万 hm^2、306.7 万 hm^2 和 58.9 万 hm^2，总产量分别为 10 826.2 万 t、2 960.9 万 t、4 184.9 万 t 和 571.0 万 t（表 1-1）。亚洲种植果树种类超过 30 种，据 FAO 统计，2019 年种植面积前 5 位的果树分别是柑橘（包括宽皮柑橘、橙类、柠檬类、柚类）、芒果、苹果、李和葡萄，而总产量位居前 5 位的是柑橘、香蕉、苹果、芒果和葡萄；柑橘种植面积和总产量均在亚洲排在第 1 位，种植面积超过 480 万 hm^2、总产量超过 7 000 万 t（表 1-3）。

亚洲各地区分布的果树种类不一（表 1-3）。从种植面积来看，东亚主要的果树种类是柑橘、苹果、李、梨和柿，南亚主要的果树类型是芒果、柑橘、腰果、香蕉和苹果，东南亚主要的果树类型是腰果、芒果、香蕉、柑橘和凤梨，西亚主要的果树类型是榛子、椰枣、葡萄、柑橘和苹果，中亚主要的果树类型是苹果、葡萄、杏、桃和李。从总产量来看，亚洲各地区主要果树种类的产量排名与按种植面积相比有些变化，其中东亚则变为苹果、柑橘、梨、葡萄和香蕉；南亚变为香蕉、芒果、柑橘、木瓜和葡萄；东南亚变为香蕉、凤梨、芒果、柑橘和木瓜；西亚变为柑橘、葡萄、苹果、椰枣和桃；中亚变化较小，仅葡萄和苹果的位置发生互换（表1-3）。

表1-3 亚洲及各区的果树分布情况

	序号	亚洲	东亚	南亚	东南亚	西亚	中亚
按面积排序	1	柑橘（484）	柑橘（276）	芒果（300）	腰果（82）	榛子（79）	苹果（21）
	2	芒果（400）	苹果（218）	柑橘（137）	芒果（78）	椰枣（65）	葡萄（18）
	3	苹果（323）	李（212）	腰果（112）	香蕉（59）	葡萄（63）	杏（7）
	4	李（221）	梨（99）	香蕉（97）	柑橘（32）	柑橘（40）	桃（3）
	5	葡萄（199）	柿（97）	苹果（52）	凤梨（21）	苹果（32）	李（3）
按产量排序	1	柑橘（7 153）	苹果（4 447）	香蕉（3 185）	香蕉（1 835）	柑橘（692）	葡萄（220）
	2	香蕉（6 314）	柑橘（3 960）	芒果（2 989）	凤梨（770）	葡萄（597）	苹果（180）
	3	苹果（5 638）	梨（1 768）	柑橘（1 922）	芒果（703）	苹果（477）	杏（65）
	4	芒果（3 995）	葡萄（1 471）	木瓜（621）	柑橘（577）	椰枣（320）	桃（26）
	5	葡萄（2 915）	香蕉（1 200）	葡萄（617）	木瓜（137）	桃（119）	李（19）

注：括号内为各果树种类的面积和产量数值，面积单位为万 hm²，产量单位为万 t。

1. 柑橘

柑橘属于亚热带果树，作为亚洲的第一大果树，主要包括柚、橙、宽皮柑橘和柠檬四大类。从表1-4来看，柚类主要分布在中国、越南、泰国和孟加拉，种植面积均在

表1-4 2019年亚洲主要柑橘类型种植面积前十的国家和地区

序号	柚类		橙类		宽皮柑橘类		柠檬类	
	国家和地区	种植面积/万 hm²	国家和地区	种植面积/万 hm²	国家和地区	种植面积/万 hm²	国家和地区	种植面积/万 hm²
1	中国大陆	8.9	印度	65.6	中国大陆	189.7	印度	30.5
2	越南	6.6	中国大陆	56.2	土耳其	53.6	中国大陆	12.9
3	泰国	1.7	巴基斯坦	13.6	巴基斯坦	5.1	土耳其	4.0
4	孟加拉	1.3	伊拉克	10.0	日本	3.9	伊朗	2.9
5	土耳其	0.5	土耳其	7.5	韩国	2.2	孟加拉	2.1
6	菲律宾	0.5	越南	7.1	伊朗	2.2	叙利亚	1.7
7	中国台湾	0.5	印度尼西亚	6.8	尼泊尔	1.7	泰国	1.7
8	伊朗	0.4	伊朗	6.2	格鲁吉亚	1.7	巴基斯坦	1.4
9	叙利亚	0.2	叙利亚	2.5	泰国	1.4	斯里兰卡	1.0
10	以色列	0.2	泰国	2.4	以色列	1.0	尼泊尔	0.6

1 万 hm² 以上，占亚洲区柚类种植面积的 87% 左右；橙类则主要分布在印度、中国、巴基斯坦和伊拉克，种植面积均在 10 万 hm² 以上，占亚洲区橙类种植面积的 79% 左右；宽皮柑橘则主要分布在中国、土耳其、巴基斯坦、日本、韩国和伊朗等国，种植面积均在 2 万 hm² 以上，占亚洲区宽皮柑橘种植面积的 96% 左右，其中中国宽皮柑橘种植面积接近 190 万 hm²，占亚洲区宽皮柑橘种植面积的 71% 左右；柠檬类主要分布在印度、中国、土耳其、伊朗和孟加拉等国，种植面积均超过 2 万 hm²，其中印度是柠檬种植面积最大的国家，有 30 多万 hm²。

2. 芒果

芒果属于热带水果，在亚洲果树的种植面积居第 2 位、产量居第 4 位（表 1–3）。芒果主要分布在亚洲的南亚及东南亚地区，种植面积排在前 8 位的国家占整个亚洲种植面积的 96% 左右。印度分布最多，有 257.2 万 hm²，占整个亚洲种植面积的 64% 左右；其次是印度尼西亚、巴基斯坦和泰国，均有 20 多万 hm² 面积（表 1–5）。

表 1–5　2019 年亚洲主要果树种植面积居前 8 位的国家

序号	芒果	种植面积 /万 hm²	苹果	种植面积 /万 hm²	李	种植面积 /万 hm²	葡萄	种植面积 /万 hm²	香蕉	种植面积 /万 hm²
1	印度	257.2	中国大陆	204.1	中国大陆	210.8	中国大陆	74.3	印度	86.6
2	印度尼西亚	25.1	印度	30.8	土耳其	2.1	土耳其	40.5	中国大陆	34.4
3	巴基斯坦	21.5	土耳其	17.4	伊朗	1.4	伊朗	15.5	菲律宾	18.6
4	泰国	20.9	伊朗	10.1	乌兹别克斯坦	1.3	印度	14.0	越南	13.4
5	菲律宾	19.5	乌兹别克斯坦	9.9	塔吉克斯坦	0.8	乌兹别克斯坦	10.4	印度尼西亚	13.2
6	中国大陆	18.0	巴基斯坦	7.4	韩国	0.8	阿富汗	9.0	泰国	6.1
7	孟加拉	13.4	朝鲜	7.1	巴基斯坦	0.6	格鲁吉亚	8.1	孟加拉	4.9
8	越南	10.2	叙利亚	5.2	阿塞拜疆	0.5	叙利亚	4.5	柬埔寨	3.1

3. 苹果

苹果是主要分布在冷凉地区的温带果树，在亚洲果树种植面积和产量均排在第 3 位（表 1–3）。亚洲苹果种植主要集中分布在中国大陆、印度和土耳其等国，种植面积居前 8 位国家的总种植面积占亚洲总种植面积的 90% 左右，其中中国大陆最多，有 204.1 万 hm²，占整个亚洲种植面积 63% 左右，而印度的苹果种植面积也有 30.8 万 hm²（表 1–5）。

4. 李

亚洲李树种植主要分布在东亚、西亚和中亚等国家，种植面积居前 8 位的国家依次为中国大陆、土耳其、伊朗、乌兹别克斯坦、塔吉克斯坦、韩国、巴基斯坦和阿塞拜疆，种植面积占总个亚洲总种植面积的98%左右，其中中国大陆的种植面积最大，超过210万 hm^2，占亚洲总种植面积的95%（表1-5）。

5. 葡萄

葡萄是一个分布范围较广的温带类型果树，其种植面积居世界第2位（图1-1），种植面积和总产量在亚洲地区均居第5位（表1-3）。葡萄主要分布在亚洲的中国、土耳其、伊朗、印度等国家，居前8位国家的种植面积占亚洲种植面积的88%左右；东亚的中国种植面积最大，有74万 hm^2，占亚洲整个种植面积的37%左右；西亚葡萄主要种植国家有土耳其、伊朗和叙利亚，种植面积分别超过40万 hm^2、15.5万 hm^2 和4.5万 hm^2；南亚主要分布在印度和阿富汗，种植面积分别是14万 hm^2 和8.9万 hm^2 左右；中亚主要分布在乌兹别克斯坦和格鲁吉亚，种植面积分别是10万 hm^2 和8万 hm^2 左右（表1-5）。

6. 香蕉

香蕉属于热带果树，在亚洲主要分布在南亚、东南亚国家，以及中国的南部。种植面积居前8位的国家或地区依次是印度、中国大陆、菲律宾、越南、印度尼西亚、泰国、孟加拉和柬埔寨，它们的种植面积占亚洲总面积的93%左右；印度和中国大陆则分别有86.6万 hm^2 和34.4万 hm^2 左右，分别占亚洲香蕉总种植面积的44.6%和39.7%（表1-5）。

（二）非洲果树分布

非洲位于东半球西部，欧洲以南，东濒印度洋、西临大西洋，在南纬34°51′～北纬37°21′之间，纵跨赤道南北。非洲被称为"热带大陆"，气候特点是高温、少雨、干燥，全洲年平均气温在20℃以上的地带约占全洲面积的95%，因此非洲的果树主要以热带和亚热带类型为主，如香蕉、芒果、腰果、凤梨和柑橘等。目前非洲果树的种植面积居世界五大洲的第2位，不过其面积只有1 200万 hm^2 左右，不到亚洲的1/2；而总产量不到7 400万 t，只有亚洲的1/5左右。整个非洲约有50个国家种植有果树，其中西非种植的面积最多，有522.8万 hm^2；其后依次是东非、北非、中非和南非，种植面积分别为330万 hm^2、240.9万 hm^2、71.9万 hm^2 和31.5万 hm^2 左右（表1-1）。

从表1-6的种植面积排序来看，分布在非洲的主要果树是腰果、香蕉、芒果、柑橘和扁桃，它们的种植面积占非洲果树种植面积的75%左右；从产量排序来看，分布在非洲的主要果树是香蕉、柑橘、芒果、凤梨和葡萄，它们占非洲果树产量的77%左右。另外，非洲各区域主要分布的果树存在一些差异，如牛油果和木瓜在中非、南非和西非有一定分布，苹果在北非和南非都有一定分布（表1-6）。

1. 腰果

腰果在非洲的种植面积有470万 hm^2，主要分布在东非和西非，种植面积分别有142万 hm^2 和328万 hm^2（表1-6）。据FAO 2019年统计，腰果主要分布在科特迪瓦，有190万 hm^2 种植面积；其次是坦桑尼亚、贝宁、几内亚比绍、布隆迪、加纳、尼日利亚、莫桑比克和布基纳法索等国家。坦桑尼亚和贝宁分别有98万 hm^2 和57万 hm^2，几内亚比绍和布隆迪的都是28万 hm^2 左右，加纳有16万 hm^2 左右，尼日利亚、莫桑比克和布基纳法索在13万～15万 hm^2 之间。以上这些国家的腰果种植总面积占非洲的95%以上。

表 1-6　非洲及各区的果树分布情况

	序号	非洲	东非	中非	北非	南非	西非
按面积排序	1	腰果（470）	腰果（142）	香蕉（51）	扁桃（52）	葡萄（12）	腰果（328）
	2	香蕉（188）	香蕉（118）	凤梨（10）	柑橘（49）	柑橘（10）	芒果（52）
	3	芒果（104）	芒果（32）	芒果（3）	椰枣（41）	苹果（2）	凤梨（25）
	4	柑橘（83）	柑橘（15）	牛油果（3）	葡萄（21）	牛油果（2）	木瓜（11）
	5	扁桃（52）	凤梨（8）	柑橘（2）	芒果（17）	梨（1）	香蕉（9）
按产量排序	1	香蕉（2 148）	香蕉（1 098）	香蕉（633）	柑橘（1 003）	柑橘（287）	凤梨（296）
	2	柑橘（1 563）	芒果（385）	凤梨（143）	椰枣（374）	葡萄（202）	芒果（256）
	3	芒果（896）	柑橘（131）	芒果（30）	葡萄（285）	苹果（89）	腰果（170）
	4	凤梨（577）	凤梨（126）	柑橘（25）	香蕉（263）	香蕉（41）	柑橘（117）
	5	葡萄（489）	腰果（64）	木瓜（22）	苹果（202）	梨（41）	香蕉（113）

注：括号内为各果树类型的面积或产量数值，面积单位为万 hm^2，产量单位为万 t。

2. 香蕉

从种植面来看，香蕉是非洲的第二大果树，虽然 2019 年其面积比腰果少近 300 万 hm^2，但是产量在非洲居第 1 位，有 2 148 万 t。非洲的香蕉主要分布在东非和中非，种植面积分别有 118 万 hm^2 和 51 万 hm^2、产量分别是 1 098 万 t 和 633 万 t；其次香蕉在北非、南非和西非也有少量分布，产量分别有 263 万 t、41 万 t 和 113 万 t（表 1-6）。非洲种植香蕉较多的国家有坦桑尼亚、卢旺达、刚果、安哥拉、布隆迪和乌干达等，2019 年 FAO 的统计面积分别在 10 万 hm^2 以上，其中坦桑尼亚超过 30 万 hm^2，卢旺达和刚果超过 20 万 hm^2。

3. 芒果

芒果的种植面积和产量在非洲均居第 3 位，分别有 104 万 hm^2 和 896 万 t；芒果在非洲分布比较广泛，其种植面积和产量在非洲各区域均在前 5 的范围内；从种植面积来看，西非最多，其次是东非，分别有 52 万 hm^2 和 32 万 hm^2（表 1-6），分别占非洲芒果种植面积的 50% 和 30% 左右。非洲种植芒果较多的国家主要是科特迪瓦、埃及、尼日利亚和马达加斯加，2019 年 FAO 的统计表明它们的种植面积均超过 10 万 hm^2，其中科特迪瓦约 16 万 hm^2。

4. 柑橘

柑橘在非洲的种植面积只有 83 万 hm^2 左右，居第 4 位，但其产量有 1 500 多万 t，居第 2 位，仅次于香蕉；虽然柑橘在非洲各区域均有分布，但主要分布在北非、东非和南非，2019 年其种植面积分别有 49 万 hm^2、15 万 hm^2 和 10 万 hm^2。栽培柑橘主要包括宽皮柑橘、橙、柚和柠檬四大类，据 FAO 2019 年统计，非洲宽皮柑橘、橙、柚和柠檬四大类柑橘的种植面积分别有 17 万 hm^2、49 万 hm^2、6 万 hm^2 和 12 万 hm^2 左右，宽皮柑橘主要分布在摩洛哥和埃及，橙类主要分布在埃及、摩洛哥、阿尔及利亚、坦桑尼亚和南非，柚主要分布苏丹和南非，柠檬主要分布在苏丹、南非和埃及。

5. 扁桃

扁桃（almond）的种植面积在非洲居第 5 位，有 52 万 hm² 左右，基本分布在北非（表 1-6）。据 FAO 2019 年统计，扁桃种植主要分布在北非 7 个国家，分别是突尼斯、摩洛哥、利比亚、阿尔及利亚、布基纳法索、科特迪瓦和斯威士兰，其中突尼斯和摩洛哥种植面积最大，分别有 23 万 hm² 和 19 万 hm² 左右；利比亚和阿尔及利亚只有 6 万 hm² 和 4 万 hm² 左右；其他 3 个国家的种植面积则比较少，不到 4 000 hm²。

6. 凤梨

凤梨（pineapple）主要分布在东非、中非和西非等近 30 个国家。其 2019 年的总产量在非洲居第 4 位，有 577 万 t 左右（表 1-6）；截至 2019 年统计结果，凤梨分布最多的国家是尼日利亚，有 20 多万 hm²；其次是安哥拉，有 7 万 hm² 左右；排在第 3 位的是几内亚，种植面积有 3 万 hm² 左右；其他国家的种植面积则均在 2 万 hm² 以下。

（三）美洲果树分布

美洲位于西半球，在太平洋东岸、大西洋西岸，处于南纬 60°～北纬 80°、西经 30°～西经 160° 之间，面积达 4 206.8 万 km²，跨有不同的气候带：北美大部分属亚寒带和温带大陆性气候，中美和南美北部主要属热带气候，南美南部则属温带气候，分布有丰富的果树类型，其中面积超过 10 万 hm² 就有 10 几个树种。

FAO 2019 年统计数据表明，美洲的果树种植面积约 836 万 hm²、产量约 14 000 万 t，主要分布在南美洲，种植面积 444 万 hm²，占美洲种植总面积的 50% 以上。中、北美洲的果树种植面积相近，分别是 174 万 hm² 和 177 万 hm² 左右（表 1-1）。

在美洲种植面积居前 5 位的果树分别是柑橘、香蕉、葡萄、芒果和扁桃；而产量居前 5 位的是柑橘、香蕉、葡萄、凤梨和苹果。另外，美洲各区域的主要种植的水果类型有差异，其中南美洲和中美洲主要种植柑橘和香蕉，北美洲则主要种植葡萄、柑橘和扁桃，加勒比海地区主要种植香蕉、芒果等（表 1-7）。

表 1-7　美洲及各区的果树分布情况

	序号	美洲	南美	北美	中美	加勒比地区
按面积排序	1	柑橘（218）	柑橘（115）	扁桃（48）	柑橘（67）	香蕉（14）
	2	香蕉（121）	香蕉（83）	葡萄（39）	香蕉（24）	芒果（10）
	3	葡萄（96）	葡萄（53）	柑橘（28）	芒果（24）	柑橘（8）
	4	芒果（53）	腰果（43）	核桃（15）	牛油果（24）	牛油果（6）
	5	扁桃（49）	芒果（20）	苹果（13）	核桃（10）	凤梨（2）
按产量排序	1	柑橘（4 525）	柑橘（2 774）	柑橘（721）	香蕉（1 014）	香蕉（200）
	2	香蕉（2 974）	香蕉（1 759）	葡萄（635）	柑橘（968）	木瓜（138）
	3	葡萄（1 441）	葡萄（754）	苹果（538）	凤梨（498）	芒果（91）
	4	凤梨（1 043）	凤梨（475）	扁桃（194）	芒果（262）	牛油果（90）
	5	苹果（981）	苹果（358）	草莓（105）	牛油果（250）	柑橘（63）

注：括号内为各果树类型的面积或产量数值，面积单位为万 hm²，产量单位为万 t。

1. 柑橘

据 FAO 2019 年统计数据，柑橘在美洲的种植面积和产量分别为 218 万 hm² 和 4 525 万 t 左右，均位居美洲果树第 1 位（表 1-7）。美洲柑橘主要是橙类，2019 年的面积和产量分别占 66% 和 69% 左右；其次是柠檬和宽皮柑橘类型，它们的面积和产量分别占 19%、18% 和 12%、10% 左右；而柚类的种植面积和产量在美洲分布最少，均只占 3% 左右。橙类分布在南美洲、中美洲和北美洲等的 30 多个国家或地区，主要分布在巴西、墨西哥和美国三个国家，种植面积分别为 59 万 hm²、33 万 hm² 和 21 万 hm² 左右，占美洲橙类种植总面积的 78% 左右。柠檬主要分布在中美洲和南美洲等区域，其中墨西哥最多，种植面积超过 18 万 hm²；其次是阿根廷和巴西，种植面积在 5.5 万～6.0 万 hm² 之间，三个国家的种植面积占美洲柠檬种植总面积的 71% 左右。宽皮柑橘主要分布在南美洲、中美洲等区域，分布最多的是巴西，种植面积超过 5 万 hm²，其他种植面积超过 1 万 hm² 的国家有墨西哥（3.4 万 hm²）、美国（2.9 万 hm²）、阿根廷（2.9 万 hm²）、玻利维亚（2.7 万 hm²）、哥伦比亚（2.0 万 hm²）、秘鲁（1.2 万 hm²）和委内瑞拉（1.0 万 hm²）。柚类在美洲种植面积较少，主要分布在美国和墨西哥，种植面积均在 2 万 hm² 左右。

2. 香蕉

2019 年无论产量和面积，香蕉在美洲是居第 2 位的果树（表 1-7），不过其种植面积和产量分别只占美洲柑橘的 56% 和 66% 左右，且主要分布在南美洲和中美洲等区域。种植面积最广的是巴西，有 46 万多 hm²，其次是厄瓜多尔和哥伦比亚，不过种植面积只有 18 万 hm² 和 11 万 hm² 左右。其他种植面积在 1 万～10 万 hm² 的国家有危地马拉（9.0 万 hm²）、墨西哥（7.6 万 hm²）、海地（6.3 万 hm²）、哥斯达黎加（4.3 万 hm²）、委内瑞拉（4.2 万 hm²）、多米尼加共和国（2.9 万 hm²）、古巴（2.2 万 hm²）、玻利维亚（2.0 万 hm²）和洪都拉斯（1.5 万 hm²）。

3. 葡萄

葡萄在美洲的种植面积和产量均居第 3 位，分别为 91 万 hm² 和 1 441 万 t 左右，主要分布在南、北美等区域（表 1-7）。FAO 统计表明，2019 年美洲种植葡萄面积超过 1 万 hm² 的国家和地区有美国、阿根廷、智利、巴西、秘鲁、墨西哥和加拿大，种植面积分别为 37.8 万 hm²、21.5 万 hm²、19.5 万 hm²、7.5 万 hm²、3.2 万 hm²、3.2 万 hm² 和 1.2 万 hm² 左右。

4. 芒果

芒果的种植面积在美洲居第 4 位，产量则居前 5 之后，主要分布在南美洲、中美洲和加勒比地区（表 1-7）。FAO 统计的 2019 年数据表明，种植面积分布最多的国家是墨西哥，面积有 21.6 万 hm² 左右；其次是巴西、海地、哥伦比亚、古巴、秘鲁和厄瓜多尔，种植面积分别有 9.0 万 hm²、6.0 万 hm²、4.7 万 hm²、3.2 万 hm²、3.0 万 hm² 和 1.6 万 hm² 左右。

5. 扁桃

扁桃的种植面积在美洲居第 5 位，与芒果一样，产量居前 5 名之后（表 1-7）。其主要种植在北美的美国，2019 年的种植面积是 47.8 万 hm² 左右（FAO）；其次是智利、阿根廷和墨西哥有少量种植。

6. 凤梨

美洲凤梨的种植面积虽然在前 5 位之后，但是其产量则居第 4 位，为 1 043 万 t 左右，主要分布在南美洲和中美洲等区域（表1-7）。FAO统计的2019年数据表明，美洲种植凤梨面积最多的两个国家是巴西和哥斯达黎加，分别是6.7万hm²和4.0万hm²左右；其后依次是哥伦比亚、委内瑞拉、墨西哥、秘鲁和危地马拉，种植面积为1.3万~2.5万hm²。

7. 苹果

苹果在美洲的种植面积在前5位之外，其产量则位居第5位，主要分布在南、北美洲（表1-7）。FAO统计表明，美洲的苹果主要分布在美国、墨西哥、巴西、智利、阿根廷和加拿大等国家。美国分布最多，2019的种植面积超过11万hm²；其次是墨西哥，种植面积5.3万hm²左右。

（四）欧洲果树分布

欧洲位于东半球的西北部，北临北冰洋、西濒大西洋、南接地中海和黑海，在北纬36°~71°08′之间。欧洲拥有温带海洋性气候、地中海气候、温带大陆性气候、极地气候和高原山地气候等，其中温带海洋性气候最为典型，因此主要果树类型是以温带果树为主，如葡萄、苹果、桃、李、扁桃、梨等，而地中海周边有亚热带果树，如柑橘等。

欧洲主要分布的果树是葡萄和苹果。FAO统计数据表明，葡萄和苹果的种植面积和产量均居欧洲第1、2位，分别为346万hm²、100万hm²和2 671万t、1 709万t左右。东欧和西欧主要种植的果树是葡萄和苹果；而南欧除葡萄外，扁桃、柑橘和桃的种植面积也不少，分别有80万hm²、50万hm²和20万hm²左右；北欧因天气整体寒冷，果树分布比较少（表1-8）。

表1-8 欧洲及各区的果树分布情况

	序号	欧洲	东欧	北欧	南欧	西欧
按面积排序	1	葡萄（346）	苹果（66）	苹果（3.6）	葡萄（201）	葡萄（92）
	2	苹果（100）	葡萄（53）	草莓（1.6）	扁桃（80）	苹果（11）
	3	扁桃（80）	李（18）	山竹果（0.4）	柑橘（50）	梨（3）
	4	柑橘（51）	酸樱桃（12）	梨（0.3）	桃（20）	核桃（3）
	5	李（38）	草莓（11）	李（0.2）	苹果（19）	草莓（2）
按产量排序	1	葡萄（2 671）	苹果（830）	苹果（59）	葡萄（1 621）	葡萄（706）
	2	苹果（1 709）	葡萄（345）	草莓（20）	柑橘（1 047）	苹果（371）
	3	柑橘（1 053）	李（140）	梨（4）	苹果（449）	梨（94）
	4	桃（424）	酸樱桃（71）	山竹果（2）	桃（386）	草莓（35）
	5	李（290）	草莓（59）	李（1）	李（120）	李（28）

注：括号内为各果树类型的面积或产量数值，面积单位为万hm²，产量单位为万t。

1. 葡萄

因为欧洲人对葡萄酒的喜爱，葡萄一直是欧洲重要的果树，种植面积大、分布广。除北欧种植面积比较少外，在南欧、东欧和西欧有广泛的葡萄种植。据FAO统计，2019年欧洲有35个国家或地区种植有葡萄，其中面积超过10万hm²的有8个国家和地区，而产量超过 10 万 t 的有 19 个国家和地区。欧洲葡萄种植比较有名的国家是西班牙、意大利和法国。2019 年统计数据表明，这三个国家的种植面积和产量居前三位，其中西班牙的种植面积最大，为 93.4 万 hm²，不过产量位居第二，只有 574.5 万 t；法国和意大利的种植面积分别为 75.5 万 hm² 和 69.8 万 hm²，而产量分别是 549.0 万 t 和 790.0 万 t；其他国家的种植面积则在 20 万 hm² 以下。

2. 苹果

作为温带代表性果树，苹果在欧洲分布比较广泛，种植的国家超过 35 个，但是重点分布在东欧一些国家，且种植面积不大。2019 年的种植面积不到葡萄的 1/3（表 1-8）。俄罗斯、波兰、乌克兰、意大利、罗马尼亚、白俄罗斯、摩尔多瓦、法国和德国是苹果主要种植的国家，2019 年它们的种植面积均超过 5 万 hm²，其中俄罗斯和波兰的种植面积分别是 21 万 hm² 和 17 万 hm² 左右。

3. 扁桃

扁桃在欧洲经济栽培的种植区域相对集中，主要分布在南欧一些国家，如西班牙、意大利等。FAO 统计数据表明，2019 年西班牙和意大利种植面积和产量均居前 1 和 2 位，西班牙的种植面积超过 68 万 hm²、产量超过 34 万 t，而意大利的种植面积和产量分别为 5 万 hm² 和 8 万 t 左右。

4. 柑橘

欧洲在北纬 36°~71°08′ 之间，以温带气候类型为主，但是欧洲又南接地中海，拥有地中海气候，因此欧洲柑橘主要分布在地中海沿岸国家和地区，如南欧的西班牙、意大利和希腊是欧洲柑橘主要分布的国家。FAO 统计表明，2019 年这三个国家的柑橘种植面积分别为 30 万 hm²、14 万 hm² 和 4 万 hm² 左右。

（五）大洋洲果树分布

大洋洲位于太平洋中部和中南部的赤道南北广大海域中，在南纬 47°~北纬 30° 之间，陆地总面积约 897 万 km²，绝大部分地区属于热带和亚热带；同时大洋洲有一半以上的陆地面积为干旱地区，降水量地区分布差异显著。丰富的气候条件导致大洋洲果树类型比较丰富，但是由于陆地面积偏小、人口少，因此果树种植面积也少。FAO 统计表明，2019 年大洋洲果树种植面积超过 1 万 hm² 的仅 10 个果树树种，超过 10 万 hm² 的仅葡萄和香蕉（产量仅 197 万 t 和 178 万 t 左右），比较有名的猕猴桃的种植面积仅 1.5 万 hm² 左右（产量仅 56 万 t 左右）。澳大利亚和新西兰是大洋洲果树种植面积比较大的国家（表 1-1），澳大利亚分布最多的果树是葡萄，其次是扁桃、柑橘、牛油果和苹果，2019 年 FAO 统计的种植面积分别有 3.8 万 hm²、2.6 万 hm²、1.7 万 hm² 和 1.7 万 hm² 左右。新西兰主要种植的是葡萄、猕猴桃和苹果，2019 年的种植面积分别为 3.6 万 hm²、1.5 万 hm² 和 1.0 万 hm² 左右。

二、中国主要果树种植分布

自改革开放以来，我国水果业经过 40 多年的发展，实现了种类多样化，一年四季基本都有新鲜水果供应；同时，我国主要水果的种植面积和产量都有较大增长，在国际上均居第一位。2019 年我国有统计数据的果树种植面积约 1 219 万 hm²、产量约 1.6 亿 t。种植面积排在前 5 位的果树主要是柑橘（包括宽皮柑橘、橙类、柚类和柠檬类）、李、苹果、梨和柿，分别为 270 万 hm²、211 万 hm²、204 万 hm²、96 万 hm² 和 92 万 hm² 左右；总产量居前 5 位的是苹果、柑橘、梨、桃和葡萄，其产量分别是 4 242 万 t、3 819 万 t、1 709 万 t、1 584 万 t 和 1 437 万 t。而热带水果中以香蕉、荔枝、芒果居多，2019 年的种植面积分别为 36 万 hm²、54 万 hm² 和 20 万 hm² 左右，产量分别为 1 200 万 t、185 万 t 和 260 万 t 左右。另外，我国的主要水果种植分布逐步向优势区域集中。

1. 苹果

苹果属于温带果树，我国是苹果生产大国，自 20 世纪 80 年代末开始，我国的苹果种植面积一直位居世界首位，20 世纪 90 年代中期苹果种植面积超过 200 万 hm²，至 2019 年我国苹果种植面积和产量均占世界的 50% 以上。我国有 25 个省份种植苹果，但主要集中在山东、河北、辽宁的渤海湾地区（占比 44%），陕西、甘肃、山西的西北高原区（占比 34%），河南、江苏、安徽的黄河故道区（占比 13%）。近年来，我国苹果分布越来越集中，陕西、山东、河南、山西、河北、甘肃、辽宁、新疆八省份的种植面积超过全国的 93%。其中陕西的苹果种植面积接近全国的 1/3，为 61.5 万 hm²（表 1-9），陕西苹果目前主要集中分布在延安市和宝鸡市；甘肃苹果种植主要分布在庆阳、平凉、天水和陇南市；山东苹果主要分布在烟台（蓬莱区、栖霞市、福山区、牟平区、海阳市、莱阳市）、威海、临沂、淄博、济南和青岛等地。

表 1-9　2019 年我国苹果主要种植区域的面积和产量

地区	陕西	甘肃	山东	山西	辽宁	河北	河南	新疆
面积 / 万 hm²	61.5	24.1	24.7	14.6	13.7	12.5	11.9	8.4
产量 / 万 t	1 135.6	340.5	950.2	421.9	248.8	221.6	408.8	170.7

2. 柑橘

柑橘属于重要的亚热带水果，无论种植面积还是产量，我国柑橘种植均居世界第 1 位。我国柑橘种植主要分布在北纬 20°～33°、东经 95°～122° 间的热带和亚热带地区、分布较广，包含 19 个省（自治区、直辖市）；其中广西、四川、湖南、江西、广东、湖北、重庆、福建和云南是柑橘重要分布地区。

广西的柑橘种植面积 2019 年约 58 万 hm²，产量约 1 400 万 t，主要种植沙糖橘、沃柑，其次是脐橙和金柑。沙糖橘主要分布在桂林市，沃柑主要分布在南宁市和崇左市，脐橙主要种植在富川，金柑主要分布在桂林阳朔和柳州融安等地。四川柑橘种植面积 2019 年接近 40 万 hm²、产量超过 430 万 t，主要分布在眉山、泸州、广安、资阳、南充、达州、遂宁、成都和乐山等地，柑橘种植面积均超过 2.5 万 hm²；分布最多的是眉山市，超过 6.5 万 hm²。湖南柑橘种植面积 2019 年接近 40 万 hm²，产量超过 550 万 t，主要分布在湘南、湘西地区的郴州、永州、邵阳、常德、怀化、湘西 6 个市州，柑橘种植面积占湖南省的 95% 以上。江西柑橘栽培历史悠久，生态条件良好，是发展柑橘的优势区域，是我国重要的柑橘产区，2019 年柑橘种植面积 33 万 hm² 左右，主要分布在赣州、抚州、吉安和上饶四个地级市。广东虽然经常受到黄龙病的影响，但其柑橘种植面积基本维持在

25 万 hm^2 左右，主要分布在粤中（肇庆、云浮和惠州）、粤北（清远和韶关）和粤西（阳春和廉江），所占比例分别达到 42%、44% 和 10% 左右。湖北柑橘是一个发展比较稳定的老产区，种植面积近几年基本稳定在 22 万 hm^2 左右，柑橘种植比较集中，分布呈现"两江一区"格局，即长江中游柑橘带、清江流域带和丹江库区，集中在宜昌市和十堰市。重庆市位于长江中上游，是柑橘种植适宜区域，目前面积为 22 万 hm^2 左右，除市中心未种植柑橘外，几乎每一个区县都有柑橘种植。目前柑橘种植逐渐向优势区集中，初步形成了三大柑橘产业带：万州、开州、云阳、奉节、巫山等地晚熟鲜销生产基地，环长寿湖晚熟柑橘生产与景观基地，以忠县为主，万州、开州、长寿为辅的加工鲜食柑橘基地。福建是柑橘种植历史悠久，在三国时代就有柑橘记载，由于黄龙病的危害，目前种植面积不超过 20 万 hm^2，主要分布在泉州（永春）、漳州（平和）、南平（建瓯、顺昌和延平区）等地。云南地处低纬高原，立体气候多样，生态环境优越，16 个地州（市）均有柑橘种植，虽然柑橘种植面积不大（目前不足 10 万 hm^2），但是潜力大；柑橘种植主要分布在金沙江、南盘江、元江、澜沧江和怒江流域的新平县、建水县、华宁县、宾川县、江城县、弥勒市、鹤庆县、元江县、瑞丽市和永胜县等地。

3. 梨

梨属于温带果树，在我国种植范围很广，北起黑龙江，南至广东，西自新疆，东至海滨，2019 年全国梨种植面积为 94 万 hm^2，形成了具有典型地方特色五大产区，即华北白梨区、环渤海秋子梨白梨区、西部白梨区、黄河故道白梨沙梨区、长江流域沙梨区；从省份来看，以河北省种植最多，为 12 万 hm^2 左右，其次是辽宁、四川、新疆、云南、山东、安徽等地。

河北省梨树种植分布范围较广，主要分布在南部，石家庄栽培种植面积最大，其次是沧州、衡水、邢台和保定等地区，而张家口和秦皇岛等地种植较少。辽宁省梨树的种植主要分布在辽西和辽南地区，以锦州、葫芦岛、朝阳、鞍山、辽阳等地为主。四川省梨树种植区域分布较广，重点分布在凉山彝族自治州、阿坝藏族羌族自治州、雅安、泸州、德阳、内江、绵阳、南充、宜宾、广元和巴中等市（州），其中苍溪、汉源、金川、南溪和罗江等县的生产规模大。新疆维吾尔自治区梨树主要种植在孔雀河上中游库尔勒、尉犁和叶尔羌河与喀什噶尔河三角洲巴楚、喀什、麦盖提等地区。云南省的梨树种植主要分布在泸西、巍山、安宁和呈贡等地。山东省梨树主要分布在烟台。安徽省的梨树主要分布在宿州、蚌埠、宣城和埠阳等市，其中宿州砀山素有"梨都"之称。

4. 桃

我国是世界桃生产第一大国，2019 年的种植面积超过 84 万 hm^2，集中分布在山东、河北、河南、湖北等省份。目前为止，山东省是我国桃树种植面积最多的地区，主要分布在临沂，其次是潍坊、济南、淄博、日照、泰安、青岛、枣庄、济宁和烟台等地；河北省的桃主要集中分布在衡水市的深州市，保定市的顺平县、满城区，石家庄的辛集市，唐山市的乐亭县和秦皇岛的昌黎县；河南的桃全省均有分布，主要种植在南阳市，其次是驻马店、商丘、信阳、开封、平顶山和周口市；湖北省的桃主要分布在襄阳、随州、孝感、荆门等市，其中襄阳的枣阳市曾授予"中国桃之乡"的称号。

5. 葡萄

我国葡萄种植已从传统产区北方逐渐扩展到南方，目前有 28 个省（区、市）有种植，分布较广。根据种植面积，葡萄主要分布在新疆、山东、河北、云南、辽宁等地。目前新疆、河北种植面积最多，分别有 143 万 hm^2、86 万 hm^2 左右；其次是陕西和山东，种植面积分别为 49 万 hm^2 和 43 万 hm^2 左右；云南、辽宁、江苏、河南、广西、宁夏、浙江和四川，葡萄的种植面积分别为 39 万 hm^2、38 万 hm^2、38 万 hm^2、36 万 hm^2、33 万 hm^2、32 万 hm^2、31.5 万 hm^2 和 30 万 hm^2 左右；其他贵州、甘肃、湖南和安徽的葡萄种植面积少于 30 万 hm^2，分别是 29 万 hm^2、28 万 hm^2、25 万 hm^2 和 19 万 hm^2 左右。

新疆维吾尔自治区的葡萄种植主要分布在吐鲁番和哈密（最大制干和鲜食基地），塔里木盆地西南的食木纳格区域（克州、喀什地区和阿克苏地区），伊犁河谷（伊犁州、兵团第四师及周边区域），北疆沿天山一带的石河子、博乐、昌吉、五家渠等地，和田地区（和田红），焉耆盆地周边的焉耆县、和静县、和硕县、库尔勒市等区域。河北省的葡萄种植主要集中在冀西北、冀东北和冀中南 3 个产区。冀西北产区也称怀涿盆地产区，核心区包括怀来、涿鹿、宣化、阳原等地；冀东北产区也称燕山南麓产区，核心区为秦皇岛市昌黎、卢龙、抚宁区和唐山市乐亭、滦县等地；冀中南产区重点包括饶阳、威县、永清、晋州、柏乡、永年等地。陕西省的葡萄种植主要分布在渭南、咸阳、西安和宝鸡等地。山东省几乎每个市都有分布，其中分布较多的是烟台、青岛、淄博、临沂、聊城、济宁和潍坊等市。另外，云南省的葡萄种植主要分布在干热河谷冰川、元谋等地，高热高海拔的德钦县，红河流域的弥勒市、丘北县和建水县等。辽宁省每个市均有葡萄栽培，其中锦州、营口、辽阳、沈阳、阜新、大连、朝阳、盘锦 8 个市分布最多；江苏省葡萄种植分布逐步由苏南（南通）向苏北（徐州）集中，同时避雨设施葡萄所占面积越来越大；河南省几乎每个市县都有葡萄分布，其中商丘、洛阳和信阳相对分布较多；广西壮族自治区葡萄种植主要分布在桂林、河池和柳州；宁夏回族自治区葡萄主要集中在贺兰山东麓地区；浙江省的葡萄种植主要分布在嘉兴、宁波、台州、金华、湖州、绍兴等地。四川省葡萄规模化种植主要分布于成都、凉山西昌等平原地区市县。贵州省的葡萄栽培主要集中在铜仁、黔东南、黔南、遵义、贵阳、安顺、毕水、六盘水、黔西南等地。甘肃省葡萄种植主要集中在河西走廊（武威市、张掖市、酒泉市）及天水两大区域。湖南省全省均有葡萄分布，逐步形成湘西北（常德、益阳、岳阳、张家界、湘西自治州）的优质欧亚种葡萄避雨栽培区、湘南（衡阳、郴州、邵阳、娄底、永州）的巨峰系列鲜食葡萄栽培区、湘西（怀化）优质特色刺葡萄栽培区和湘中（长沙、湘潭、株洲）城郊高效观光葡萄采摘区。安徽省的葡萄种植主要分布在皖北的宿州、淮北，皖中的合肥、淮南和皖南的芜湖、宣城、黄山、安庆等地。

6. 香蕉

香蕉起源亚洲南部，喜湿热气候，分布区年均温多超过 21℃，生长最适宜温度为 24～32℃，最低不宜低于 15.5℃。我国也是香蕉原产国之一，是世界上栽培香蕉历史最悠久的国家之一，近 10 年香蕉的种植面积在 35 万 hm^2 上下波动。我国香蕉的种植主要分布在广东、广西、云南、海南、福建等南亚热带地区，2019 年的蕉园种植面积分别是 109 万 hm^2、86 万 hm^2、83 万 hm^2、35 万 hm^2 和 1 万 hm^2 左右。贵州、四川和重庆在一些小气候区域有零星分布。

广东全省共有 21 个市（县）种植香蕉，香蕉分布较广，以茂名市、湛江市和惠州市居多。广西的香蕉种植主要分布在玉林、南宁和钦州。云南香蕉产地主要分布在澜沧江流域的版纳和勐腊等热带和亚热带地区，红河流域的新平、元江、金平、河口、屏边，怒江流域的隆阳区陇川、盈江、梁河和潞西、瑞丽等地。海南全省都有香蕉分布，主要分布在三亚市、儋州市、乐东县、白沙县、临高县、澄迈县和海口市等地。

7. 荔枝

荔枝属于亚热带水果，是一个非常有特色的夏季时令果品，果皮有鳞斑状突起，鲜红、紫红，花期春季、果期夏季，新鲜果肉半透明凝脂状、味甜、不耐储藏。我国荔枝主要分布在广东、广西两地，占全国荔枝种植面积的 85% 以上；其次是福建、海南、云南和四川。据国家荔枝龙眼产业技术体系调查，2019 年的荔枝面积约 54 万 hm²，其中广东、广西分别是 26.7 万 hm²、20.5 万 hm²，福建等其他 4 个省只有 1 万～2 万 hm²。广东荔枝主要分布在茂名市、广州市、惠州市及汕尾市等地区，广西荔枝主要分布在桂东南和桂西南的地区，其中钦州、玉林、贵港、北流等地是荔枝主要种植或集中分布区域。每年 4—8 月均有荔枝成熟上市，但是主要成熟上市时间在 5—6 月。

8. 芒果

芒果属于热带水果，性喜温暖，不耐寒霜。芒果主要分布的生产区年均温在 20℃ 以上，最低月均温大于 15℃。中国已成为世界第二大芒果主产区，主要分布在年均温 21～22℃、最冷月大于 15℃、全年几乎无霜的地区，如海南南部—西南部、广西右江河谷、四川—云南、云南怒江—澜沧江流域、云南红河流域、广东雷州半岛、贵州黔西南、福建闽南等地区。目前海南早熟芒果、广东雷州半岛早中熟芒果、广西右江河谷中熟芒果、云南西南元江流域芒果和晚熟芒果被划分为五个优势产业带，其中海南的三亚、广西百色和四川的攀枝花是中国芒果生产的重要产区。2019 年三亚的芒果种植面积超过 2.4 万 hm²，百色超过 8.6 万 hm²、攀枝花超过 5 万 hm²。

 第2节　我国果树栽培管理存在的问题和发展趋势

一、我国果树栽培管理存在的问题

进入 21 世纪后，我国果树的面积和产量相继跃居世界首位，部分果树的种植面积和产量均领先世界其他国家，成为世界果树生产大国。但是随着社会发展和进步，我国果树产业近年来逐渐出现品种结构不尽合理、供过于求、价格差异和波动大、采后处理滞后、品质参差不齐、品牌和营销整体落后、果园经营效益普遍不高等问题，而生产管理过程中存在如下主要问题。

（一）苗木繁育体系不健全、苗木质量无保障

针对不同区域选择最佳砧穗组合，采用无病毒苗木繁育技术，培育高质量苗木（健康、大小、粗度一致大苗）是实现果园智慧管理的基础。过去 20 年果树产业虽然快速发展，但是现阶段果树苗木繁育和经营仍以个体户繁育为主，专业化和规范化的苗木生产企

业少，现代化果树良种优质苗木繁育体系建设滞后；同时，现阶段因行业性果树良种苗木生产和管理法规缺乏或不健全、执行不到位等，加上果树苗木生产者以小户型为主，且经常受利益驱动盲目炒作品种，致使出圃苗木质量参差不齐、低价劣质苗木充斥市场，脱毒优质嫁接苗等没有保障，不能满足现代果园建园和栽培管理需要。

（二）劳动力不足和老龄化、田间管理不到位、用工价格上升

随着城市化进程加快，吸引了大量农村青壮年外出打工，造成农村劳动力不足和老龄化现象日益严重。2018 的乡村人口占比从 1978 年的 82.1% 降低到 40.4%。据全国人口普查数据统计，2015 年的农村人口为 6.03 亿、2020 年的农村劳动力 5.10 亿，比 2015 年减少了 0.93 亿人；从年龄来看，1990 年农村劳动力平均年龄为 36.8 岁，2000 年接近 40 岁，2010 年超过 45 岁，2016 年接近 55 岁，2020 年接近 60 岁。目前在留乡务农的劳动力当中，以老人居多、体力越来越差，劳动质量跟不上果园管理需要，劳动效率低，出现了"三人干一人活"的情况；同时留乡务农人员的文化程度也偏低，严重影响了新知识、新技术的学习。

农村务农劳动力不足及老龄化现象越来越严重，导致在规模化种植过程中，过去一些有效的管理措施，如开沟施有机肥、冬季清园中的树体修剪、生长季节的病虫害防控等，很难做到位，最终很难保证果园产量和品质；不仅如此，田间的劳动投入成本增加明显。2000 年左右的劳动用工价格为 12~20 元/天，2020 年前后普通用工价格达到 80~150 元/天，而嫁接、修剪等用工价格达到 200~400 元/天，有的地方果实采摘价格每斤超过 0.2 元。据调查，在稍有规模的橘园中（50 亩①以上），劳动投入成本占整个生产投入成本的 60% 以上。

（三）生产规模小、集约化和组织化程度低

我国主要果树（苹果、柑橘和梨等）在 2002 年和 2008 年实施优势区域发展规划，优势生产区域基本形成，生产集中度进一步提高，如苹果生产逐渐形成环渤海湾和西北黄土高原两大优势区，两大产区 2018 年苹果种植面积分别占我国苹果总面积的 26.9%、57.2%，产量分别占我国苹果总产量的 36.0%、53.0%，生产集中度在 85% 以上。但是在我国目前仍然处于"大国小农"的基本国情下，果树产业的快速发展主要依靠种植面积增长实现，果树生产主要还是以家庭为单位，每户一般在 20 亩以下，投入不足；另一方面，虽然有一些果树种植企业或专业合作社，但是规模小（多数面积在 100~500 亩）、管理理念和技术落后，同时专业合作社与农户利益联系不密切，产业的带动能力不够。

总体来看，目前多数产区仍以传统栽培模式为主、栽培管理技术水平总体不高，栽培模式落后，小生产与大市场矛盾突出，从根本上制约了果园标准化、轻简化生产技术的推广和实施。

（四）管理技术传统、生产理念落后

果树产业是劳动密集型产业，传统管理模式下的整个生产管理过程均需要投入大量的

---

① 1 亩 ≈ 666.7 m²

劳动力。目前许多果树种植主体负责人文化素质总体不高，认为果树种植是一个简单的事情，继续沿用传统的土肥水、树体和病虫害管理技术，如不重视高标准、规范、宜机化建园，在整个生产过程中仍坚持大水、大肥、大树、大产量观念；采用人工开沟施肥、割草，劳力不足情况下又采用撒施化肥和除草剂除草技术；绿色轻简化、安全健康生产理念和农业现代化生产的理念不足。

（五）过分依赖品种，栽培技术重视不够

适宜的品种是成功种植果树的基础，目前果树种植者在生产中都希望种植的是一个好品种，热衷于追寻新品种，把新品种等同于好品种，而不太注重栽培技术。事实上，好品种有地域性和人群针对性等特点，万能的好品种是不存在的。果树产业的发展在适地砧穗优良组合的基础上，配合适宜的栽培技术，才能生产出优质产品；而再好的品种，忽视栽培技术均会失败。

（六）标准化生产水平不高、果品质量参差不齐

我国果树生产仍然是以小农户种植为主，果树生产模式和经营方式比较落后；即使以企业化规模种植，也基本上是采用承包方式，栽培管理以人工为主，现代化程度低，缺少系统配套实用的标准化生产技术体系，因此果品质量参差不齐，市场竞争力差。

（七）栽培管理轻简技术缺乏、生产成本上升

从业劳动力不足以及老龄化日渐严重，不仅使果园管理不到位，而且促进劳动用工价格迅速上升、果园管理及生产投入大幅度增加。据国家统计局 2018 年发布的调查数据，2018 年苹果每亩平均总成本 4 904.8 元，其中人工投入成本为 3 065.2 元，占总成本的 62.5%，每 kg 苹果的成本达到 2~3 元。另外，产业现场调查也表明，目前每 kg 鲜食葡萄的成本>3 元；鲜食柑橘的成本不同地方、不同品种有差异，每 kg 成本在 1 元左右、最高超过 5 元。生产成本大幅度增加，致使果树种植效益下降，果树生产迫切需要轻简化栽培管理技术。

随着从业劳动力不足和老龄化现象日益严重，机械开始在果园栽培管理过程中应用。由于与农艺融合不够，虽然目前果园机械种类非常多，但是使用效果不尽人意。另外，果树产业中也研发应用了一些轻简化技术，如大枝修剪、缓释肥、水肥药一体化等，不过碎片化严重、轻简化栽培管理技术体系还严重缺乏。

二、果树种植发展趋势

（一）果树种植总的趋势

1. 产量和种植面积的变化趋势

从 1961 年 FAO 有不同作物的种植产量和面积统计数据以来，已经历了 60 多年的发展历程。无论从产量还是面积来看，亚洲、非洲和大洋洲的果树产量以及种植面积在过去的 60 年中均持续增加；美洲果树产量呈现持续增加趋势，但种植面积在 2011 年以后呈

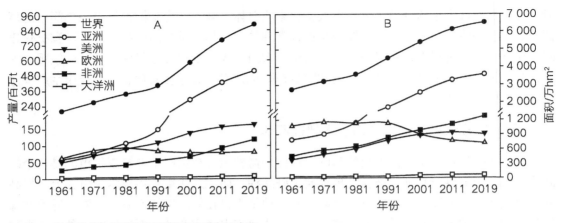

图 1-2　世界及各大洲的果树种植面积和产量变化

下降趋势；欧洲的果树产量在 1981 年后出现下降趋势，2000 年后稳定在 8 000 万 t 上下，而其种植面积在 1971 年之后就开始逐渐减少（图 1-2）。总体上看，整体较发达的欧洲果树产量和种植面积处于减少或稳定状态，而整体较落后的亚洲和非洲的果树产量和种植面积还处于增长较快阶段。

2. 品种分布区域化

世界果树栽培不断向少数生态环境环境优良区域（优势区）集中，而不同地区也逐渐重点发展具有自身优势的种类或品种。如美国柑橘区域化非常明显，主要分布在两个区域：东部的佛罗里达州和得克萨斯州，以加工柑橘为主；西部的加利福尼亚州和亚利桑那州，以鲜食柑橘为主；意大利的柑橘主要集中在西西里岛，西班牙的柑橘主要集中在瓦伦西亚，巴西圣保罗集中了全国 70% 的柑橘。以最佳环境和地形为基础的品种分布区域化，不仅可以最低的成本生产出高质量的产品，而且可集中力量针对产业问题开展研究，建立完善的全产业链体系和提供优质的社会化、专业化服务，提高果树种植和果品经营效益。

3. 生产经营组织化、专业化

当今的农业竞争，不仅是单一农产品质量的竞争，更是包括产前、产中和产后诸环节在内的整个产业体系或产业链的竞争。良好的经营组织会使产业发展具有很强的凝聚力和市场竞争力，是实现产业健康发展的根本保证。世界许多国家果业的生产经营组织化程度都比较高，一是以公司为核心吸收果农参加组成股份制企业形式。公司统一向批发市场运销果品，果农按果品数量入股分红，把公司和农户用共同利益联结为一体，如新西兰奇异果国际行销公司；二是由果农参加和资助的行业协会组织形式，如美国的新奇士（Sunkist）公司。生产专业化也是世界果树种植的趋势，苗木繁育、果园建园、病虫害管理、果树修剪、水肥管理等均由专业化服务组织完成。

4. 贸易品牌化、全球化

品牌作为产品的一种品种、地域或组织信息符号，是指消费者对产品及产品系列的认知程度，是对一个企业及其产品、售后服务、文化价值的一种评价和认知，是一种信任。品牌能够给拥有者带来溢价、产生增值。在果品供应非常丰富的时代，果业竞争已成为果品主产国（区域）之间的竞争，竞争的焦点不仅是品质的竞争，更是果品品牌间的综合竞争。国际果品贸易非常重视品牌的创建和维护，并利用品牌向全世界推广其果品。如美国的 Sunkist（新奇士）、南非的 Outspan、新西兰的 Zespri（佳沛）等世界知名品牌，在全球水果市场上占有重要地位。2018 年京东生鲜在香港发起成立全球水果品牌战略联盟，佳沛、福山、佰兹果、怡颗莓等在内的 18 家全球顶级水果供应商成为联盟首批成员，表明水果贸易的品牌化和全球化趋势不可阻挡。

5. 栽培技术轻简化

劳动力充足而土地资源匮乏的国家，在农业发展中大多以劳动替代资本；而劳动力不足但土地资源丰富的国家，大多以资本、技术替代劳动，发展机械化以节约劳动力。国外许多果园种植管理过程中均采用了水肥一体化和机械化等轻简化技术，美国、德国、澳大利亚、以色列等国家在果园栽培管理技术方面轻简化程度较高，果园的土壤管理、整形修剪、病虫害防治和果品收获等环节基本实现了机械化，水肥管理实现了自动化和精准供应，果园栽培管理正向自动化、信息化和智能化方向发展。

（二）主要果树种植面积和产量趋势

1. 柑橘

柑橘目前成为世界第一大果树产业，其产业在过去 60 年中一直处于增长阶段，其种植面积和产量分别由 1961 年的 191 万 hm^2 和 2 360 万 t 增加到 2019 年的 839 万 hm^2 和 1.43 亿 t（FAO 数据）。在过去 60 年中，宽皮柑橘和柠檬类的种植面积一直持续增加，橙类的种植面积 2011 年后增加变缓（图 1-3A），不过橙类、宽皮柑橘、柠檬类和柚类的产量在过去 60 年中均持续明显增加（图 1-3B）。另一方面，世界柑橘的种植比例也发生了显著变化。在 20 世纪 60 年代，橙类：宽皮柑橘类：柠檬类：柚类是 0.66：0.18：0.11：0.05，2019 年的橙类：宽皮柑橘类：柠檬类：柚类的比例变为 0.48：0.33：0.15：0.04，橙类的种植面积比例在缩小，宽皮柑橘的种植面积比例在扩大。

亚洲是柑橘种植变化大的一个洲。在过去 60 年中，橙类、宽皮柑橘类、柠檬类和柚类四大主要栽培柑橘种类的种植面积和产量均持续增加（图 1-3C 和图 1-3D），至 2019 年，柑橘种植面积和产量分别是 1961 年的 6 倍和 15 倍左右。从种植面积占比来看，20 世纪 60 年代，橙类：宽皮柑橘类：柠檬类：柚类是 0.54：0.32：0.11：0.03，2019 年的橙类：宽皮柑橘类：柠檬类：柚类的比例变为 0.38：0.45：0.13：0.04，因此过去 60 年亚洲橙类种植面积的比例是逐渐减少；其他柑橘类，尤其是宽皮柑橘类的种植比例逐渐增加。

美洲和欧洲是以种植橙类柑橘为主的大洲，它们的柑橘种植面积和产量均呈现先上升后下降的趋势，柑橘种植面积最高值出现在 2001 年前后，而柑橘产量最高值出现在 2011 年前后（图 1-3E ~ 图 1-3H）。非洲是另一个柑橘种植变化较大的一个洲，柑橘种植面积和产量在过去 60 年中均持续增加（图 1-3I 和图 1-3J），至 2019 年，柑橘种植面积和产量分别是 1961 年的 5 倍和 8 倍左右；与亚洲相比，非洲主要是以橙类种植为主，20 世纪 60 年代，橙类种植占比为 71.3%，目前（2019 年）橙类种植占比为 54.9%。大洋洲的柑橘种植面积和产量在全世界的份量不重，不过其发展趋势与美洲、欧洲相似，主要也是以橙类种植为主（图 1-3K 和图 1-3L）。

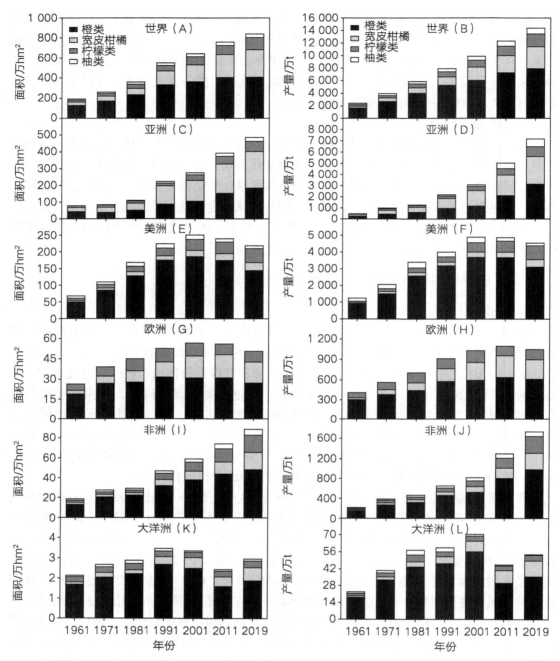

图1-3 世界及各大洲柑橘种植面积和产量的变化

2. 苹果

世界和各大洲的苹果种植产量和面积随着社会的发展呈现不同的变化趋势（图1-4）。从产量变化趋势来看：①世界总产量总体呈上升趋势，但是各大洲的苹果产量变化趋势不一致；②亚洲和非洲的苹果总产量呈现持续上升趋势，亚洲在1991—2011年增长迅速，世界的增长趋势主要受亚洲增长趋势的影响；③欧洲、美洲和大洋洲的苹果产量在过去 60 年中变化不大（图 1-4A）。从面积变化趋势来看：①世界苹果树种植面积在 1991 年之前增长迅速，后逐渐趋缓并表现出下降的趋势，各大洲的种植面积的变化趋势不一致；②亚洲苹果种植面积在 2011 年之前持续增长，其中 1971—2001 年增加迅速，随后表现出下降趋势；③非洲苹果树种植面积一直保持上升趋势，其中 1981—2011 年增长迅速；④欧洲苹果树种植面积在 1961—1971 年持续增加，1971—1991 年种植面积变化不大，随后呈现出下降趋势；⑤美洲和大洋洲的苹果树种植面积在过去 60 年间的变化不大（图 1-4B）。

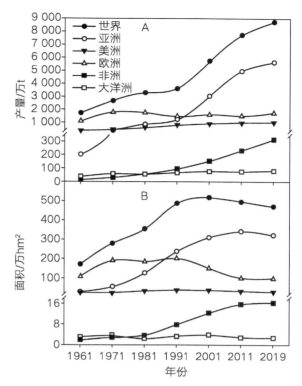

图 1-4　世界及各大洲苹果 60 年的变化

3. 香蕉

在过去 60 年中，全世界的香蕉种植面积和产量基本呈上升趋势。至 2019 年，香蕉的产量是 1961 年的 5 倍多；产量最快增加时期出现在 2001—2011 年，后随着种植面积的减少而产量增加趋缓。各大洲香蕉的种植面积和产量变化有一定差异，亚洲、非洲和美洲是香蕉种植的主要大洲，它们的种植面积在过去 60 年中整体呈上升趋势，至 2019 年，这三个大洲的种植面积分别是 20 世纪 60 年代的 2.5 倍、3.5 倍和 1.8 倍左右，而产量分别是 9.9 倍、6.7 倍和 2.7 倍左右。大洋洲和欧洲的香蕉种植面积较少，不过大洋洲香蕉种植面积一直呈上升趋势，由 20 世纪 60 年代的 5 万 hm² 增加到目前的 10.5 万 hm² 左右，而欧洲香蕉种植面积在过去 60 年间基本在 1 万 ~ 2 万 hm² 范围内波动变化。另外，大洋洲的香蕉产量在过去 60 年中一直呈上升趋势，2019 年的产量是 20 世纪 60 年代初的 3.6 倍左右，而欧洲的香蕉产量基本在 35 万 ~ 65 万 t 之间波动（图 1-5A 和图 1-5B）。

4. 葡萄

在过去 60 年里，世界和欧洲葡萄的种植面积总趋势是下降的（图 1-5C），直到近 10 年种植面积分别稳定在 690 万 hm² 和 350 万 hm² 左右，与 20 世纪 60 年代初相比，分别下降了 25% 和 50% 左右；亚洲、美洲和大洋洲的葡萄种植面积在过去 60 年中基本呈上升趋势（图 1-5C），2019 年与 1961 年的面积相比，分别增加了 74.1%、44.5% 和 241.8%；非洲的葡萄种植面积则呈下降趋势，近 30 年基本稳定在 30 万 hm² 左右。随着时代发展、社会进步，由于采用了良种和新的栽培管理技术等，除欧洲外，全世界及其他各大洲的葡萄产量仍然呈现上升态势（图 1-5D），至 2019 年，全世界的葡萄产量超过 7 500 万 t，是 20 世纪 60 年代初的 1.8 倍左右；而亚洲、美洲、非洲和大洋洲的产量分别增加了 499.0%、113.9%、58.9% 和 264.9%。

另外，世界的鲜食葡萄比例在增加，酿酒葡萄比例呈下降趋势。酿酒葡萄的栽培面

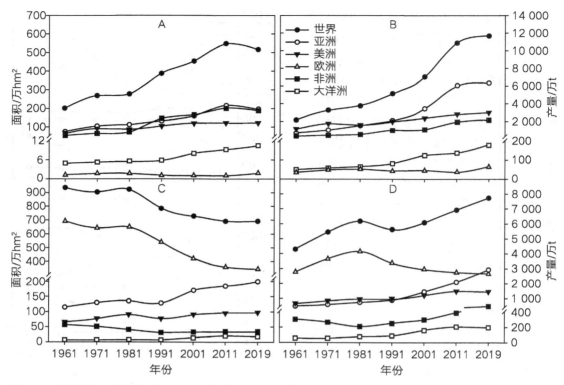

图 1-5　世界及各大洲香蕉（A 和 B）、葡萄（C 和 D）的种植面积和产量变化

积过去一直大于鲜食葡萄，但近些年来鲜食葡萄在世界葡萄产业中的比重越来越大，如 2000 年鲜食葡萄产量仅占世界葡萄总产量的 25%，而 2015 年时占比已达 35%。

5. 芒果

芒果属于热带水果，主要在亚洲、非洲和美洲热带地区种植。1961—2019 年，世界的芒果种植面积和产量一直呈上升趋势（图 1-6）。至 2019 年，全世界的芒果种植面积和产量分别增加了 3.36 倍和 4.12 倍，而亚洲、非洲和美洲的芒果种植面积和产量分别增加了 2.59 倍和 3.58 倍、7.73 倍和 3.76 倍、9.13 倍和 11.30 倍。

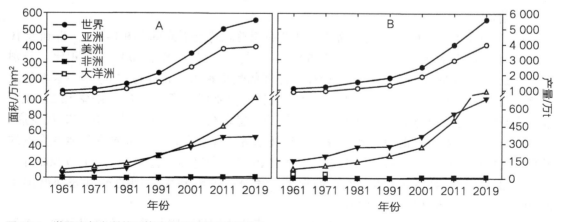

图 1-6　世界及各大洲芒果的种植面积和产量变化

（三）我国果树种植发展趋势

1. 果树种植面积和产量发展趋势

2019 年我国的果树种植面积超过 1 227 万 hm²（1.84 亿亩）、2.74 亿 t。总趋势来看，我国果树种植面积和产量在过去 60 年一直呈上升趋势。苹果和柑橘是我国近几年居第 1 和第 2 位的果树，苹果的种植面积在 20 世纪 90 年代初增加开始变缓，2011 年后呈下降趋势，而其产量在 20 世纪 90 年代初开始迅速上升，至今仍然保持着上升趋势；柑橘的种植面积在 20 世纪 80 年代以后基本上保持着快速增加的趋势、至今面积超过苹果位居我国果树第 1 位，其产量从 2000 开始增加迅速。李、桃、柿、葡萄等果树的种植面积从 20 世纪 80 或 90 年代开始保持迅速上升趋势；梨、香蕉和芒果等果树的种植面积在 2000 年或 2010 年之后开始呈下降趋势。从产量来看，除芒果近些年呈现下降趋势外，我国其他主要果树的产量一直呈上升趋势（图 1-7）。

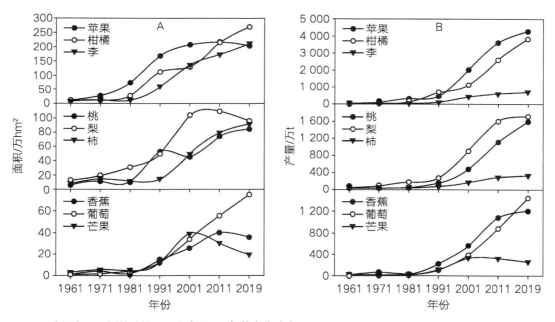

图 1-7　我国主要果树的种植面积和产量 60 年的变化动态

2. 种植分布趋势

随着我国社会进步和经济发展，果树的种植分布呈现出两个变化趋势：一是种植区向最适宜区和适宜区集中，如苹果的种植区域已向西部黄土高原和环渤海湾优势产区集中，两个区域的产量占全国苹果总产量的 98% 以上（2016 年）；柑橘向长江中上游和赣南—湘南—广西区域集中，其中广西的柑橘种植面积接近全国柑橘面积的 1/5。二是由发达地区向不发达地区、由沿海向内陆、西移北扩趋势明显。如我国苹果产区山东、山西的苹果面积在近 5 年时间内下降明显，陕西、甘肃、新疆苹果的面积极速增加；我国柑橘产区广东、浙江柑橘种植面积在近 10 年下降明显，而广西、四川、云南等地产区的种植面积显著增加。内陆省份新疆的果树种植面积由 2003 年的 200 万亩增加到 2 000 多万亩（2016

年），而仅 2015—2017 年，广东省的果树种植面积就从 113.7 万 hm² 降到 96.0 万 hm²。

3. 种植和管理模式发展趋势

随着社会经济的发展和城市化进程加快，我国果树种植开始从分散小户经营向规模化经营方式转变，逐步形成产业化发展模式。现今各果树产区逐渐出现一乡一品、一县一特色的大型种植果园。据调查，广西目前柑橘种植 100 亩以上的种植主体 1 000 多个，1 000 亩以上的种植经营主体有 200 多个。产业化发展模式是指以消费需求为导向，以龙头企业或农村合作组织为主体，拥有企业品牌和产、加、销、研的产业格局，按照市场化运作提供专业、系统果品营销和质量管理服务的一种发展模式。该模式已成为我国果树主要产区种植管理模式的重点发展方向。同时根据管理需要组建专业的技术服务队，如组建修剪服务队、嫁接服务队、喷药服务队等，在分类培训的基础上，以提高果园管理效率和质量。另外，为了降低劳动投入、提高劳动效率和适应机械化管理，果树种植逐步由过去的稀植大冠转变为宽行密株矮冠种植模式，同时在果园管理上逐步由过去的粗放管理转向精细、精准化管理，以实现稳产、提质增效目标。

4. 栽培管理技术发展趋势

从 1961 年开始，我国主要果树的单产基本上呈上升趋势（表 1-10），其中 2019 年苹果和柑橘的单产分别是 1961 的 11 倍和 4.8 倍，说明栽培管理技术总的发展趋势是有利于丰产方向发展。

表 1-10　我国主要果树的单产变化　　　　　　　单位：t/hm²

年份	苹果	香蕉	柑橘	葡萄	芒果	桃	梨
1961	1.86	13.46	2.92	7.04	6.41	7.17	4.01
1971	3.28	14.84	3.72	6.46	4.12	3.21	4.56
1981	4.15	17.53	4.22	5.36	6.71	4.69	5.62
1991	2.74	15.31	5.87	8.68	9.26	2.79	5.33
2001	9.69	21.57	8.62	11.16	8.42	10.08	8.60
2011	16.53	26.81	12.17	15.69	10.75	14.95	14.60
2019	20.79	33.43	14.16	19.27	13.18	18.84	17.87

传统的果园管理技术对劳动力需求较大，随着我国从业人员不足和老龄化现象日渐严重，果树的栽培管理技术必将朝着减少劳动力投入、提高劳动效率方向发展，栽培管理技术的轻简化是必然方向。轻简化包含技术或流程简化、应用机械自动化和管理智能化三个层面。目前我国果园，尤其是山地果园的栽培管理技术逐步向技术或流程简化、应用机械管理方向发展；随着 5G、大数据和物联网等技术的应用和从业人员知识化、专业化水平的提升，我国果树栽培管理多数技术未来必定会实现自动化、智能化。

第3节 果园智能化管理现状和发展机遇

一、果园管理不同层次

（一）传统管理

果园传统管理是以单一棵树为对象的精工细作的管理模式。这种管理主要依靠人力来完成，偶尔利用一些机械设备或设施。果园的传统管理强调因树体个性、枝梢特点进行精细化操作，如施肥类型和数量因每棵树的树势强弱而有差异，树体修剪手法应用因树势、枝梢类型等不同而异。果园传统管理的效率一般较低，管理效果依赖于管理者能力、劳动者的技术水平和素质，比较适合于小面积的家庭式果园。

（二）数字化管理

数字化是将复杂多变的实体信息转变成可以度量的数字、数据。果园数字化管理是将数字化技术应用于果园生产某一环节或所有环节的管理过程。数字果园是把果园的生产、管理和经营等看成一个有机联系的系统，把数字技术综合、全面、系统地应用到果园生产经营系统的各个环节，促进和提高果园管理水平，并使果园生产经营系统按照果园生产或经营者需求的目标和方向发展。果园数字化管理不一定要求是数字果园，常规果园的某些管理环节如水肥管理，也可以应用数字化技术进行管理。果园数字化管理首先必须将某一管理涉及的各要素数字化，然后利用这些数据建立适当的数字化模型，利用计算管理平台进行管理。果园数字化管理的发展趋势是自动化、智能化、智慧化管理。

（三）自动化管理

果园自动化管理是指利用已有设备或设施，按照已经制定的程序管理果园生产某一环节或全过程，如根据设定程序自动灌溉、滴肥、除草、施药等。由于果园环境比较复杂，事实上果园很难全面实现自动化管理。

（四）智能化管理

智能化是指使对象具备灵敏准确的感知功能、正确的思维与判断功能，以及行之有效的执行功能。智能化比自动化更为高级，智能是有一定的"自我"判断能力，智能化是加入了像人一样有智慧的程序，一般能根据多种不同情况做出多种不同的反应；自动化只是能够按照已经制定的程序工作，没有自我判断能力，多用于重复性管理工作。果园智能化管理是指利用智能化系统参与果园生产某一环节或全过程的一种管理方式。果园智能化系统是指由现代通信与信息技术、计算机网络技术、果树专业技术、智能控制技术汇集而成的智能集合。果园智能化管理的实现需要依赖于物联网、大数据、人工智能、机器人等技术的发展和在农业方面的应用。

（五）智慧化管理

果园智慧化管理是果园管理的最高形式。智能化虽有一定的"自我"判断能力，但是这种对信息的反应是客观、被动、无意识的。与智能化相比，智慧化是智能化的升级版，是指系统对输入的信息做出的主观、无限、不确定的反应，具有感知、记忆和思维功能。智慧系统具有自主意识，即使没有信息输入，它自己也可以按照系统主体的意图而主动行动。果园智慧化管理需要依靠具有学习功能的人工智能机器人。

二、国内外果园管理智能化现状

（一）国外果园管理智能化现状

随着全球人口增长（2030 年全球人口预计突破 85 亿），现代农业面临着资源紧缺、资源消耗过大和环境污染三重挑战，迫切需要一场新的农业革命，以低能耗、集约化方式实现农业丰产优质高效发展。美国农业、德国农业、日本农业、荷兰农业、以色列农业、法国农业等是世界先进农业的领先者，以机器人、大数据、物联网和人工智能等技术融合的农业生产模式，开启了智能化农业生产新时代。

美国是全球农业技术先进的国家，也是智能农业起步早、效果显著的国家。在 19 世纪 60 年代，美国的农业即开始进入机械化进程，20 世纪 40 年代基本全面实现机械化；20 世纪 80 年代初，美国就提出了智能农业的前身——精准农业的构想，美国的雨鸟公司、摩托罗拉等几家公司合作开发了智能中央计算机灌溉系统，应用于温室果蔬的控制和管理。随着大规模的现代信息技术的发展和应用，目前美国已将遥感技术（Remote Sensing，RS）、地理信息系统（Geographic Information System，GIS）、全球定位系统（Global Positioning System，GPS）、数字摄影测量系统（Digital Photogrammetry System，DDPS）、专家系统（Expert System，ES）5S 技术（系统）和智能化机具融合在一起，应用于农业生产。智能化技术在美国果树管理中有较好的应用，如美国加利福尼亚州的草莓培育商 Norcal Harvesting 就安装了一套物联网系统，可以适时追踪草莓生长状况，根据空气和土壤状况自动进行温度和水分等调控；一般的果园都安装有墒情预报系统、水肥自动化管理、机械施药，目前正在研发和应用机器人采果等设备。

欧洲诸国如法国、德国和英国的果树栽培管理都比较早地进入了机械化和自动化生产阶段，都是利用现代信息技术，注重计算机技术和精准农业技术的研发和集成应用，智能机器的研发和在果业方面的应用走在国际前列。荷兰主要是以可控环境温室为主的特色农业。温室内生产的各个管理环节均实现自动化管理，而温室内的环境条件具有计算机监控、实现智能化调控，包括果品在内的温室园艺产品完全可以实现按照工业生产方式进行生产和管理。种植者只需要从公司购买温室控制软件、营养液、种苗等，就可以按照不同作物的特点进行自动控制，满足作物生长发育的最适需求。

韩国和日本果业整体体量不大，一方面在管理上非常注重细节，专注果实品质提升；另一方面非常注重农业基础设施的建设，现代农业技术的创新、完善和应用，对智能农业的建设也走在世界前列。如日本目前建造了世界上较先进的植物工厂；韩国不仅建了农产远程管理咨询系统，果园也拥有十分先进又实用的温室自动化控制系统、农业生产环境监控系统等。以色列常年干旱缺水，其果园很早就利用计算机构建了果园管理系统平台，可以根据土壤墒情、果树的发育需要进行水肥自动化控制，先进的节水用水技术是全世界果树种植学习的榜样。

（二）我国果园管理智能化现状

我国是果业大国，但不是果业强国，大部分果园立地条件较差、果园郁密，生产者的素质普遍不高，果园管理依然是以传统的小农种植模式为主，主要靠人力完成果树的栽培管理。

我国农业领域引进信息技术是 20 世纪 80 年代初，首个计算机在农业领域的应用研究机构——中国农业科学院计算中心是 1981 年建立的，农业部首次将农业计算机应用研究列入"七五"攻关内容。2013 年德国政府提出"工业 4.0"的概念也引起国际社会对农业发展趋势的思考。作为工业生产原料的农业和工业制成品的使用行业，以及与满足人类对美好生活追求密切相关的行业，必将与这场时代的变革相融合，向智能化方向发展。近年来，我国政府也非常重视现代农业的发展，先后出台了多个政策性文件：如 2015 年国务院出台了《关于积极推进"互联网 +"行动的指导意见》；2017 年 7 月《国家信息化发展战略纲要》明确提出要加强农业与信息技术融合、大力发展智能农业；2019 年 5 月，国务院办公厅印发了《数字乡村发展战略纲要》，要求推进农业数字化转型。目前农业农村部已确定 200 多个国家级现代农业示范区，重点开展 4G/5G、物联网、机器人等现代信息技术的试验示范工作。随着国家政策性文件配套方案的实施，我国含"数字化""智能""智慧"字眼的农业科技公司如雨后春笋般出现在人们的视野中，现今几乎各农产品主产区都构建有或正在构建数字农业平台，数字农业示范园随处可见，植物工厂也多处落地。

相对大田作物和蔬菜作物而言，果园的立地条件差、园相不规范，以及果园从业人员整体素质还较低等原因，果园的智能化管理与发达国家相比落后很多。近年来，由于果树产业在精准扶贫、乡村振兴中的重要性，结合国家的《数字乡村发展战略纲要》政策性文件的颁布等，各地果园数字化、智慧化快速发展，各种数字化或智慧化果园解决方案层出不穷。但是，目前我国存在智能化研究人才缺乏、技术积累厚度不够、传感器质量差（数据感知不准）、缺少适宜的数字模型（不能进行数据精准决策）、缺乏智能化设备和能与农机深度融合的园区等问题，实现我国果园智能化管理的路还很长。

三、我国果园管理智能化发展机遇

（一）果业健康发展需求迫切

果树产业是我国乡村振兴中的一个重要产业，果品是满足人民日益增长的对美好生活需求的重要农产品。目前我国果业发展面临着土地资源约束趋紧、从业劳动力不足和老龄化问题突出、生态环境破坏压力加剧等问题，迫使果业发展不得不加快从小农生产向规模化、集约化和智能化生产方向转变，以及农业生物技术、信息技术和装备技术的推进步伐，促进果业持续健康稳定发展。

（二）政策层面稳步推进

农业管理智能化将随着我国农业现代化工作推进而前行。在《中共中央关于制定国民经济和社会发展第十一个五年规划的建议》就提出"推进现代农业建设"的战略；《中共中央关于制定国民经济和社会发展第十二个五年规划的建议》具体提出"加快发展现代农业，推进农业科技创新，促进农业生产经营专业化、标准化、规模化、集约化"；《中共中央关于制定国民经济和社会发展第十三个五年规划的建议》继续提出"大力推进农业现代化"，实施强基工程、农机装备智能制造，"着力构建现代农业产业体系"，"走产出高效、产品安全、资源节约、环境友好的农业现代化道路"。而在 2020 年 10 月底通过的《中共中央关于制定国民经济和社会发展第十四个五年规划和二〇三五年远景目标的建议》直接提出"发展数字经济，推进数字产业化和产业数字化，推动数字经济和实体经济深度融合"，"强化农业科技和装备支撑，提高农业良种化水平，健全动物防疫和农作物病虫害防治体系，建设智慧农业"。虽然我国果业多数产区还处在"农业 1.0"和"农业 2.0"时代，少数产区或设施的果园管理的部分环节应用到农用机械或自动化管理，物联网等新技术仅在小范内试验，但是随着我国现代农业相关各项政策的落实，从业人员素质的提高，科技的发展和智能机器人在农业方面的普及应用，果园管理必定全面实现智能化。

（三）智能化技术研发应用日新月异

人类社会的发展就是利用不断创新的劳动工具，去认识自然、改造自然和适应自然的过程。伴随着社会发展，农业的形态也在随着劳动工具的变化而不停地进行演变。根据德国政府提出的"工业 4.0"概念（2013），农业的演变也划分为"农业 1.0"～"农业 4.0"。"农业 1.0"被定义为主要靠人力和畜力为主的传统农业，"农业 2.0"被定义为利用机械为主进行农事操作的农业，"农业 3.0"被定义为以操控计算机为主进行农事操作的农业，"农业 4.0"被定义为以操控机器人为主进行农事操作的农业。农业从 1.0～4.0 的演变是一个漫长且犬牙交错的过程，有专家预测世界农业 2070 年前后会出现全面实现智能化管理农业的应用场景。随着 5G 网络的出现，各国政府和农业大公司都加大了物联网、大数据、人工智能装备、机器人等技术的研发投入，果园智能化管理将随着智能农业的发展而实现。

数字课程学习

▶ 教学课件　　　✎ 自测题　　　⬇ 知识拓展

第2章
果树智能化管理的生物学基础

　　果树生物学基础包括果树的形态特征和生长发育特性等方面。掌握果树生物学基础，尤其是果树各器官的物候期，枝梢和花果发育，果品质量形成和对环境条件和水肥的要求等，对完善适宜智能化栽培管理的农艺基础和构建相应管理模型具有重要的作用。

 ## 第1节　果树形态学特征

　　果树形态学特征涉及树体和根、茎、叶、花、果等各器官的形态特征。果树形态学特征有共性的一面，但是同时具有树种甚至品种特性。因此采取相应的管理措施必须考虑树种或品种的特异性。

一、果树的一般特性

　　果树是指能生产可供鲜食或加工的果实、种子及其衍生物的木本或多年生草本植物和它们的砧木的总称，同其他作物相比有明显的特性。

（一）种类多

　　果树种类非常多，初步估计，全世界栽培的果树至少超过2 700个种，分布在230余科、650余属中。我国著名植物学家俞德浚编著的《中国果树分类学》附录的中国原产及引种果树分科名录中，列举了59科694种，其中盛产的栽培果树300多种，计1万余品种。果树种类繁多，根据分布范围可以分为热带果树、亚热带果树、温带果树和寒带果树；根据树性可以分为乔木或小乔木、灌木、藤本和多年生草本；根据落叶特性分为常绿果树和落叶果树；根据果实的结构可以分为仁果类、柑果类、核果类、浆果类等。每一种果树都有自己的生长特性。

（二）多采用无性繁殖苗木，尤其是嫁接苗木

　　多数果树的遗传背景比较复杂，采用种子繁殖容易出现性状分离，严重影响产品的商品性能，因此果树种植多采用无性繁殖，尤其是嫁接繁殖代替种子繁殖。嫁接苗木由砧木和接穗两部分构成，是果树生产中应用的主要苗木类型。嫁接苗木的养分和水分吸收受到

砧木特性的影响。

（三）生产周期长、经济寿命长

多数果树为木本，栽植的当年不能结果。在常规的管理情况下，一般要 3 ~ 4 年才进入结果期；此后产量逐年上升，5 ~ 7 年达到盛果期。多数木本类果树的经济寿命较长，一般都有 10 ~ 20 年及以上的经济寿命。

（四）空间利用率高

由于根系较深，可以在生产力相对较弱的土地上生产；果树树体较高大，可以比较轻松实现立体结果，空间利用率高。

（五）栽培技术复杂

果树生长周期长，为了实现每年的稳定生产，既要考虑地下部的土、肥、水管理，又要考虑地上部的树体、花果管理等，同时需要考虑当年的树体贮藏营养水平、花芽分化等对翌年生长结果连续性的影响，栽培技术比较复杂；生产高质量的果品对从业人员的素质要求比较高。

（六）适合集约化经营

果树生产单位面积需要投入的人力、物力较多，且管理环节多而精细，但产值也较高。多年以来，我国就有"一亩园十亩田"的说法，即一亩果园的收益等于 10 亩大田作物的收益。

二、果树的树体结构

果树由地下和地上两部分构成，树体结构主要是指地下部分根系和地上部分各种枝梢的构成和分布情况。地上部分各种枝梢的构成和分布形成树冠外形，称为树形。树形不同决定了果园管理应用技术的不同，如单干或细纺锤形树形，方便机械打药。果树的种类繁多，树体结构形态各不相同；乔木、灌木、藤本、草本果树之间，树体结构组成差别很大，但都是由地上部的枝、芽、叶、花、果和地下部的根组成（图 2–1）。其中枝、叶、根是维持生命的重要组织，是营养器官；花、果实和种子用于维持繁衍，为生殖器官。

（一）树体地上部分

一般果树地上部包括主干和树冠两部分，具体包括以下内容。

1. 骨干枝

骨干枝是指构成树冠骨架结构的永久性大枝，决定树冠的大小与形状，主要起到输送水分、养分和支持枝、叶、果的负重等作用，直接影响树体的产量与寿命，以及果实质量。骨干枝一般由主干、中心干、主枝和侧枝等组成。

（1）主干

主干是指从根颈到第一个侧生大枝之间的树干，为整个树冠的负重部分，是联系地

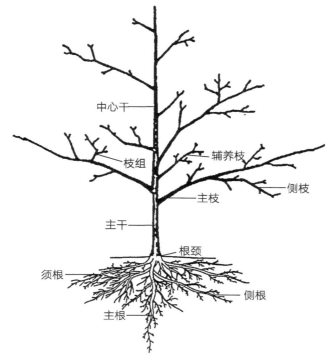

图 2-1　果树树体的结构

上、地下部分的唯一通道，对树冠的生长与结果影响很大；同时其高低决定着树冠的高度，对果树的栽培管理有重要影响。一般而言，主干高时树冠较小，根系土壤管理较方便，但树冠管理不便；主干低时树冠较大，根系土壤管理稍有不便，但树冠管理比较方便；降水多的地方主干高些，降水少的地方主干低些。不过未来智能化管理果园的果树主干高度不仅应考虑树形和当地气候条件，还要考虑适宜（智能）机械操作来确定。

（2）中心干

中心干为主干在树冠中央的直伸延长部分，对整个树冠的高低与大小起着决定性的领导作用，故又称中央领导干。中心干的延伸可分为直线式和弯曲式两类，一般干性弱容易形成下强上弱的果树多采用直线式延伸，以保证树冠的正常生长和结果，防止树势早衰；而干性强容易形成上强下弱的果树则多采用弯曲式，以缓和生长势、促进成花结果，控制树冠狂长和结果部位外移。中心干的长度主要根据目标树形的高度来控制，其最高处即为树冠高度。然而，中心干的有无取决于树种特性、采用的树形及树龄等因素。干性强的果树多采用有中心干的树形，如苹果、梨等；而干性弱的树种多采用无中心干的树形，如桃等。但随着未来果园智能化管理的需要，如桃、柑橘等干性弱的树种也倾向于培养成为有中心干的树形，以适宜（智能）机械在果园中对树体、果实的管理等。

（3）主枝

主枝是指直接着生在主干或中心干上向株行间横向发展的骨干枝。主枝的大小常因树形与所在部位的不同而异，一般稀植的乔化果树所培养的主枝较大，而密植的矮化型果树所培养的主枝较小；同一株树，中心干下部的主枝较大，上部的主枝则较小。同时，主枝承担着果树的主要产量，适量增加主枝数，有利于增强树势和充分利用空间实现立体结果，但主枝过多，树冠内部郁蔽严重，又容易造成结果部位外移，导致内膛无效区增大，反而影响立体结果，故其数量需根据树性、树形和主枝的大小，同时兼顾轻简化管理的适宜性而定。此外，主枝与中心干的分枝角度对果树骨架的坚固性、结果早晚、产量高低和品质等也影响很大。角度小，树体直立、冠内郁蔽、易上强下弱、花芽形成少、易落果，前期产量低，后期树冠下部易秃裸；角度过大，则树冠开张、生长势弱、花芽易形成，早期产量高，但易早衰。

（4）侧枝

侧枝又称副主枝，是指着生在主枝上领导结果枝组的骨干枝，是多数乔化大冠果树中不可或缺的骨干枝。一般来说，适当增加侧枝有利于扩大树冠，提高单株产量，但侧枝过多也影响树冠通风透光，导致结果部位外移。因此是否配备侧枝应根据树形和目标树体大小而定。此外，侧枝的延伸应在主枝的两侧向稍低于主枝的背后斜生方向朝外发展，从而保证主枝领导侧枝的主从关系。对于适宜轻简化管理的果树树形培育时，现在趋向于逐渐去掉侧枝骨干的培养，直接在主枝等骨干枝上培养结果枝组，以减少树体结构层级，简化树体结构，方便树体管理。

2. 辅养枝

辅养枝又称控制枝，是指临时性留用的非骨干枝，可以充分利用树体上的空间和光能、促进生长、辅养树体、提早结果。通常，大树冠辅养枝多且存留时间较长；密植园树冠小，辅养枝少，存留时间也短。当辅养枝影响骨干枝生长时，需及时进行疏除或回缩为结果枝组。

3. 结果枝组

结果枝组又称枝群或枝组，是指着生于各种骨干枝上产生于同一枝轴上有一定数量的营养枝和结果枝构成的枝群，是果树叶片着生的主要部位，也是生长结果的基本单位。结果枝组的培养、管理和更新是取得果树丰产优质的重要基础。

（1）结果枝组的大小分类

按照结果枝组所占空间体积的大小和生长强弱，可以分为小型、中型和大型枝组。小型枝组一般具有 2~5 个分枝，占有直径 30 cm 以内的空间；中型枝组具有 5~15 个分枝，占有直径 30~60 cm 的空间；大型枝组具有 15 个以上的分枝，占有直径 60 cm 以上的空间。小型枝组易控制，结果早；大型枝组较难控制，结果晚。大、中型枝组寿命长，起占领冠内空间的作用；小型枝组寿命短，起补充大、中型枝组空间的作用。

（2）结果枝组的形态分类

按照结果枝组的形态特征，可以分为松散型枝组和紧凑型枝组。松散型枝组多单轴延伸，且多由中长枝多年缓放形成，其对缓和树势、提早结果有重要作用，但数年结果后，母枝下垂，易转弱，需及时回缩；紧凑型枝组主轴较短，占有空间较小，分枝部位较低，能交替结果且易更新。

（3）结果枝组的着生位置分类

按照结果枝组在骨干枝上着生的位置可以分为背上、两侧和背下枝组。背上枝组生长势强，较难控制，结果晚，但寿命长；而背下枝组生长势缓和，容易控制，结果早，但寿命短；两侧枝组则介于中间，宜多培养两侧枝组。

（二）果树的根系结构

根系属于果树的地下器官，是果树树体的重要组成部分，主要功能有固定支撑树体，从土壤中吸收、运输无机养分与水分，贮藏、合成、分泌和感知土壤理化特性等作用。

1. 根系类型

按照果树根系的发生及来源，果树的根系可以分为实生根系、茎源根系和根蘖根系三类（图2-2）。

（1）实生根系

实生根系是指由种子胚根发育而来的根系，具有主根发达，结构较全，生理年龄轻，分布较深广，固地性、生活力、适应性和抗逆性均较强，树体衰弱慢，寿命长等特性。实生繁殖和用实生砧嫁接的果树根系属于实生根系。但由于是种子繁殖，个体间变异较大。

（2）茎源根系

茎源根系又称茎生根系，是指通过扦插、压条等无性繁殖而产生的根系，其来源于茎上的不定根，具有主根不明显，须根发达，生理年龄较老，根系分布浅，固地性、生活力、适应性和抗逆性均较弱等特性。树体一般结果早，但衰弱快，寿命短。

（3）根蘖根系

根蘖根系又称萌蘖根系，是指由母根上的不定芽萌发形成根蘖苗的根系，特点与茎源根系类似。

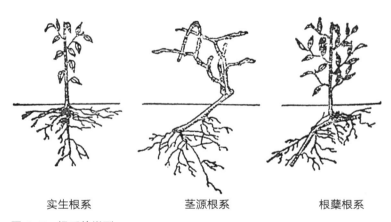

实生根系　　　　　　茎源根系　　　　　　根蘖根系

图2-2　根系的类型

2. 根系组成

果树的根系一般由主根、侧根和须根组成。由种子的胚根发育而成的称为主根，其上着生的粗大分根称为侧根；主根与侧根构成根系的骨架，称为骨干根，主要起到支持、固定、输导和贮藏作用。侧根上形成的较细的根称为须根，是根系中最活跃的部分。

在根系生长期间，须根上长出许多比着生部位还粗的白色、饱满的新根，称为生长根。生长根具有较大的分生区，粗壮，长势旺盛，每天可延伸 1 ~ 10 mm，主要功能为促进根系向根区外推进，延长和扩大根系分布范围，并发生侧生根。生长根也具吸收功能，生长期可达 3 ~ 4 周，然后开始木栓化，即颜色由白转黄、继而变褐、皮层脱落，变为过渡根；内部继续形成次生结构，变成为输导根，并随着树龄增加而逐年加粗，成为骨干或半骨干根。大量研究结果表明，生长根自先端开始分为根冠、生长点、延长区、根毛区、木栓化区、初生皮层脱落区和输导根区。

另一类长度小于 2 cm，粗 0.3 ~ 1.0 mm 的白色新根，多数比其着生的须根部位细，也具有根冠、生长点、延长区和根毛区，但不能木栓化和次生加粗，且更新快，寿命一般 15 ~ 25 d，称为吸收根。其具有高度的生理活性，主要功能是从土壤中吸收水分和矿质养分，供果树其他器官生长发育需要；也是激素的重要合成部位，与地上部的生长发育和器官分化关系密切。

3. 根系分布特性

果树根系不同于一般农作物的根系，其根系强大，结构完整，分布深广，但受种性、土壤理化特性、砧穗组合和栽培技术等影响。

在垂直分布上，果树根系具有一定的层次性，深度取决于树种、砧木、繁殖方式，以及土层厚度和土壤理化特性。一般核果类、葡萄根系较浅，仁果类较深。矮化砧水平根发达，乔化砧垂直根发达。

在水平分布上，自然生长发育的果树根系具有超冠性，通常要超出树冠的 1 ~ 2 倍。在经济栽培果园中，约有 60% 的根分布在树冠正投影范围内。在土层深厚、肥沃的土壤及经常培肥管理的果园中，水平根的分布范围较小但须根较多；而贫瘠的土壤，根系水平分布范围广但须根稀少。

4. 根系生长发育特性

果树的根系生长具有明显的日、年、生命周期性和自主更新过程。在一天中，夜间的发根和生长多于白天；一年当中，随着树体枝梢生长和结果对土壤养分和水分需求的变化，根系有明显的生长高峰和低峰。通常情况下，幼旺树以营养生长为主，在生长前期和后期分别有一次根系生长高峰；成龄树因果实发育需要大量养分，其在发芽前、新梢停长期和落叶前分别有一次根系生长高峰；老弱树因根系日趋衰弱，多数仅有 1 ~ 2 次根系生长高峰。

果树根系没有自然休眠期，只要环境条件适合全年都可以生长，吸收根也随时发生。根系与地上部枝、叶、花、果的生长呈交替进行。根系一般在早春比地上部枝芽开始活动的时期要早，吸收根通常在晚秋比早春发生的多，且抗逆性和吸收力也强。故果实采收后到落叶前的这次根系生长高峰进行的养分积累，对于果树越冬及翌年萌芽开花至关重要。但由于地上部的影响、环境条件的变化，以及种类、品种、数量、负载和栽培措施等多种因素的综合影响，不同果树在不同地区和不同年龄时期，其根系呈现出生长动态多样性。

三、果树的枝芽特性

（一）枝的类型和特性

枝是芽萌发后新梢不断延伸的结果，具有节和节间两部分，是着生叶、芽、花、果的营养器官，也是物质交换的通道，并具有一定的光合、吸收能力。

1. 枝的类型

果树的枝按年龄可以分为新梢、一年生枝、二年生枝和多年生枝（图2-3）。由当年抽生，还在生长发育过程尚未完全木质化的带叶嫩枝称为新梢。新梢于落叶后至第二年萌芽前称为一年生枝。一年生枝萌芽以后至下一年萌芽以前称为二年生枝。二年生以上的枝条统称为多年生枝。只有新梢能够加长生长，一年生及以上的枝只有加粗生长而无加长生长。

果树的枝按生长季节可分为春梢、夏梢、秋梢和冬梢。春梢是春季芽萌发并老熟的枝梢；夏梢是在夏季芽萌发生长并老熟形成的枝梢；秋梢是指在秋季芽萌发生长并老熟形成的枝梢；冬梢是指常绿果树在冬季暖冬地区所抽生的新梢或前期新梢延续生长的枝段。

果树的枝按性质可以分为营养枝和结果枝两大类。营养枝简称叶枝，是指只有叶芽而无花芽的一年生枝条，在树冠中的作用主要为着生叶片、繁殖枝芽、扩占空间、积蓄营养、保证生长和结果等。根据营养枝发枝能力和生长势强弱等又可分为发育枝、徒长枝和叶丛枝。结果枝简称果枝，是指着生花芽并能开花结果的枝条，根据其长势和长度又可分为长果枝、中果枝和短果枝等。

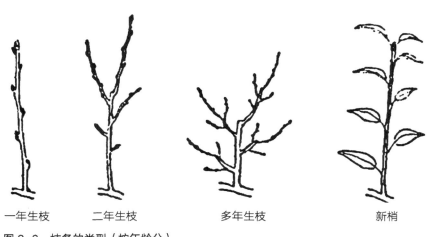

一年生枝　　二年生枝　　多年生枝　　新梢

图2-3　枝条的类型（按年龄分）

2. 顶端优势

果树顶端分生组织、生长点和枝条抑制侧芽或侧枝生长的现象称为顶端优势。枝条生长的角度常影响顶端优势的程度，一般枝条直立、角度小时，顶端优势明显，前后生长势差异较大；角度开张的枝条，顶端优势一般不明显，萌发的枝多且先端生长势缓和。

3. 垂直优势

垂直地面而直立生长的枝条生长势旺、枝条长，接近水平或下垂的枝条则生长短而弱；枝条弯曲部位的枝条因与地面垂直而生长势强，这种与地面垂直的枝条生长较强旺的现象被称为垂直优势。

4. 干性

干性是指果树自行维持其中心轴枝优势生长的特性。中心轴枝生长强而持久的果树为干性强，中心轴弱而容易消失的果树为干性弱。干性与顶端优势有一定的关系，一般顶端优势明显的果树干性较强，反之干性较弱。

5. 层性

层性是指由顶端优势和芽的异质性引起的主枝和侧枝在树冠内成层分布的现象。层性与顶端优势、萌芽率、成枝力和树龄有关。一般顶端优势强，萌芽率低，成枝力强，树龄年轻时层性比较明显。

（二）芽的类型和特性

芽是由枝、叶、花等器官的原始体，以及生长点、过渡叶、苞片、鳞片构成。芽与种子有相似的特点，在一定条件下可以形成一个新的植株。

1. 芽的类型

根据芽的性质和构造可分为叶芽和花芽。叶芽的芽内只含叶原基，芽体形态瘦长而尖，萌发后只能抽枝长叶。花芽的芽内有花原基，芽体肥大饱满，顶端圆钝，萌发后能开花结果。芽内只有花原基，萌发后只开花不长叶的称为纯花芽；芽内同时含有花原基和叶原基，萌发后既长枝叶又开花的称为混合芽；芽内的花原基为雄性的称为雄花芽，芽内花原基为雌性的称为雌花芽。

根据芽的着生部位可分为顶芽、侧芽和不定芽三种。顶芽位于枝条顶端，侧芽又称腋芽，着生于枝条的叶腋内；顶芽枯死后，顶部第一个侧芽称为假顶芽。生长在老根、茎或叶上的芽称为不定芽，只有在树干受伤时，芽原基薄壁细胞才会继续分裂长出不定芽，并抽梢生长。另外，按照同一节位着生的芽数量可分为单芽和复芽两种；按照饱满程度可分为饱满芽、半饱满芽和瘪芽三种；按照萌发特性可分为活动芽和潜伏芽二种；按照外被组织结构可分为鳞芽和裸芽两种（图 2-4）。

2. 芽的异质性

同一枝条上不同部位的芽体因其形成中营养状况、激素供应及外界环境不同，而造成

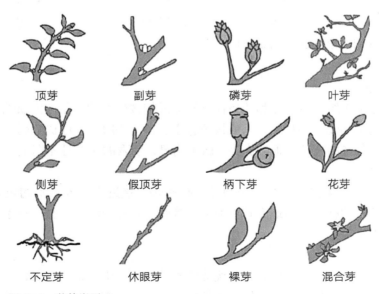

顶芽	副芽	磷芽	叶芽
侧芽	假顶芽	柄下芽	花芽
不定芽	休眠芽	裸芽	混合芽

图 2-4 芽的类型

芽发育质量上具有明显差异的特性。该特性在多数果树上表现为：顶部芽和春梢中部的芽为饱满芽，秋梢中部和春梢上、下部的芽为半饱满芽，枝条基部的芽为瘪芽。

3. 芽的早熟性和晚熟性

一些果树新梢上的芽当年形成当年就能萌发并可连续分枝形成 2 次梢或 3 次梢的特性称为芽的早熟性。另一类果树的芽在当年形成后正常情况下当年并不萌发，而是在第二年才能萌发的特性称为芽的晚熟性。

4. 芽的萌芽力和成枝力

枝条上的芽能够萌发抽生成枝梢的能力称为萌芽力，以萌发芽占总芽数的百分率表示。萌发的芽抽生长枝（长度至少超过 15 cm）的能力称为成枝力，以长枝数占总萌芽数的百分率表示。

5. 芽的自枯性

有些果树的枝条超过一定年龄后，新梢顶芽在延伸生长过程中自行枯死的特性，这个过程又称为枝梢自剪。该特性有利于减少长梢下垂枝形成和结果枝组自然更新；枝梢一旦发生自剪，说明枝梢停止伸长生长，进入老熟阶段。

6. 芽的潜伏力

果树枝梢基部芽鳞痕、过渡性叶的腋间都含有一个分化弱的芽原基，从枝的外部看不到其形态称为潜伏芽（隐芽）。在果树衰老或回缩、重短截修剪等强刺激作用下由潜伏芽发生新梢的能力成为潜伏力，部分品种的枝梢芽的潜伏力时间比较短，如桃的潜伏芽在 2 年之后的萌发成枝的能力就会大大下降，而柑橘、梨等果树的潜伏芽的潜伏力则比较强。

四、果实发育特性

果实是指由花的子房或其他组织参与一起发育而成的器官。完全由子房发育而来的果实属于真果；除子房外，还有花的其他组织如花托参与了果实的形成，这种果实属于假果。果实的生长发育包括从受精开始到果实衰老死亡的全部过程，可以分为细胞分裂期、果实膨大期和成熟期三个过程，果实的体积和重量的增加，主要与细胞分裂期和果实膨大期密切相关。

（一）细胞分裂期

多数果实有两个分裂期，即花前子房期和花后幼果期。子房细胞分裂一般在开花时停止，受精后再次迅速分裂。花期和果实发育前期改变细胞数目的机会多于果实发育后期。不同树种、品种花后细胞分裂时期不同，同一树种中大果品种和晚熟品种细胞分裂期较长；同一果实，不同部位细胞停止分裂的时期不同，一般胎座组织先停止，随后是子房内、中、外部依次停止。果实不同部位细胞分裂的时期、方向及其与细胞膨大时期的相互作用，对细胞最终的大小、形状及果肉的质地都有影响。多数果实的细胞分裂期仅占整个果实生长发育期的 1/5 左右。

（二）细胞膨大期

细胞的数目和大小是决定果实最终体积和重量的两个最重要因素。果实细胞分裂后体积膨大，虽然细胞分裂与膨大的两个过程在时间上有一定重叠，但是果实体积的快速膨大过程主要取决于细胞体积的增加。

（三）果实成熟期

果实的成熟期主要是代谢物质的转化过程，如淀粉物质降解，可溶性糖分增加；有机酸含量下降；果实颜色发生转变和散发出果实特有的香味等。这个时候，果实增大变缓。

（四）果实的生长规律

1. 果实的生长型

果实经过连续的细胞分裂和膨大，表现出一定的生长动态，通常以果实体积、纵、横径或鲜重的增长曲线表示，一般分为单 S 形和双 S 形。单 S 形果实的大小在整过果实生长发育过程中只出现一个快速生长期，发育初期和后期生长较慢，如柑橘、苹果；双 S 形果实在果实生长发育期间出现两个快速生长期，在两个快速生长期之间存在一个缓慢生长期，如桃。

2. 果形的变化

发育正常的果实，一般是前期生长的幼果以纵向生长为主，果实先变长，中后期生长以横向生长为主，于成熟时才表现出品种特有的果形。

3. 果实生长的昼夜规律

果实生长在一天内随昼夜变化而表现出规律性的缩小和增长，即果实在白天微缩，夜间增长较快，净增长是昼缩夜长的差值。一天内果实的净增长量，不完全取决于水分供应情况，还受到营养物质流向果实情况的影响。研究表明，光合产物在果实内的积累主要发生在前半夜，后半夜果实增大主要是吸水的结果。

4. 果实的生理落果现象

生理落果是指由于树体的内在原因，而不是自然灾害（或病虫害）所造成的落果现象。果树一般至少存在 2 次生理落果。第一次一般是谢花后 1~2 周，此时带着果柄一起脱落，主要是由于授粉受精不充分，子房所产生的激素不够，不能调运充分营养促进子房继续膨大，子房生长停止而脱落。第二次一般是第一次生理落果后的 2~4 周，此时仅果实脱落，果柄存留，主要是由于同化养分供应不足引起。

 ## 第2节 果树生长发育习性

果树的生长发育具体体现在果树各器官的生长发育。它们的生长发育习性一方面决定于果树自身的遗传特性，另一方面与外界环境条件和管理措施密切相关。智能化管理的核心是在轻简精准管理下创造适宜的条件，调控果树各器官按照果树种植者不同时期的目标进行生长发育。

一、果树的生命周期和物候期

（一）生命周期

果树的生命周期是指果树由幼到老所经历的萌芽、生长、结果、衰老和死亡的过程。通常草本果树生命周期较短；木本果树生命周期较长，甚至百年以上。根据繁殖方式的不同可以分为实生繁殖果树的生命周期和营养繁殖果树的生命周期两个类型，每一个果树个体发育的生命周期可以划分为几个不同发育阶段。

1. 实生繁殖果树的生命周期

实生果树由种子繁殖而来，其个体发育的生命周期可以划分为童期、成年期和衰老期3个发育阶段。其中，童期和成年期是实生果树具有明显差异的两个发育阶段。童期是指从种子萌发到具有开花潜能之前这段时期。在这一阶段，使用任何人为措施都不能使之开花，但当进入成年阶段（具备形成花芽的能力）后，在适当的外界条件下可以开花结果。

2. 营养繁殖果树的生命周期

营养繁殖果树是由营养器官离体繁殖成为独立植株，其生命和发育阶段是原来母体的延续，没有种子萌发这一阶段，只有生长结实、衰老和死亡等，有别于真正意义上的个体，因此其个体发育的生命周期划分为幼树期、结果期和衰老期3个阶段。

果树生命周期的完成都是以年生长周期各发育阶段为基础，顺次通过生命周期中各发育阶段。在果树种植过程中，需要采取合理的栽培管理技术或措施，以快速渡过童期或幼树期，进入结果期，以提早获得果园经营的收益、减轻资金压力。

（二）物候期

除了生命周期的规律性变化外，果树生长发育随四季气候变化有规律地进行着萌芽、开花、发枝和结果等生命活动。这种与季节性气候变化相适应的果树器官的动态变化时期称为生物气候学时期，简称物候期。落叶果树在一年的生命活动中表现出明显的生长期和休眠期，而常绿果树则无集中的落叶期，也无明显的休眠期。

1. 落叶果树的物候期

落叶果树从春季萌芽开始后就进入生长期，根、茎、叶、花、果各器官随气候变化分别进行一系列有节律的生长发育活动，随着气温降低果树落叶进入冬季休眠期。根据落叶果树年周期中各器官的生长动态变化，呈现不同的年物候期。

根系的物候期主要有：开始活动期、生长期、停止活动期。

叶芽的物候期主要有：萌芽期、新梢生长期、落叶期。

花芽的物候期主要有：花芽膨大期、初花期、盛花期、落花期。

果实发育的物候期主要有：坐果期、果实膨大期、果实转色期和果实成熟期。

2. 常绿果树的物候期

常绿果树分布在热带、亚热带和低海拔地区。由于冬季温暖，常绿果树在年生长周期中没有明显的自然休眠，各器官主要以生长和分化为主。同落叶果树相比，常绿果树的物候期及其动态更为复杂，没有相对一致的模式。通常将常绿果树周年中各器官所出现的年物候期分类如下：

叶芽物候期：春梢生长期（老叶落叶期）、夏梢生长期、秋梢生长期、被迫休眠期、花芽分化期。

花芽物候期：花芽或花序发育期、初花期、盛花期、落花期。

果实的物候期：坐果期、生理落果期、果实膨大期、果实成熟期。

根系物候期：开始活动期、生长期（多次）、相对停止活动期。

尽管各类果树的物候期及其进程不尽相同，但仍具有共同的特点。一方面，物候期的进行具有顺序性，表现在年生长周期中，每一个物候期都是在通过前一个物候期的基础上才能进行，同时又为下一个物候期的出现提供条件；另一方面，果树物候期具有重叠性，表现为同一株果树上在同一时期出现多个物候期。同时，果树的物候期在一定的条件下还具有重演性。如因人为或灾害而造成器官发育停止，或环境条件适合某些器官的多次活动时，一些树种的某些物候期可能在一年中多次出现。

二、果树器官的生长发育

根、茎、叶是果树营养物质吸收、合成和转运的营养器官。它们的正常生长和发育是开花坐果、果实生长和花芽分化的基础。

（一）根系的生长发育

根系是果树的重要组成部分，在固地、吸收和运输树体养分及合成生长调节物质方面起着重要的作用。因此，根系的生长状况与果树是否高产有着密切的关系。

1. 果树根系的生命周期

果树根系的生命周期与地上部相似，有发生、发展、衰老、更新与死亡的过程，其中根系更新贯穿始终。

从果树的整个生命周期来看，果树定植后，首先在伤口和根茎以下的粗根上发生新根。幼树阶段（2~3年生时），垂直根生长旺盛，到初果期时即达到最深深度。初果期后，以水平根为主，同时在水平骨干根上生发垂直根和斜生根。到盛果期，根系占有的空间达到最大，此时根系功能强而稳定。盛果后期，骨干根开始死亡并更新，根系伸展范围开始回缩。

2. 果树根系年周期变化

果树根系没有自然休眠，只要外界条件适合，一年四季均可生长。果树根系活动比地上部开始早，停止晚。果树超过50%的光合产物用于根系的生长，有机营养不足、开花坐果和果实生长发育消耗大，以及地上部营养生长旺盛均不利于根系的生长。

根系生长在一年中有一次或多次高峰，且高峰的出现一般与地上部生长高峰交错出现。根据根系生长表现出的年周期变化特点，归纳起来主要有双峰曲线和三峰曲线两种类型。其中，梨、葡萄及冷凉地区果树春季根系生长随春梢生长而增加，秋季出现第二次高峰，呈双峰曲线；苹果、桃、柑橘等成龄树根系春、夏、秋各有一次发根高峰，呈现三峰曲线。

3. 影响根系生长的因子

在田间条件下，一半以上的光合产物用于果树的根系生长、发育和吸收。许多果树的吸收根只能存活 1~2 周，根系死亡和更新比率极高，因此光合产物主要用于新根生长。引起根系死亡的原因，除遗传因素外，主要是对不良环境的敏感反应。

根系的生长与养分、水分的吸收运输和合成所需要的能量物质都依赖于地上部有机营养的供应。有节奏和适度的新梢生长对维持根系的正常生长是必不可少的。叶片受到损伤或坐果过多的情况下，都会引起有机营养供应不足，抑制根系生长。

每种果树的根系生长都有最适宜的土壤温度环境。不同种类，或种类相同的不同果树品种的根系生长最适温度一般都不一样，原产北方的果树根系要求的温度较低，亚热带、热带的果树根系要求的温度较高。对大多数果树来说，根系的适宜生长温度为 20~25℃，大部分落叶果树为 15~25℃。

土壤的颗粒、湿度、含氧量的组成比例对根系生长也有很大影响。通常土壤含水量为田间持水量的 60%~80% 适宜果树根系生长，在此范围内，接近下限则弱势生长根多，接近上限则强势生长根多。土壤黏重、通气性不良会严重影响根的生长。氧气不足时，根和根际环境中的硫化氢、甲烷、乳酸等有害还原物质增加，细胞分裂素合成下降。

土壤养分影响着根系的分布和密度，根总是向肥多的地方延伸。在肥沃的土壤中根系发育良好，吸收根多，功能强，持续活动时间长。充足的有机肥有利于吸收根的发生，氮、磷刺激根系生长，缺钾可严重抑制根系生长，钙、镁的缺乏也会使根系发育不良。此外，土壤中的矿质元素也影响 pH 的变化，不同果树种类或品种要求土壤酸碱度有所不同。

（二）枝的生长发育

枝梢是果树地上部的重要组成部分，其上着生叶、花和果实。枝上着生叶的部位叫节，节与节之间的部位叫节间。枝在果树中的功能主要是支撑、疏导、贮藏和繁殖。

1. 加长生长

枝条加长生长是通过顶端分生组织分裂和节间细胞的伸长实现的。随着枝条的伸长，进一步分化出侧生叶和芽，枝条则形成表皮、皮层、木质部、韧皮部、形成层、髓和中柱鞘等各种组织。由叶芽发育成枝通常要经历三个时期。

（1）开始生长期

从萌芽至第一片叶片分离。此时新梢上的叶较小，含水多，光合作用弱，新梢生长主要依赖树体上年积累的贮藏养分。

（2）旺盛生长期

此阶段节间伸长明显，叶片增多增大，光合作用强。新梢长度与生长持续时间取决于雏梢的节数。

（3）缓慢生长期

受到外界条件的变化和果实、花芽、根系发育等的影响，新梢节间伸长速度减缓直至停止，伴随着完全木质化，出现蜡质、茸毛等保护组织，准备越冬。

2. 加粗生长

枝条加粗生长是次生分生组织形成层细胞分裂、分化、增大的结果。多年生枝的加粗生长取决于该枝上的长梢数量和健壮程度，并与果树的负载量呈负相关。在新梢生长过程中，如果叶片早落，新梢生长的营养不足，形成层细胞分裂就会受抑制，枝条的增粗也受影响。如果落叶发生在早期，而且比较严重，所形成的枝梢就成为纤弱枝。因此，枝梢的粗壮和纤细是判断植株营养生长期间管理好坏和营养水平高低的重要标志。

加粗生长较加长生长迟，其停止较晚。大多数果树多年生枝加粗生长比新梢生长迟1个月左右，停止期可晚2～3个月。

3. 枝梢生长的日变化

新梢生长速率在一天中并不一致，生长速率的高峰一般在18～19点，低峰在14点左右，其主要原因是与土壤水分和养分供应差异有关。

（三）叶的生长发育

叶多为薄的绿色扁平体，是果树光合作用的主要器官，可合成植物体内90%左右的干物质，同时还具备吸收作用、蒸腾作用及贮藏养分的功能，因此是果树最重要的器官之一。

1. 叶的结构与类型

叶一般由叶身、叶柄和托叶三部分组成（图2-5A）。叶的形态称为叶形，顶端称叶端或叶尖，基部称为叶基，周边称叶缘。叶身的结构包括表皮、叶肉、叶脉三部分（图2-5B）。表皮分为上表皮和下表皮，叶肉包括栅栏组织和海绵组织。栅栏组织靠近上表皮，能直接接收到阳光的照射，产生的叶绿体较多。海绵组织靠近下表皮，接收到的光照较少，产生的叶绿体也较少。表皮细胞无色透明不含叶绿体，保卫细胞主要分布在表皮，含有叶绿体，但是数量相对较少。

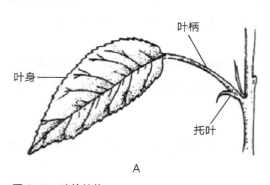
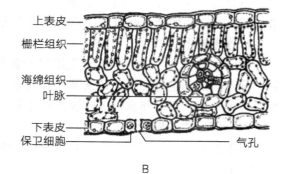

图 2-5　叶的结构

新梢基部和上部的叶较小，中部叶较大；幼树的叶比成年树叶大；树膛内的叶比外围叶大；短梢上的叶比长梢上的叶大。每一种果树的标准叶均具有固定的叶片形状、大小、叶缘和叶脉分布，用来进行分类和品种识别，以及矿质养分测定等。通常果树用树冠外围新梢中部的叶作为其代表性叶，柑橘经常是以正常春梢中部的健康叶片用来做标准叶，而枇杷是用正常夏梢中部健康的叶片。

果树的叶大体分为单叶、复叶和单身复叶三类（图2-6）。单叶是由一个叶柄上只有一个叶片，由叶身、叶柄、托叶组成，如仁果类、核果类、葡萄等；复叶是指一个叶柄上

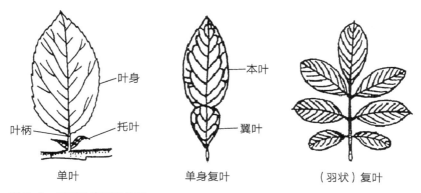

图 2-6　果树叶类型和构成

生有两个或两个以上叶片，如龙眼、荔枝等；单身复叶是复叶的一种，形似单叶，叶身包括本叶和翼叶，但其叶柄与叶片之间有明显的关节，如甜橙、柚等柑橘类的叶片。

2. 叶的生长发育

叶自叶原基出现之后即开始发育，先后经历萌芽、展叶、成熟和衰老四个时期。果树单叶的发育表现出前期生长较慢，以后迅速增加，当达到一定阶段后又逐渐变缓的慢—快—慢的生长特点。果树叶生长发育时期因种类、枝条类型及着生部位而异；新梢基部和上部叶停止生长早，中部停止生长晚；常绿果树的叶寿命一般 1.5～2 年，没有固定的落叶期。

3. 叶面积指数

叶面积指数（LAI）是指树冠总叶面积与所投影的土地面积的比值，它反映了单位土地面积上的叶密度。单株叶面积与树冠投影面积的比值称为投影叶面积指数。叶面积指数大，则表明叶幕内叶多。在一定限度内，果树的产量与叶面积指数成正比。多数果树的叶面积指数以 4～6 较好。指数太高，叶数过多易造成相互遮蔽，功能叶比率降低，果实品质下降；指数过低，单株果树叶面积小，影响光合作用和产量。果树只有保持合适的叶果比，才能达到丰产优质的要求。

在合理的叶面积指数前提下，也要求叶在树冠中合理分布。一般接受直射光的树冠外围叶具有较高的光合效率，因此可用叶曝光率（树冠表面积 ÷ 叶总面积 ×100%）来反映叶在树冠中的分布状况。

随着树冠的扩大，获得直射光叶的比例降低，多数落叶果树当叶获得光照强度减弱至 30% 以下时，叶的消耗大于合成，变成寄生叶；只有那些获得 70% 以上全光照的叶才能获得充分有效的生理辐射。

4. 叶幕

在果树树冠内由同一层骨干枝上集中分布并形成一定形状和体积的叶群体称为叶幕。叶幕形状有层形、篱形、开心形、半圆形等，因定植密度、整形方式和树龄而异。常绿果树的叶幕在年生长周期中相对比较稳定；落叶果树的叶幕在年周期中有明显的季节性变化，受品种、环境条件和栽培技术的影响。合理的叶幕可使树冠叶数量适中，分布均匀，充分利用光能，利于果树优质、丰产、稳产。如层形和半圆形叶幕较厚，有效叶面积多，光能利用率高，是丰产的标志。

（四）叶芽的生长发育

叶芽由顶端生长点、芽轴、叶原基、过渡性叶和鳞片五部分组成（图2-7）。生长点由胚状细胞构成，呈半圆球状。春季萌芽前，休眠芽中就已形成新梢的雏形称为雏梢。在雏梢叶腋内形成新的腋芽原基后又可以形成腋芽或副梢。叶芽形成分化主要经历以下三个阶段。

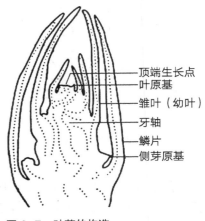

图2-7　叶芽的构造

1. 叶芽生长点形成期

芽原基出现到鳞片分化期之间，在芽叶原基叶腋中自下而上形成新的腋芽生长点。有的果树叶芽生长点在休眠前形成，如葡萄冬芽。虽然叶芽生长点持续不断地分化，但它始终保持着半球形的状态，若半球形状态变平坦或四周产生突起则意味着转化为花芽。

2. 鳞片分化期

生长点形成后由外向内分化鳞片原基，并逐渐发育增大形成固定的鳞片。该时期通常发生在叶片增大期。

3. 叶原基分化期

芽鳞片分化以后，生长点进一步分化即为叶原基。芽萌动后叶原基的数目基本不再增加，所以萌芽前叶原基的多少决定新梢的长短。

（五）花芽的生长发育

被子植物营养生长到一定阶段，在光照、温度等因素达到一定要求时，就转入生殖生长阶段。茎的一部分顶端分生组织不再形成叶原基和芽原基，转而形成花原基或花序原基，这时的芽即花芽。这种果树芽轴的生长点经过生理和形态的变化最终构成各种花器官原基的过程称为花芽分化。果树花芽分化早晚和多少与果树早结果、优质丰产、稳产密切相关。

1. 花芽分化过程

果树花芽分化是在成花诱导后，生长点先后经历生理分化期、花发端、花芽形态分化期，最后形成花芽（图2-8）。

花诱导是指在一些内外因素的刺激下使营养生长点转向花芽的生理状态的过程，该过程主要是激活或启动成花基因。在出现形态分化之前，生长点内部进行着由营养生长向生殖状态的一系列的生理生化转变，称为花芽的生理分化。这个时期果树芽的生长点处于极不稳定的状态，代谢方向易于改变，因此也被称为花芽分化临界期。此阶段若条件适合就

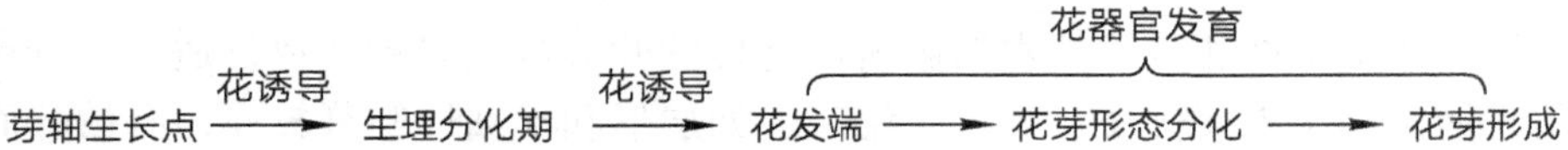

花器官发育

芽轴生长点 ──花诱导──→ 生理分化期 ──花诱导──→ 花发端 ──→ 花芽形态分化 ──→ 花芽形成

图2-8　花芽分化过程

可启动花芽分化，即可分化成花芽，否则仅形成叶芽。花芽分化临界期是花芽分化的关键时期，是控制花芽分化的关键时期。

在完成花芽的生理分化后，生长点从花原基最初形成至各花器官出现的过程称为形态分化。在此过程中，芽的生长点内开始区分出花原基时称为花发端。从花原基形成后，花器官各部分的原基陆续形成和生长的过程称为花发育。多数果树花芽发育过程包括分化初期、花蕾形成期、萼片形成期、花瓣形成期、雄蕊形成期和雌蕊形成期。

2. 花芽分化的特点

（1）长期性

由于各生长点在树体各枝梢上所处位置、营养状态等的差异，导致多数果树的花芽分化都是分期分批陆续进行的。如富士苹果，花芽分化期从 6 月下旬到 10 月上旬；柑橘从 12 月中旬 ~ 翌年 1 月中旬。

（2）相对集中性和稳定性

各种果树花芽分化时期在不同地区、不同年份有差别，但并不悬殊。一般而言，在果树的新梢停长后和采果后各有一个分化高峰。

（3）不可逆性

花芽分化一旦开始，特别是到萼片分化期之后，在正常条件下就会按部就班地继续分化下去，不能逆转为叶芽。然而在非正常条件下也可能出现逆转现象。

3. 影响花芽分化的因素

由于花芽分化的多少直接影响花、果数量，因此长期以来人们就非常注重研究影响花芽分化的内部因素和外部因素。

花芽分化是一个十分复杂的过程，从内部条件来说，这个过程需要丰富的有机营养物质和内源激素的平衡。外部因素主要包括光照、温度、水分和土壤养分等。

（1）光照

光是花芽形成的必需条件。光照强度降低会降低花芽分化率，其原因可能是弱光导致根的活性降低，影响细胞分裂素的供应。光质对花芽分化也有影响，紫外线能钝化生长素，诱发乙烯产生，促进花芽分化。大部分果树对光周期并不敏感，相关研究并不多。

（2）温度

温度影响着果树的新陈代谢，大气温度和土壤温度对花芽分化均有影响。在适宜的温度下，花芽分化多。大多数落叶果树的花芽开始分化是在北半球气温较高的 6 ~ 8 月，若高温来临早，花芽分化开始也早；亚热带和热带果树形成花芽多在气温相对较低时间段。

（3）水分

多数果树生长的适宜土壤含水量为 60% ~ 80%，果树花芽分化期适度的水分胁迫可以促进花芽分化，而灌水有利于花器的发育。

（4）土壤养分

土壤养分多少及各种矿质元素的比例与果树的花芽分化密切相关。如氮元素是花芽分化必须元素，缺氮花芽分化率降低且畸形花比例上升，氮过多造成营养生长过旺，抑制成花；增施磷肥，可促进成花；钾是多种酶促反应的活化剂；根外追施锌、硼、钼有利花芽分化。

此外，一切减缓枝梢生长势、促进有机物积累的栽培措施都有利于枝梢成花，如将直立枝拉水平，强旺枝基部进行环割或环剥等措施均有利于枝梢成花。

4. 影响花芽发育的因素

碳素和氮素等营养条件是花芽发育最重要的条件。土壤肥力差，会影响树体营养水平的积累，导致花芽质量降低；果实负载量过大，会消耗过多的养分，花芽形成与果实生长之间养分竞争的矛盾突出，既影响了花芽形成的数量，又使花芽质量下降。

花芽形成后，在秋、冬、春三季持续进一步发育。花芽后期的发育状况，尤其是花性器官发育程度取决于树体贮藏养分的情况。叶片于秋季产生的光合产物开始向树体中心部位骨干枝和根部转移，作为贮藏营养供给花芽的进一步发育及翌年春各新生器官的生长发育。若因管理不当造成叶片早落，将会降低树体的贮藏营养水平，进而影响花芽质量。

光照条件对花芽质量起着重要作用。一方面，花芽分化和发育过程就需要较强的光照；另一方面，光照条件直接影响叶片的营养累积。生产实践证明，光照不良的枝条无法形成优质的花芽。

温度对花芽的质量也有很大影响。过低的温度可能造成对花芽的伤害；同样，不适当的高温，尤其是春季升温过快也会使花性器官发育不良。此外，干旱胁迫、水涝等逆境也可能导致发育中的花败育。

（六）果实的生长发育

果实的生长发育与细胞数目和细胞体积密切相关，因此凡是有利于上述两个因素的均有利于果实的生长发育。

1. 充足的贮藏养分和适当的叶果比

营养是果实生长发育的物质基础。果实在花前和花后的细胞分裂都需要大量合成蛋白质以形成原生质，此阶段也称蛋白质营养期。落叶果树上一年的贮藏养分是果实细胞分裂的限制因子，直接影响单果重。此外，开花期子房大小对细胞分裂也有一定的影响，子房大则细胞基数多，形成激素早且数量多，有助于加快细胞分裂，形成更多数量的细胞，反之亦然。

果实发育中后期，即细胞体积增大期，此阶段细胞液泡增大，对水分需求量增大的同时，碳水化合物的需求绝对量也直线上升，被称为碳水化合物营养期。果实增重主要在此时期，因此适宜的叶片数及叶果比，并保证叶片充足的光合作用，对果实增重有较好的促进作用，这主要是叶片通过供应贮藏态养分来影响果实的细胞数量和体积。此外，果实附近的叶片对果实增大尤为重要。

2. 无机营养

氮、磷、钾等矿质元素在果实中的含量不到1%，但却影响有机物的转运和代谢。果实缺氮会导致苹果、梨、樱桃等果实变小；缺磷会使果肉细胞数减少；钾含量与苹果、梨、桃、葡萄、柑橘等果实大小呈正相关；锰、锌、硼含量与苹果等果实的大小呈正相关。

3. 水分

果实成分中80%～90%为水分，水分是一切生命活动的基础。果实生长过程中，干旱影响果实增长比其他器官要大得多。同时，果实水分在树体水分代谢中还具有水库的作用，过分干旱，果实中的水分可以倒流至其他库器官，水分多时果实可进行一定程度的贮藏，这种情况在果实发育的后期更为明显。

4. 种子

果实内种子的数目和分布影响果实的大小和形状。在自然条件下，没有种子的果实（粒）比有种子的果实（粒）要小得多。种子分布不均匀，易形成不对称的果实。

5. 温度

每种果实的成熟都需要一定的积温。过低或过高的温度都能促进果实呼吸强度上升，影响果实生长。由于果实生长主要在夜间进行，故夜间温度对果实生长影响更大。

6. 光照

光照对果实的影响是间接的，主要是通过影响叶片的光合效率，进而影响果实的发育。

7. 栽培技术措施

栽培措施对于增大果实体积往往具有较明显的效果，其主要的理论依据是提高果实的营养供应，以及增加细胞数和增大细胞体积。在生产中，凡能增加对幼果供应营养的措施，如施秋肥、修剪、疏花等，都可以增加果实细胞数和细胞大小，增大果实体积。

 第3节 生态环境与果树生长发育

果树器官年周期的生长发育是在一定的生态环境下进行的，主要包括气候条件、土壤条件、地势条件和生物因子等。在建立智能化管理模型时，必须要充分考虑当地的生态环境条件因子。

一、气候条件

（一）温度

温度是影响果树生长发育的主要因素。温度因子包括年平均温度、积温及最高、最低温等。各种果树在其长期演化的过程中，形成了各自的遗传、生理代谢类型和对温度的适应范围，并形成了以温度为主要因子的果树自然分布地带。限制果树分布的主要温度指标是年平均温度、生长积温和冬季最低温度。

1. 积温

不同果树有不同的适宜温度，这与其生态型和品种特性有关。如苹果、梨、杏、李、樱桃等需要 7~13℃的年平均温度，葡萄、桃、石榴、枣等需要 13~18℃的年平均温度，而柑橘、香蕉、荔枝、龙眼等则需要 18~24℃的年平均温度。果树需要达到一定的温度总量才能完成生活周期，通常把高于一定温度的日平均温度总量叫作积温。对果树来说，在综合外界条件下能使果树萌芽的平均温度称为生物学零度，即生物学有效温度。一般落叶果树的生物学有效温度的起点多在日平均温度 6~10℃，常绿果树多在 10~15℃。为了方便计算，一般将10℃作为果树的生物学有效温度。

在果树年生长周期中能保证果树生物学有效温度的持续时期为生长期，而生长期中生物学有效温度的累积值为生物学有效积温，简称有效积温或积温。果树在一定温度下开始生长发育，为了完成生长期或某一生育期的生长发育过程，要求一定的积温，若积温低，则生育期延长，而积温高，则生育期缩短。

2. 三基点温度

果树维持生命与生长发育均需要一定的温度范围。果树自萌芽后，转入旺盛生长时，落叶果树通常要求10~12℃、常绿果树需要12~16℃。不同温度的生物学效应有所不同，有其最低点、最适点和最高点，即称为三基点温度。最适温度下果树表现生长发育正常，速率最快，效率最高。最低温度与最高温度常成为生命活动与生长发育终止的下限和上限温度。果树生长过程中过高的温度会抑制生理过程，而过低的温度也对果树的生长发育不利。

3. 冻害与冷害

温度在0℃以下低温使果树的组织发生冰冻所造成伤害称为冻害。果树易受冻害的部位是根颈、枝干、皮层、一年生枝和花芽；幼嫩组织的抗冻能力非常低，一般在0℃左右就可能发生冻害。果树的冻害以该树种的栽培分布北界较重，温带落叶果树与热带、亚热带常绿果树都可发生。

温度在0℃以上的低温对生长期果树组织造成的伤害称为冷害。冷害与冻害的本质区别是冷害的受害组织没有结冰现象。热带和亚热带果树常于生长期遭受冷害，导致果实生长发育迟缓，生理机能受损，从而造成减产和果实品质劣变。

4. 需冷量

落叶果树需要一定的时期的低温才能通过自然休眠，春季才能进行正常的萌芽、开花等生长发育过程，这种对低温的要求称为需冷量。一般以7.2℃为基点，累计7.2℃以下所遭遇的低温时数作为需冷量。不同树种、同一树种不同品种其需冷量不同。若冬季温度过高不能满足休眠所需的低温，则翌年春季果树生长发育不正常，发芽、开花不整齐，落花落果严重。

（二）光照

光照是果树的生存因素之一，是果树光合作用的能量来源。果树生长发育与产量形成都需要来自光合作用形成的有机物。

1. 光质

太阳光是太阳辐射以电磁波形式投射到地面上的辐射线，其光谱组成的主要波长范围为150~4000 nm。对果树来说，太阳辐射光谱中存在具有生理活性的波段称为光合有效辐射，大致与380~760 nm的可见光谱波段相对应。其中以600~700 nm的橙、红光具有最大的生理活性，其次为蓝光，绿光吸收最少。一般认为，200~400 nm的光对树体有损伤作用；400~750 nm主要是促进和调节作用；750 nm以上到微波主要是热效应，能使土壤和空气增热，升高树体温度。

光质在果实品质的形成过程中不仅为光合作用、有机物合成和生长发育提供能量来源，同时也作为一种环境信号来调控果实品质形成。如红光有利于糖类的形成，紫外光促进果皮的花青素生成，远红光或红光的高低影响果实果皮色素的合成和表达。

2. 光照强度

果树受光类型根据投射光的来向可以分为上光、前光、下光和后光四种。上光和前光是果树生长发育的主要光源；下光和后光虽较弱，但果树对漫射光的利用率高，下光和后光可改善树冠下部的果实品质。

果树树冠内光的分布与产量和品质有密切关系，而影响果树树冠内光分布的因素有很多。对于栽培管理方式一致的成年果树，树形和树冠的结构对树冠内光的分布影响较大。通常树冠不同部位光照强度由上向下、由外向内逐渐减弱。同时，相同的树形，树冠垂直方向光照条件的变化幅度大于水平方向，这与树冠由上向下叶幕密度的变化大于由内向外叶幕密度的变化有关。

果树对光的需要程度与树种、品种原产地的地理位置和长期适应的自然条件有关。光照强度大，枝条向上生长减弱，容易形成短枝，增强侧枝的生长，侧芽生长较强，容易形成开张的树冠。光照强度弱则容易造成枝条徒长而虚弱。良好的光照条件下叶片厚、单叶重且光合能力强。同时，光照强度还决定着光合作用的强弱和同化养分积累的多少，因此光照强还有利于形成花芽，提高坐果率，果实大、上色好、含糖量高、品质好。

（三）降水

水是果树生存的重要生态因素，是树体结构和果实的主要成分，是果树吸收营养物质、运输分配养分的溶剂，是果树光合、呼吸等各种生理活动必需的物质。果树的含水量高达 50% ~ 97%，因器官不同而有变化。同时，水分还可以调节果园环境温度和树体温度。

果树的需水量因树种不同而不同，由于不同树种的需水量不同，且有一定变化范围，不同树种的适宜栽培地区的降水量也有较大的变化。根据我国果树区划所提出的适宜指标，苹果适宜栽培区的年降水量为 20 ~ 1 200 mm，梨为 190 ~ 1 400 mm，柑橘为 1 200 ~ 2 000 mm。

果树在年生长周期里各物候期对水分的要求不同，落叶果树在休眠期需水少，但随着萌芽生长，树体蒸腾量增加，需水量逐渐增多。常绿果树虽无明显休眠期，但在冬季低温季节蒸腾量少，需水量相对较少。水分的亏缺会影响果树的发育，甚至造成对树体的伤害。春季萌芽期水分不足会延迟发芽或发芽不整齐，花期干旱会引起落花落果，新梢生长期缺水会导致新梢生长停止，果实发育期缺水会影响果实膨大、单果重降低，果实成熟期遇降水易导致裂果。因此在果树商品化栽培过程中，必需因地制宜，并采用智能化水肥管理设施，实现基于树体生理需求的精准水肥管理、果园丰产优质。

（四）空气相对湿度

空气相对湿度对果树的生长结果及果实品质有多方面的影响。空气相对湿度降低，导致果树蒸腾强度增高，影响果树体内的水分平衡，引起果树叶片萎蔫、枯黄；空气相对湿度偏低会导致柱头干燥，影响授粉受精，会抑制花芽分化、抑制果实膨大等。

不同的树种和品种对空气相对湿度的要求和反应不同。原产于干燥地区或夏干地带的树种，适应较低空气相对湿度，如苹果、葡萄等；而原产于湿润热带、亚热带的树种，适应较高的空气相对湿度，如柑橘、枇杷、香蕉等。但通常过高的空气相对湿度易导致病虫害。

二、土壤条件

适宜的土壤环境利于果树的生长发育。土壤是果树生长的必要条件和根本保证，是果树栽培的载体、生存的基础，果树生长所需的各种养分主要是通过土壤进行吸收。通过探究果树生长与土壤条件之间的关系，从土壤的温度、水分、气体、深度、结构、酸碱度、养分含量等方面分析土壤条件对果树生长的综合影响，对果树的丰产、稳产起到积极作用，为果树的科学种植提供合理的科学依据。对于不同种类的土壤，其中的含水量与有机物含量均不同，它是果树健康生长的基础，直接关系到果树根系的发育情况与相关机能的实现。

（一）土层深度

土层深浅会影响果树根系生理状态，进而影响其吸收营养功能。土层越深，土温越稳定，果树根系生理状态就越稳定，这样能够保持根系的吸收功能，确保吸收足够土壤中的水分和营养，满足果树各器官生长发育需要。如果土层太浅，如小于 30 cm，根系就会很容易受到地表温度剧烈变化的影响，导致根系生理状态不稳定，进而影响根系吸收功能，影响果树生长发育：果树生长缓慢，存活率低，对不良外界环境的抵抗能力减弱，结果产量降低。

（二）土壤结构

土壤结构一是指各种不同的结构体的形态特性，二是泛指具有调节土壤物理性质的"结构性"。土壤结构体是各级土粒由于不同原因相互团聚成大小、形状和性质不同的土团、土块、土片等土壤实体。土壤结构体实际上是土壤颗粒按照不同的排列方式堆积、复合而形成的土壤团聚体。不同的排列方式往往形成不同的结构体。这些不同形态的结构体在土壤中的存在状况影响土壤性质及其相互排列、相应的孔隙状况，进而影响土壤肥力和耕作性。拥有较多团粒结构的土壤，水、肥、气、热较协调，保水供水、保肥供肥性能较好，土质较疏松，有利于耕作及果树根系的伸展，适合果树生长发育。在土壤质地基本相同的情况下，微团聚体高的土壤，旱作时耕层比较疏松，容重较低；相反，微团聚体含量低的土壤，旱作时土块僵硬，容重较大。土壤容重不仅直接影响到土壤孔隙度与孔隙大小分配、土壤的穿透阻力及土壤水肥气热变化，而且也影响着土壤微生物活动能力和土壤酶活性的大小。土壤容重也间接影响植物生长及根系在土壤中的穿插和活力大小。土壤孔性良好的土壤能够同时满足果树对水分和空气的要求，有利于养分状况的调节，有利于果树根系的伸展。

（三）土壤的理化性质

1. 土壤温度

土壤温度主要指与果树生长发育直接有关的地面下浅层内的温度。土壤温度影响植物的生长、发育和土壤的形成。土壤中各种生物化学过程，如微生物活动所引起的生物化学过程和非生命的化学过程，也受土壤温度的影响。土壤温度对果树根系的生长发育起着重要作用，同时也对土壤的性状结构和微生物的繁殖活动产生一定的影响。土壤温度主要来源于阳光的照射，阳光对土壤表层的温度进行调节，在照射的过程中会使土壤表层温度上升，太阳每天的东升西落以及四季的变化过程中，土壤的温度会随之进行高低变化。气温较高的夏季，由于太阳光的辐射，土壤的温度随着越邻近地表而升高。在寒冷的冬季，距离土壤表层越远土壤温度越高。在许多地区，中午时地表温度甚至大于40℃，极易使果树的根受热干枯、受伤。但是随着土壤深度的增加，温度越稳定，地热主要对土壤深层的温度造成影响。土壤温度还会对土壤理化性质造成改变，同时容易影响土壤中微生物的活跃程度。当土壤的温度逐渐变高时，土壤内部的理化反应加剧，加快土壤中盐分的溶解度，使氧气与水的交换速率加快，土壤中的养料极易被果树的根吸收，从而促进果树的健康生长。而土壤温度下降时，其中的微生物活跃程度下降，导致土壤中有机物质的分解速率降低，无法充分释放养料供果树摄取。

2. 土壤水分

果树的主要水分供给来源于土壤中的水分，所有的营养成分都是要溶于水中才能被果树充分吸收。肥水不分家，土壤中的水含量也是保证土壤中肥力的关键因素。土壤中的水分类型较多，如气态水、膜状水和重力水等。果树根部能够有效吸收的水分是毛细管水。土壤的含水量对果树在生长发育阶段也有一定的影响，一般情况下土壤相对含水量在60%～80%范围内根系吸收功能最好。土壤的含水量过低时，果树的根部无法吸收水分，导致果树缺水，当土壤中的水分继续下降时，果树植株就会出现萎蔫现象，这个阶段如果不能及时补充水分，就会严重影响果树生长。如果土壤中的水分持续减少，就会使果树的根部向外渗水，最终导致果树的枝叶变黄，使实不能生长，严重时导致果树死亡。如果土壤中的水分过多，就会影响果树根部的透气性，导致微生物的活动受限，影响根系的营养吸收功能；严重时果树根部因为长期缺氧，会导致根部生长发育不良。

3. 土壤通气性

土壤里要保持足够的空气，才能使果树根系生长良好。当土壤空气中的氧气达到15%时，如桃树新根生长旺盛；到10%时，根系活动正常；到5%时，生长缓慢；到3%时，则生长停止。土壤中的氧含量与土壤的孔隙度及土壤含水量有密切的关系。如果土壤质地较疏松，土壤中的水分适度，那么土壤的含氧量就大；如果土壤呈现板结性状，土壤的孔隙度变小，空气流通受阻，土壤中的含氧量就少。土壤中的含水量越多则含氧量就越少，土壤深度不同含氧量也不同。土壤中的含氧量影响着果树根系的生长，当土壤中的含氧量过低时果树根毛变少，影响营养物质的吸收。土壤中空气降低还会导致其中的微生物活动能力降低，分解速率下降，导致土壤中的相关矿质元素无法在微生物的作用下进行分解与释放，从而导致果树无法吸收。另外，氧气减少使果树根部周边的二氧化碳含量上升，土壤的酸碱度加强，妨碍果树对无机离子的吸取。土壤缺氧处于严重状态时，果树根系不能呼吸，容易出现烂根现象。

4. 土壤酸碱度

酸碱度能够对土壤理化特性产生影响，也会引起所含营养物质、土壤溶液和微生物等的变化，对果树根系吸收营养物质带来影响。土壤酸碱度不管是太高还是太低，均会导致原生质胶体和酶的性质发生变化。土壤碱性过高，由于碱性物质里的钙能够和果树根系的分泌物发生中和反应，导致土壤中铁、锌等元素含量减少，并且磷元素和钙发生反应后生成磷酸钙。如果土壤酸性太高，因为含有大量的氢离子而导致铝、铁等元素大量溶解在其中，就会使活性铝出现，对根系造成破坏。同样由于酸性土壤的氢离子太多，会使钾、钙等元素逐渐流失。正是由于这个原因，如果土壤属于红壤与黄壤，则应该定期补充有机肥，降低养分流失的速度。土壤里还含有一些对果树根系生长有益的菌群，这些菌群最耐受的土壤环境 pH 为 7，不管是酸度太高还是碱度太高均会使菌群的存活受到影响，所以一般在接近中性的土壤里所测得的菌群数量远远大于偏酸性或碱性的土壤。

5. 养分含量

土壤养分对果树根系的生长有较大影响。一般情况下果树根系集中生长在养分浓度高的地方，尤其是氮营养浓度较高的区域，根的密度可成倍地增加。因此，应深施氮肥，促使植物深扎根。此外，氮和磷营养对根毛的生长作用最明显。土壤硝酸盐和磷的浓度与根毛数和根毛长度之间均呈负相关，而铵盐则增强根毛的密度和长度。可溶性有机物能以各种方式影响根的生长，如低浓度的富里酸、乙烯，可以促进发根和根的生长，但较高浓度下的酚类和短链脂肪酸等低分子化合物可以抑制根的生长。因此，在通气不良或淹水土壤中施入大量新鲜有机物，如秸秆和绿肥时，常常使土壤中累积这些物质，从而毒害果树根系，影响其生长发育。

（四）土壤的生物性质

1. 土壤有机质

广义上，土壤有机质是指各种形态存在于土壤中的所有含碳的有机物质，包括土壤中的各种动、植物残体，微生物及其分解和合成的各种有机物质。狭义上，土壤有机质一般是指有机残体经微生物作用形成的一类特殊、复杂、性质比较稳定的高分子有机化合物。

土壤有机质是土壤固相部分的重要组成成分，是植物营养的主要来源之一，能促进果树的生长发育，改善土壤的物理性质，促进微生物和土壤生物的活动，促进土壤中营养元素的分解，提高土壤的保肥性和缓冲性。它与土壤的结构性、通气性、渗透性和吸附性、缓冲性有密切的关系。通常在其他条件相同或相近的情况下，在一定含量范围内，有机质的含量与土壤肥力水平呈正相关。土壤中的有机质可以提高果树的产量和果实质量。当土壤中含有适量的有机质时，能够增加果树的单果重和整体产量，保证苹果果实的硬度，提高果实中的可溶性糖的含量。土壤中有机质在进行转化的过程中会产生激素，这些激素会促使果树吸收营养，利于调节果树生长发育。

2. 土壤微生物

土壤微生物是土壤生态系统的重要组成部分，在物质与能量循环、土壤结构、土壤的肥力和土壤营养元素的转化及土壤微生态平衡保持等方面发挥着重要作用，而且对于进入土壤中的农药及其他有机污染物的自净、有毒金属及其化合物在土壤环境中的迁移转化等都起着极为重要的作用。土壤微生物与果树的生长关系密切，果树的残根败叶和施入土壤中的有机肥料等，可在土壤微生物的作用下进行分解，形成腐殖质，并释放出营养元素供果树利用。同时，土壤微生物在分解过程中，其生理代谢可促进土壤中氧气和二氧化碳的交换，分泌的有机酸等有助于土壤粒子形成大的团粒结构，改善土壤结构和耕性。在果树根系周围生活的土壤微生物还可以调节果树生长，植物共生的微生物如菌根和真菌能为植物直接提供氮素、磷素及其他矿质元素的营养，以及有机酸、氨基酸、维生素、生长素等各种有机营养，促进果树的生长。有些土壤中的微生物对果树有害，如反硝化细菌，能把硝酸盐还原成氨散失到大气中，降低土壤肥力。不同的土壤微生物由于其生理活性和代谢产物的不同，对土壤肥力和植物营养产生积极或消极的作用，土壤微生物群落结构及土壤微生物量能够间接反映土壤的健康状况。

三、地势条件

地势是指地表形态起伏的高低与险峻的态势，包括地表形态的绝对高度和相对高差或坡度的陡缓程度。地势条件对建设智能化果园有重要的影响。我国地貌形态大致表现为，西高东低，呈阶梯状分布。果树在生长发育过程中，与自然条件形成了相互联系、相互制约的关系。其中不可替代的自然条件有土壤、光照、水分、温度、空气等，间接影响果树生长发育的自然条件有风、坡度、坡向、地势等。自然条件对果树的生长、结果有很大影响。地势通过影响温、光、湿等自然条件而影响果树的生长发育，其中某一因子作用的大小又往往与其他因子有关，建立果园时需要考虑这些自然因素。

（一）海拔高度

海拔高度是影响果树布局及其生长发育的重要生态因素，太阳辐射量、有效积温、昼夜温差、空气相对湿度及土壤类型、养分有效性等通常随海拔高度的变化而发生显著变化，因而对果树生长发育有着较大的影响。

陆地相对于海平面的高度或海拔主要通过温度效应影响植物的生长和发育，在干燥的空气中，海拔每增加 100 m，温度就会降低 1℃。受温度变化的影响，无霜期随海拔升高而缩短。山地果树的物候期随地势升高而推迟。同时，海拔高度对光照也有明显影响。总辐射、长波紫外线和可见光随着海拔高度的升高显著增加；中波紫外线也随海拔升高而升高；红外线则随海拔的升高而降低。此外，海拔高度的变化还影响降水量和相对湿度的变化。

有研究表明，在海拔高度会引起气候因素垂直变化，由热带果树—亚热带果树—温带果树—寒温带果树逐渐演替，并且随海拔的升高，物候期会推迟。

（二）坡度

坡度或倾斜度是其海拔在一定距离内的百分比变化。坡度影响太阳辐射的接收量、水分的再分配和土壤的水热状况等，其影响大小又与坡度的大小有关。一般将斜坡分为四级，＜5° 为缓坡，5°～20° 为斜坡，20°～45° 为陡坡，＞45° 为峻坡。通常以缓坡和斜坡适合栽种果树。坡度过大，土壤会因为冲刷严重，土层薄，含石量多，土壤养分流失严重，土壤含水量低，不利于果树的生长发育。另外，坡度过大，不利于轻简化栽培管理技术的应用。

（三）坡向

坡向不同，土壤接收的太阳辐射量不同，光、热、水条件有明显的差异。不同坡向的果树，它们的生长表现也不同。通常来说，南坡物候早于北坡，果实品质好，但容易受霜冻、日灼、干旱的危害；北坡的果树由于温度低，日照少，影响果树枝条及木质化成熟，导致越冬能力下降。因此果树的栽种一般选择背风向阳、日照好、稍有坡度的开阔地。

（四）地形

地形是指地物形状和地貌的总称，具体指所涉及地块纵剖面呈现出的高低起伏的各种状态，如平坦、凹、凸、阶形坡等。不同地形的光、温和湿度等条件各异，从而间接影响果树的生长发育。如低洼地形由于冬春冷空气下沉、集聚，很容易形成冷气潮或霜眼，使果树很容易受到霜冻危害。

四、生物因子

生物因子主要包括同种生物的其他有机体和异种生物的有机体，前者构成种内关系，后者构成种间关系。生物有机体不是孤立生存的，在其生存环境中甚至其体内都有其他生物的存在，这些生物便构成了生物因子。生物与生物因子之间发生各种相互关系既表现在种内个体之间，也存在于不同的种间。

对果树来说，主要的生物因子包括动物、植物和微生物。如野兔、蜗牛对果树的危害，而蚂蚁、螳螂、七星瓢虫等却是害虫的天敌，蜂类能给果树传粉；杂草、间作物等影响果园的微气候；真菌、细菌等对果树既有有利的方面，也有不利的方面。此外，随着人类对环境的影响越来越大，人类的活动在一定程度上改变了果树的生长环境，如人类活动导致的环境污染对灌溉用水、果园空气、土壤等产生了不同程度的影响。

数字课程学习

▣▶ 教学课件　　　✎ 自测题　　　⬆ 知识拓展

第 3 章
果园智能化管理设备及系统

果园智能化管理是指通过电子传感、农情监控、物联通信等感知技术精准监测果园气象灾情、土壤墒情、植株生长和病虫害情，并将监测信息通过移动通信网或互联网传输到果园生产管理云平台，进而实时掌握果园作物的生长环境、生产动态等信息；同时结合生产智能决策模型，预测作物生长趋势，分析增减产原因，决策、调度智能装备进行科学管理，实现合理施肥、节水灌溉、病虫害绿色防控等，达到丰产、稳产、提质和降本增效的目标。

第1节 果园生产信息监测装备和技术系统

智能化果园的生产信息监测主要集中在"四情"领域，即果园气象灾情、土壤墒情、作物生长和病虫害情，需要相应的感知设备和技术系统支持。感知设备的精准性是实现果园生产智能化管理的核心之一。

一、通用电子监测设备

（一）环境监测设备

1. 数字温湿度传感器

温湿度传感器是一种装有湿敏和热敏元件，能够用来测量温度和湿度的传感装置。数字温湿度传感器主要由 NTC（Negative Temperature Coefficient Sensor）热敏测温元件和电阻式湿敏元件组成，应用数字模块采集技术和温湿度传感技术对周围温湿度环境进行感知，如 DHT11 数字温湿度传感器（图 3-1A）。DHT11 数字温湿度传感器是一款含有已校准数字信号输出的温湿度复合传感器，包含一个电阻式感湿元件和一个 NTC 测温元件，并与一个高性能 8 bit 单片机相连接。该类传感器兼容各类通用控制芯片，采用单总线串口通信方式，信号有效传输距离超过 20 m，具有功耗低、接口简单、性能稳定、响应迅速、抗干扰能力强、性价比高等特点。

2. 数字光照传感器

数字光照传感器主要由光敏二极管（Photo-Diode，PD）、运算放大器、ADC（Analogto-Digital Converter）采集、晶振等组件构成，具有两线式串行总线接口，如 BH1750 数字光照传感器（图 3-1B）。数字光照传感器的工作原理为光敏二极管利用光生伏特效应将输入的光信号转换为电信号，经运算放大电路放大后，由 ADC 采集对应电压，再应用数字逻辑电路将其转换为二进制数，并存储于传感器的内部寄存器。BH1750 数字光照传感器采用 IIC（Inter-Integrated Circuit）总线协议，通过其时钟线（System Clock Line，SCL）和串行数据线（Serial Data Line，SDL）与控制芯片进行数据通信。

3. 光学雨量传感器

光学雨量传感器采用光学感应及光折射原理，利用空气中有无水滴时透光性质不同的特性，结合可靠遥测算法实现降水量精确测量，如 JXBS 光学雨量传感器（图 3-1C）。与传统的机械式雨量传感器相比，JXBS 光学雨量传感器内置多个光学探头，根据光线接收部分的光敏元件电子信号测量雨量，具有高精度、高灵敏度、低功耗、安装简便和易于维护等特点。

4. 风速风向传感器

风速风向传感器是利用超声波在空气中传播速度会受到空气流动影响的特性，实时准确可靠测定风速风向的传感设备，适用于农业气象环境监测，如 JXBS 风速风向传感器（图 3-1D）。与常规风杯或旋翼式风速仪相比，JXBS 风速风向传感器不包含机械转动部件，属于无惯性测量，因此能够准确测量出自然风中阵风脉动的高频成分。

5. 土壤综合传感器

土壤综合传感器是指一类可同时测量土壤温度、水分、土壤电导率（Electrical Conductivity，EC）、土壤酸碱度（Potential of Hydrogen，pH）和（或）氮磷钾等元素含量的设备，一般支持地表速测和埋地测量 2 种监测方式，具有精度高、响应快、输出稳定等特点，如 JXBS 土壤综合传感器（图 3-1E）。JXBS 土壤综合传感器采用不锈钢探针，探针与机体之间采用高密度环氧树脂进行高温真空罐装，其防锈耐电解、耐盐碱腐蚀强，密封

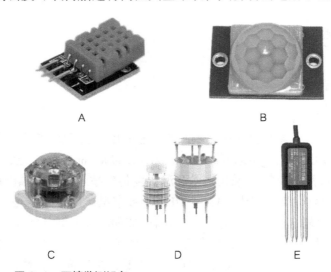

图 3-1　环境监测设备
A. DHT11 数字温湿度传感器；B. BH1750 数字光照传感器；
C. JXBS 光学雨量传感器；D. JXBS 风速风向传感器；
E. JXBS 土壤综合传感器

性能较好。

（二）树体和病虫害监测设备

1. 作物生长监测高清影像采集设备

利用高清摄像头，通过软件平台，可以自动采集并上报作物生长的高清影像，为生产管理提供图像数据支持。高清摄像头是指 HD 1080P 或 HD 960P 或 HD 720P 的摄像头，1080P 为全高清。监测树体要采用近景农情监测相机。近景农情监测相机（图 3-2）应用人工智能（Artificial Intelligence，AI）图像处理技术，可实现近距离区域内（一般为 1 m）精准监测果树植株上花、茎、叶及果的生长发育细微变化，以及病理、虫害的发生动态，结合 AI 识别技术和高速传输网络，可实时远距离诊断病株发病类型、发病时间、害虫类型、危害情况等农情信息，为果园管理提供专业和及时的生产数据信息。该类影像采集设备支持 DC 12V 锂电池 + 太阳能板的供电方式，兼容 4G\GPRS\WIFI 等多种通信协议；相机像素超过 500 万，镜头视场角大（＞60°），支持 AF 自动对焦。

2. 智能虫情测报仪

智能虫情测报仪（图 3-3）是应用新一代图像处理与识别技术，在无人监管的情况下可以自动完成诱虫、杀虫、虫体分散、拍照、运输、收集、识别等操作。智能虫情测报仪能够将作业数据实时远程传输至病虫害数据管理平台，并通过对虫害进行自动识别和精确计数，进一步分析和预测虫害的发生与发展情况，以满足果园种植区域的虫情测报及标本采集等应用需求。

智能虫情测报仪整体结构采用不锈钢，内置工业级图像采集设备。智能虫情测报仪的诱捕原理是利用紫外线诱虫灯发出害虫敏感的光线引发害虫飞扑，撞击玻璃屏落到杀虫仓，然后通过摄像头实时采集仪器内的虫害情况，应用光、电、数控等技术实现自动控制及识别计数，并定时传输至系统管理平台进行报表分析。智能虫情测报仪还配置防雨百叶，将雨、虫进行有效分离，雨天也可正常工作，能够做到全天候且无人值守的条件下自动监测果园种植区域虫情信息。

图 3-2　近景农情监测影像采集设备

图 3-3　智能虫情测报仪

3. 孢子监测仪

孢子监测仪的监测对象是气传病害的病原孢子，主要由遮雨板、风向标、捕捉盘、定时钟、进气嘴、空气驱动装置如真空泵、捕捉仓、支架等组成（图3-4）。根据病原孢子体积小、质量轻，且长期飘散在空气中等特性，孢子监测仪的空气驱动装置在作业过程中以风吹的方式使捕捉仓内形成负压，通过进气嘴将含有病原孢子的空气吸入捕捉仓内，并将孢子吸附到捕捉盘的韧性捕捉带中，进而完成对病原孢子的捕捉工作。智能化管理的孢子监测仪具有500万以上像素的显微成像系统，能够自主实现从载玻片加载、病菌孢子捕捉、孢子恒温培养、显微成像、已使用载玻片回收等全过程，支持多种联网方式（4G/RJ45），可采用FTP、TCP/IP网络通信模式将所拍摄诱集孢子图片直接上传至果园管理云平台。

图 3-4　孢子监测仪

（三）大区域农情监测设备

大区域农情监测设备（图3-5）包括网络枪型摄像机、智能摄像机、全景鹰眼、农业无人机以及遥感卫星等，为智慧果园生产管理提供精准数据服务。

1. 网络枪型摄像机

网络枪型摄像机是指能够利用现有的综合布线网络传输适时影像的摄像机，有高清网络枪型球机和红外星光枪型球机等类型。网络摄像机采用嵌入式实时操作系统，具有即插即用功能，通过综合布线网络传输图像，省去了传统模拟监控系统中的大量视频同轴电缆等设备，因此所需设备简单。另外，系统可以对使用者设置不同等级的使用权限，无权限的用户接收不到图像，且图像数据的存储是专有格式，因此网络枪型摄像机安全性较好。

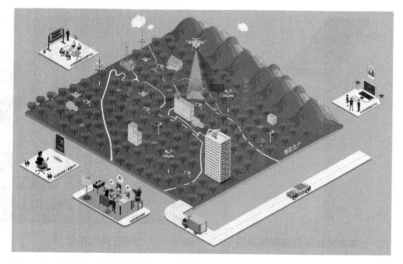

图 3-5　基于大区域农情监测设备的智慧荔枝果园架构

2. 智能摄像机

智能摄像机是通过摄像器件把光转变为电能，得到视频信号，经过预放电路进行放大和各种电路进行处理、调整，得到标准信号送到录像等记录媒介上记录下来的设备。具有高像素、低照度、宽动态和数码降噪（3D-DNR）等特点，是智能化管理果园大区域监测必不可少的设备。

3. 全景鹰眼

全景鹰眼是一种像鹰眼一样，能够兼顾全景并捕捉细节的高清摄像机。目前主要由4个（或8个）固定在同一水平面上，由拍摄角度不同的高清摄像头加高速球组成。其中全景端摄像头负责1个全景180°或360°的监控画面，下方球机提供23倍光学变焦、16倍数字变焦，负责联动定位和跟踪功能，只需要点击全景画面的任意一个点，都可以实现快速的变倍并捕捉到远处的目标。全景鹰眼摄像机采用星光级超照度设计，图像质量优越，支持直径300 m以上范围内运动目标，同时检测60个目标，为客户提供180°或360°高清场景，真正实现无盲点、无死角监控。

4. 农业无人机

无人机是通过无线电遥控设备或机载计算机程控系统进行操控的不载人飞行器，在农业方面主要用于植物保护、遥感监测和测绘等。按照系统组成和飞行特点，无人机可分为固定翼型无人机、无人驾驶直升机两大类。固定翼型无人机通过动力系统和机翼的滑行实现起降和飞行，遥控飞行和程控飞行均容易实现，抗风能力较强，类型较多，能同时搭载多种遥感传感器，是农业方面应用的主要无人机类型。农业方面根据不同类型的遥感任务，可以搭载相应的机载遥感设备，如高分辨率CCD数码相机、轻型光学相机、多光谱成像仪、红外扫描仪等。

5. 遥感卫星

遥感卫星是用作外层空间遥感平台的人造卫星。农业方面的遥感卫星是属于气象卫星。遥感卫星能在规定的时间内覆盖整个地球或指定的任何区域，当沿地球同步轨道运行时，它能连续地对地球表面某指定地域进行遥感，通过遥感卫星地面站获取相关数据用于果园智能化管理决策。

二、果园生产农情监测系统

（一）果园气象监测系统

果园气象监测系统一般由气象传感器、气象数据记录仪、气象环境监测软件三部分组成（图3-6），能够对种植区域内的风速、风向、空气温度、相对湿度、降水量、光照强度、光合有效辐射等户外环境因子进行实时有效监测，具有自动记录、超限报警和数据通信等功能，监测范围一般超10 km。智能化气象监测系统一般内置SIM卡，支持4G等高速移动通信、GPRS网络、Wi-Fi、NB-IoT网络和自主布线网络等，支持实时采集多类型环境气象监测数据，并传输至果园管理云平台；支持市电供电，或采用"太阳能＋锂电池"的供电方式；支持各类符合Modbus协议的RS485电平接口、RS232电平接口、TTL电平接口、电压输出型、电流输出型的传感器，硬件和程序具有远程更新升级功能，能够

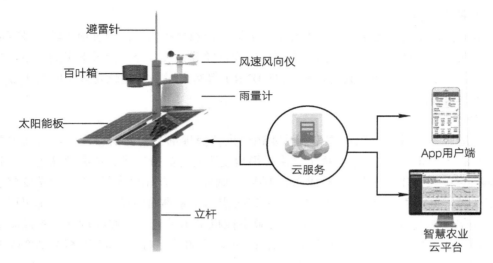

图 3-6　果园气象监测系统结构

自动显示工作状态等。

气象监测数据可采用 4G 等通信网络或自主布线网络实时上传至农业云服务器，经系统计算处理后获取气象情况发生规律的实时走势，数据结果将以可视化形式展示果园监测地区气候情况的变化趋势。当系统监测到异常情况时能够及时预警，并快速采取必要的改良措施，减少外在环境对果园种植作物的质量和产量等造成的负面影响。

（二）果园土壤墒情监测系统

果园土壤墒情监测系统一般由供电设施、传感器和数据处理平台等部分组成，如图 3-7 所示。智能化果园土壤墒情监测系统支持无线通信和带 GPS 功能，且采用模块化设计，传感器可通过主机菜单进行任意配置，通过集成多类型的土壤墒情传感器，对种植区域土壤的温度、湿度、EC、pH 等户

图 3-7　果园土壤墒情监测系统

外生产环境数据进行实时监测，并通过无线网络传输至生产管理系统。果园土壤墒情监测系统能够与气象监测系统相结合，实现对气象和土壤的一体化监测。监测系统能够将果园土壤墒情实时直观展现在大数据地图上，方便管理人员通过列表、图表的方式查看详细墒情信息；也可以定时将采集到的各种数据通过无线网络发送到监测平台或者管理人员的移动终端，方便指导果园生产，并结合气象灾害预警通知相关部门及时采取措施，降低灾害损失。

（三）果园作物生长监测系统

果园作物生长监测系统由高分辨率摄像机、网络型视频服务器和系统软件等构成。利

用高清摄像机全天候监测生产区域的果树，实时查看作物的生长情况，帮助果园管理人员快速掌握现场情况，及时应对现场突发状况并防范气象灾害和病虫害等情况；网络型视频服务器主要用于提供视频信号的高效转换和可靠传输，通过远程网络视频服务实现果园生产的全方位监管和控制中心的统一调度。

根据不同监测需求，作物生长监测系统主要包括两种工作模式，即远景监测和近景监测工作模式（图3-8）。远景监测主要用于远程监控果园生产区域的生长环境及整体情况，发现异常情况能够及时处理；远景监测的高清摄像机均具备无线传输联网功能，使监测数据能够实时同步至果园管理系统，方便用户实时远程查看作物生长数据。近景监测适用于近距离观察树体枝梢、花果变化等情况。通过拉近视频监测距离，便于管理人员和用户发现树体的局部重点区域，能够有效放大和发现树体的病害、虫害发生情况，并及时采取措施，抑制病害虫的滋生与繁殖，有效缓解远景摄像机不易于观察树体细节部位等问题。通过果园区域远景监测和果树近景监测的深度结合，作物生长监测系统应用智能高清摄像机的360°旋转、远近场景变焦等特性，能够实时采集并传输果树的生理状况和长势情况；同时管理人员和用户可远程在线查看监测数据，并将其作为质量溯源支撑材料。

A   B

图 3-8　荔枝生长远景（A）和近景（B）监测示例

（四）果园病虫害监测及预警系统

果园病虫害监测预警系统主要由智能虫情测报仪、太阳能杀虫灯、近景农情相机、孢子监测仪等监测设备组成，是基于"物联网＋人工智能"技术，利用设置在果园、大田的智能虫情测报仪，在无人监管的情况下，自动完成诱杀、收集、拍照、识别等系统作业。病虫害监测系统结合果园种植环境、地区气象情况，对病虫害监测数据进行智能计算与分析决策，进而获取果园病虫害情况的发生规律，适时进行病虫害灾情预警和趋势分析等，有助于加强果园病虫害防治工作，达到有效减少果园病虫害损失的目的。

（五）大区域农情监测系统

1. 常规农情视频监测系统

常规农情视频监测系统主要由高清网络枪型球机、红外星光枪型球机和智能摄像机等设备组成。该系列监测系统能够为管理人员提供作物生长全过程的实时图像，确保植株能健康良好地生长，同时对监控录像进行存储，便于后期随时回放，满足管理人员及政府监管单位对农产品质量安全追溯的需求。为实现对生产区域的全方位监控，监测球机的监控点布设间距一般不超过 100 m；另外，监控点位应绕开非农业用地，以保证视频监测系统的安装不影响周边人员的生产经营。

2. 鹰眼瞭望监测系统

鹰眼瞭望监测系统主要采用全景鹰眼及高清云台对果园等环境进行全方位监测，可对整体环境、人员活动、车辆移动等情况进行实时监控，适用于露地种植生产过程的全天候监控和超远距离监控。尤其是高清云台的监测区域半径达到 5 km 以上，通过光纤网络传输至监控中心，能够对重要监测对象实施高精度监控。

3. 农业无人机遥感监测系统

随着民用小型无人机技术的日渐成熟，无人机在农业领域已得到广泛应用，主要集中在农用航空植物保护和低空遥感监测等领域。在果园种植区域中，通过应用无人机低空遥感技术，将土壤信息、产品信息、气候信息统筹汇聚，进而实现"无人机 + 感应器 + 大数据"的多层次、全方位优化管理，有效提高果树产品质量和生产效率。

果园果树的冠层温度可表征其水分状况。区别于作物冠层温度监测的传统点测方式，农业无人机通过机载高分辨率热红外遥感影像，能够快速、准确、无损地获取种植区域作物的冠层温度信息，解决作物水分胁迫指数计算复杂、精度低等问题，结合作物的全天候动态旱情监测信息，可以方便管理人员和用户及时掌握并合理对作物进行水分精准管理。

第2节 果园智能化管理作业装备

智能化果园相关信息如病虫害、杂草和土壤墒情等被感知后，通过数据平台处理决策，将指令下达到智能化作业装备，进行田间管理作业。

一、智能化农机装备

果园田间管理的农机装备主要包括除草或割草装备、植保装备、修剪装备、运输装备和采果装备等方面。智能化农机作业装备是指安装有农机装备定位和调度系统的一类装备。农机装备定位和调度系统主要业务功能包括数据收集和接收，调度指令下达和执行，以及信息传输等方面。农机装备和调度实现技术包含通信技术、计算机技术和车载终端技术。通信技术包括无线通信、移动和互联网通信，计算机技术包括电子地图技术、导航技术和数据库技术，农机终端技术包括感知和控制技术等。

智能农机的典型特征是安装有微处理器、各种传感器和无线通信系统等，智能农机装备能够实现高效、标准、舒适、人机交互、自动操作等农机作业，能独自完成耕作、移栽、施肥、施药、采摘、收获等作业，还能采集土壤、水质、作物产品等信息，为实施精准农业、生态环保等提供技术支撑。目前果园的智能作业装备主要有智能动力机械和植保机械。

图 3-9　智能拖拉机

（一）智能拖拉机

智能拖拉机（图 3-9）利用 GPS 自动导航技术、图像识别技术、计算机总线通信技术等使拖拉机在行走、操控、人机工程等方面实现智能化。在智能化拖拉机驾驶室中，都有一台或数台计算机，具有统一标准设计的接口，用于与不同类型的机具配套使用。智能化农拖拉机安装有信息显示终端的人机交互界面，操作者通过屏幕菜单可任意选择显示机组中不同部分的终端信息。

（二）智能植保机

智能植保机（图 3-10）的发展呈现出以下趋势：①新能源化：随着国家对环境和食品安全的需求提高，传统燃油动力类型植保机械将会逐步被新能源类型植保机械取代。②功能多样化：喷药、施肥、授粉在"一机"上实现，农户不再需要购买多种单一类型的植保机。③智能化：传统机械逐步向数字控制化、信息集成化的智能机械发展，机械与农艺正在充分融合，已实现一机多用、多机协同等功能。智能植保机应包含的关键技术有路径规划、作物病虫草害快速识别、数据实时传输与处理、变量喷雾控制、高地隙自走底盘的土壤—植物—机器系统适应性等技术，能实现精准施药、变量施药、对靶施药、减少雾滴飘失。

（三）智能割草机

智能割草机（图 3-11）在农业生产中有着重要的作用。割草机通常选用柴油机组，由柴油机、散热器、油箱、公共底盘等部件组成，柴油机飞轮与液压泵通过联轴器连接，与减振器共同安装在底盘上，整个机组为一体式结构，便于农户使用和维护。随着无人驾驶技术的逐步成熟，智能无人割草机能够减少农户的劳动强度，以及机械噪声、振动等伤害，有效提高割草作业效率，是未来农场割草作业的发展方向。

图 3-10　智能植保机

图 3-11　智能割草机

（四）智能采摘机

智能采摘机（图 3-12）是利用人工智能和多传感器融合技术，基于深度学习的视觉算法，在无人值守的情况下，自主引导机械手臂完成识别、定位、抓取、切割、回收任务的高度协同自动化系统，具有完善的机械化、自动化和智能化水平。目前农业智能采摘机的相关理论研究已逐步成熟。例如，通过安装视觉传感器，配合测距仪来实现采摘机作业精确定位；通过使用人工智

图 3-12　智能采摘机

能算法，使采摘机具有图像智能处理能力，配合作业轨迹规划，保证采摘机在移动时避开障碍物，避免发碰撞。但是，农业作业环境复杂，农业智能采摘机的规模化应用尚需时日。

二、水肥一体化装备

果园水肥一体化是将灌溉与施肥融为一体的新型水肥管理技术。水肥一体化系统（图 3-13）可与农情环境实时监测相结合，根据气象、墒情、病虫害等果园生产农情监测系统信息，实现作物水管理联动式、智能化控制。通过水肥一体化的智能管理，不仅提高水肥利用效率，减少环境污染，而且可以实现水肥精准管理，提高果实品质，实现丰产、优产。

一套完整的水肥一体化装备一般包括水源系统、首部枢纽系统、管网系统、田间阀门控制系统、环境感知系统和数据管理平台。在实际生产中，由于供水条件和灌溉要求不同可仅由部分设备或系统组成。

图 3-13　智能化水肥一体系统架构模式图 彩

（一）水源系统

符合灌溉要求的江河、渠道、湖泊、井、水库均可作为灌溉水源。为充分利用各种水源，一般需要修建引水、提水渠道和蓄水池及相应输配电工程，确保设备使用时水源充足，且高效连续运行。同时通过液位感应设备控制水泵加水或停止加水，确保蓄水池水量充足。

（二）首部枢纽系统

首部枢纽系统主要包括动力系统、过滤系统、施肥系统、肥料配制供应系统等（图 3-14），一般均安置在一个房间内，又称为泵房首部，担负着整个水肥一体化系统的驱动、监控和调控任务，是水肥一体化系统的核心。

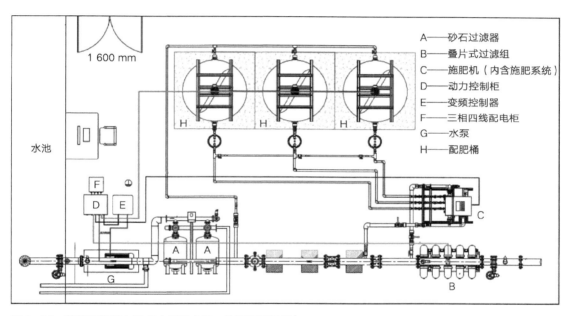

图 3-14　首部泵房基本构成（根据水肥一体施工图绘制）

1. 动力设备

（1）电气中控设备控制器

电气设备控制器集中控制设备，实现电源输入、电源输出，水泵、电磁阀和照明灯的控制等。

（2）抽水或增压泵

根据实际情况多选择相应标准的潜水泵、高流量低扬程的管道增压泵或多级离心泵，以满足灌溉对水量和水压的要求。

（3）变频动力柜

包含变频控制箱、压力传感器等。根据果园的实际需求，设定给水压力，通电运行。通过压力传感器检测管网压力转换为电信号反馈至变频器，经过变频器系统内置的 PID（比例—积分—微分控制器）调节对反馈值与设定值的分析处理，通知 PLC（可编程逻辑控制器）调节变频器输出频率，实现管网的恒压供水。因此，当用水量增加时，系统压力低，反馈值小于设定值，变频器输出电压和频率升高，水泵转速升高，出水量增加；当用水量减少时间，水泵转速降低，减少出水量，使管网压力维持设定压力值。在多台水泵并联运行时，自动完成水泵的加减，实现水泵的自动恒压供水。为了防止突然停电或者阀门关闭太快时，由于冲击水流的惯性产生较强的水流冲击阀门（水锤现象），泵的开关需要联动出口阀门，适当控制水流降速时间，即控制电动机停车时间。

（4）远传压力表/计

用于测定管道压力，并传输到变频动力柜，变频动力柜根据压力参数进行变频工作或休眠。

2. 过滤设备

灌溉系统灌水器的流道很小，易堵塞，必须使用过滤设备对灌溉水肥进行过滤处理。常用的有离心过滤器、砂石介质过滤器、网式过滤器、叠片过滤器等（图3-15）。前面三个过滤器做初级过滤用，后面一个过滤器做二级过滤用。过滤器有很多的规格，选择何种过滤器及其组合主要由水质决定。离心过滤器工作原理由高速旋转水流产生的离心力实现沙粒和其他较重杂质的分离，主要适用于井水或含沙量较大的渠道水的一级过滤。全自动反冲洗砂石过滤器是将均质等粒径石英砂床作为过滤载体的立体深层过滤设备，具有较强的污物截获能力，在不间断供水的前提下，可有效过滤管道液体的有机杂质和无机杂质，常用于开放性水源如水库、池塘及渠道水的一级过滤。当自动砂石过滤器工作时，待过滤的液体由进水口流经滤网，通过出水口进入水肥一体化系统管道，颗粒杂质被截留在滤网内部；往复循环直至进出口之间压力差达到设定值，差压变送器将电信号传送到控制器，控制器启动驱动电动机通过传动组件带动轴转动，由排污口排出颗粒和杂质；当滤网清洗完毕后，压差降到最小值，过滤器返回到初始状态并正常运行。叠片过滤器是由滤壳和滤芯组成，滤壳材料一般为塑料（或不锈钢、涂塑碳钢），形状有很多种；滤芯是由很多两面注有微米级正三角形沟槽的环形塑料片组装在中心骨架上的空心圆柱体，一般在后面配备叠片式过滤器作为二级过滤，其内部没有滤网和可拆卸的部件，保养维护方便。

A   B   C

图3-15 灌溉系统过滤器类型
A. 离心过滤器；B. 全自动反冲砂石洗过滤器；C. 叠片过滤器

3. 一体化智能水肥机

一体化智能水肥机（图 3-16）包括控制柜、触摸屏控制系统、混肥硬件设备系统、无线采集控制系统，可以帮助果农实现水肥一体化自动管理。当灌区土壤湿度达到预先设定的上下限值，通过上位机软件系统可以实现电磁阀自动开启和关闭；亦可根据时间段手动和自动调度整个灌区电磁阀实施轮灌。同时，通过变送器（土壤水分变送器、流量变送器等）实时的智能化灌溉状况（供水时间、施肥浓度及供水量）监测，支持 PC 端、微信端实时数据查看以及前端设备控制。

图 3-16 一体化智能水肥机

4. 配肥桶

一般使用 4 个黑色配肥桶，分别用于氮肥、钾肥、磷肥、微肥或滴施农药配置，配肥桶体积根据施肥习惯和全园施肥量计算。桶旁边安装衡量溶液高度的连通玻璃管，桶上面安装搅拌电动机，出水口安装有微型阀门控制器、电磁流量计、EC 计和 pH 计。

5. 管网

管网主要由主管、支管和毛管组成。主管和支管一般采用 PVC 管或高密度 PE 管，管径大小与灌溉区需水量密切相关；毛管一般采用低密度 PE 管，多采用防虹吸压力补偿式内镶贴片滴灌管（ϕ 16 mm 或 ϕ 20 mm）或内镶贴片滴灌带。

6. 物联网控制器

是一种采用当前国内主流 4G/5G 和基于蜂窝的窄带物联网（NB-LoT）无线通信、通过远程控制电磁阀和卷膜机等开关控制设备，是数字果园智能化管理的基础组成部分，具有功耗低、传输距离远等特点。

7. 感知设备

主要包括各类环境感知传感器、土壤墒情或综合传感器和作物生长监控设备等。

8. 田间阀门

包括水表、压力表、减压阀、空气阀、止回阀等。通过减压阀保持阀门下游的压力一致；空气阀是灌溉系统中不可缺少的保护性设备之一，通过排出或向系统中补充空气，消除因空气对系统造成的各种不利影响；止回阀是防止介质倒流的阀门。

三、农业机器人

农业机器人是一种能感觉并适应作物种类或环境变化，有检测、视觉、演算等人工智能功能、无人自动操作机械装置。截至目前，各种果园相关的农业机器人不断出现，如移栽机器人、嫁接机器人、采摘机器人、施肥机器人、割草机器人等。应用农业机器人是果园智能化管理的必然趋势，但是目前真正达到产品化、在产业中高效利用的机器人还非常少。

（一）农业机器人组成

农业机器人至少应具有以下组件。

1. 控制系统

包括机器人主控制计算机、远程控制计算机和底层控制器等部分。其中，机器人主控制计算机负责与远程计算机之间的通信，并发布相关控制指令；底层控制器接收控制指令，负责实现对执行机构的运动控制。

2. 感知系统

包括获取机器人位置信息的定位设备、获取机器人转向角信息的陀螺仪、获取机器人姿态信息的惯性传感器、获取机器人行驶速度信息的速度编码器等。

3. 驱动装置

包括电动机驱动器（完成移动底盘电动机驱动）、液压驱动器（完成液压系统电磁阀驱动）等。

4. 执行机构

包括行走机构、转向机构、提升机构等。

（二）采摘机器人技术

果蔬采摘作业占生产劳动量的 2/3 以上，采摘机器人能够提高生产效率、降低采摘成本，是农业生产的必然趋势。高效快捷的果蔬采摘需要目标检测、目标识别、三维重建和三维定位等技术支撑。其中，目标检测要求检测算法及时检测出图像中的目标物体，目标识别要求识别出采摘的对象和其他干扰项，三维重建将先通过摄像机获取目标物的二维图像，再通过特征提取、立体匹配等算法获取果实在空间中的三维信息，最后通过三维重建获取空间坐标完成三维定位。目标识别和定位的精度直接决定采摘机器人的采摘效率，农作物是否受到破坏，采摘机器人本体是否碰撞损坏等。

第3节 果园智能生产管理技术和系统

智慧果园生产管理涉及各类农情信息和农事活动的精准感知、可靠传输、安全存储、科学分析、智能决策及自主作业等众多领域，具有多学科交叉融合的典型特征。本节重点阐述果园农情信息无线传输技术、生产管理系统框架等内容，在此基础上进一步介绍适用于智慧果园的物联网监测云平台和可视化管理平台等应用案例。

一、果园农情信息无线传输技术

果园农情信息无线传输技术是实现远程监测、生产控制和智能管理的必要基础，也是将果园作业由传统劳动密集型转向为技术密集型的根本所在。农情信息无线传输主要依托组建的无线传感器网络（WSN），汇聚传感器网络分布区域内多种环境和监测对象的实时信息，使用不同方法对环境信息进行融合后传输至管理系统，进而实现对果园生产的科学管理。

典型的无线传感器网络结构如图 3-17。从结构上看，供电方式采用电池的传感器节点属于微型的嵌入式系统，其通信处理效率和存储容量都十分有限，一般情况下，不能直接与汇聚（Sink）节点进行直接的通信，因此需要借助同网络中传感器节点的转发，采用多跳的通信方式实现节点间的可靠通信。一般传感器节点具有终端与路由的功能，节点除了对本地数据进行采集和相应处理外，同时还需要对其他节点采集得到的数据进行存储、融合和中继等操作。Sink 节点用以汇聚网络中各种采集数据，是网络中所有数据的目的地，属于功能增强型的传感器节点。该节点享有充足的能量供应和内存资源，也可以是不包含信息采集功能，只有无线通信接口的网关设备，主要负责将符合不同协议栈的数据在无线传感器网络和互联网之间交互。

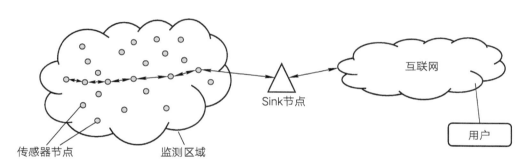

图 3-17　无线传感器网络典型结构

（一）通用无线通信技术

1. 蓝牙短距离通信技术（Bluetooth）

该技术工作在全球通用且无须申请许可证的 2.4 GHz 频段，支持 IEEE 802.15 协议，是实现语音和数据无线传输的全球开放性标准。Bluetooth 使用跳频扩谱（Frequency-Hopping Spread Spectrum，FHSS）、时分多址（Time Division Multiple Access，TDMA）、码分多址（Code Division Multiple Access，CDMA）等技术，在小范围内建立多种通信与信息系统之间的信息传输，常用于移动电话、掌上电脑（Personal Digital Assistant，PDA）、无线耳机、笔记本电脑等相关外设之间的无线通信。作为一种小范围无线连接技术，Bluetooth 通信距离一般在 10 m 内，能够在多设备间实现方便快捷、灵活安全、低成本、低功耗的数据通信和语音通信。

2. 无线保真技术（Wireless Fidelity，Wi-Fi）

Wi-Fi 是工作在 2.4 GHz 或 5 GHz 频段，基于 IEEE 802.11 系列协议标准的无线通信技术。Wi-Fi 采用的主要技术包括扩频技术（Spread Spectrum，SS）和正交频分复用技术（Orthogonal Frequency Division Multiplexing，OFDM），其中扩频技术又分为 FHSS 和直序扩频（Direct Sequence Spread Spectrum，DSSS）。Wi-Fi 通信的主要优点为传输速度快、可靠

性高、无须布线等，常用于智能手机、平板电脑的无线上网，民用 Wi-Fi 通信距离一般为 10~50 m。

3. 紫蜂技术（ZigBee）

ZigBee 是工作在 2.4 GHz、868 MHz 或 915 MHz 频段，基于 IEEE802.15.4 标准协议的低速、短距离无线通信技术。ZigBee 采用的主要技术是 DSSS 技术，常用于物联网产业中的 M2M（Machine to Machine）行业，如智能电网、智能交通、遥感勘测等；ZigBee 通信的主要优点为低功耗、低成本、短时延、高容量等，点对点传输距离一般为 10~75 m。

4. 窄带物联网技术（Narrow Band Internet of Things，NB-IoT）

NB-IoT 可直接部署于全球移动通信系统（Global System for Mobile Communications，GSM）网络、移动通信系统（Universal Mobile Telecommunications System，UMTS）网络或长期演进技术（Long Term Evolution，LTE）网络，使用 License 频段，需要运营商授权使用。其优点是大覆盖、低功耗、大连接、低成本，通信距离可达 15 km 以上。

5. 远距离无线电技术（Long Range Radio，LoRa）

LoRa 是工作在 433 MHz、868 MHz、915 MHz 频段，基于 IEEE802.15.4g 的远距离低功耗无线传输技术。LoRa 采用的主要技术包括啁啾扩频（Chirp Spread Spectrum，CSS）技术、前向纠错（Forward Error Correction，FEC）技术以及数字信号处理（Digital Signal Processing，DSP）技术，能够自主搭建自组网，不需要运营商授权使用，常用于农业信息化、环境监测、智能抄表等领域。LoRa 通信的主要优点是低功耗、低成本、大覆盖，空旷地区通信距离可达 15 km 以上。

（二）无线传感器网络设计原则

无线传感器网络设计时应遵循的主要基本原则如下。

1. 节点小型化

在特殊的应用场景中，节点体积要小，例如在农业果园或大田的应用中，节点布设不应占有大面积土地，不能影响其他农机装备的正常作业。

2. 节点适应性较强

监测区域的环境通常比较恶劣，布设到目标区域内的节点，要尽快适应周边环境并进入高速工作状态。

3. 数据路由能力

节点采集的数据能及时准确的传输至基站，要求数据的路由可靠性强、时间较短、能耗较低。

4. 网络的拓扑管理能力

大部分节点是布设在室外或环境条件比较恶劣的地方，手动配置往往比较困难，因此要求网络可以自动配置，并且能够针对网络需求和任务变化做出自动适应和调节。

5. 数据压缩处理能力

由于传感器数量非常多且无线带宽受限，要求在传输过程必须对数据进行必要的压缩，以减少通信的数据量、保证数据的实时性，否则会造成网络通信阻塞，甚至会导致网络通信崩溃。

6. 能量管理的有效性

传感器节点由外部电源直接供电，在恶劣环境区域下更换电池是一项庞大且难以完成的任务。针对节点的功耗和通信要求，有必要对能量进行智能管理和高效利用，以延长各节点和整个网络系统的生命周期。

7. 网络鲁棒性

当某些传感器节点出现故障和信息阻塞时，要求不会对整个传感器网络的监测任务产生影响。鲁棒性（Robust）和能量有效性之间有着密切关系，在无线传感器网络系统的设计中，需要根据系统的具体需求，充分考虑两者之间的利弊关系。

8. 经济性

传感器节点是构成无线传感器网络的基本单元，数量众多，且具有数据采集和处理功能，因此传感器节点必须满足体积小、价格低且能耗小等设计指标，以降低整个网络的造价，不仅技术可行，而且经济可行。

（三）无线传感器网络系统设计管理

1. 能量管理

在大多数的无线传感器网络应用系统中，随时补充节点能量是不现实的；加上节点的尺寸限制，其电源模块储存的电量是有限的，所以系统设计时必须认真对功耗问题进行考虑。在数据测量、传输和处理等方面不仅要采用相应的节能技术和算法，而且要考虑从外部环境中获取供电能源，即将外界的风能、热能、太阳能或其他能源通过能源转换设备转换为电能。

2. 拓扑管理

在减少能耗的基础上为了使网络保持比较高的连通性，需要通过均衡数据中继任务和关闭冗余节点的无线收发器等方法，节约整个网络的能量消耗；同时确保在部分节点失效或有新节点加入的情况下，网络能正常工作。

3. 数据融合管理

在无线传感器网络中，采集的数据大多具有重复性或相似性。数据融合（Data Aggregation）技术是将监测网络中重复的、相似的、不确定的和错误的数据或信息进行综合处理，计算出可靠的、精确的完整节点信息，从而获得更符合实际监测网络需要的结果，提高系统的监测精度和可信度。

（四）无线传感器网络能耗优化

无线传感器网络能量消耗主要包括两个方面：传感器节点的能耗和网络数据传输的能耗。

1. 传感器节点能耗

传感器节点的能耗部件包括微处理器、通信模块和数据采集模块三部分。微处理器主要承担数据的存储、处理、网络协议的实现等任务，能耗较大，因此需要选用低功耗的微处理器，同时也要对软件，包括操作系统、网络协议和数据编码等进行能耗优化。

通信模块是无线传感器网络节点能耗最大部件，影响通信模块能耗的因素包括数据收发频率、调制模式、数据传输速率和传输距离等。动态控制传感器节点工作状态（数据收发、休眠或者空闲）可以减少传感器节点的通信能耗。

数据采集模块的能耗包括模数转换电路的能耗和传感器的能耗。模数转换电路能耗与模数转换的位数和转换频率有关；传感器能耗与其种类、精度、分辨率、测量范围等有关。在设计传感器节点时，通过选择合适的传感器供电电压、采样频率及精度和转换位数等方法可以有效降低数据采集模块能耗。

2. 网络数据传输能耗

数据传输是无线传感器网络能耗的主要来源，能耗的大小与传输数据量、数据传输距离和网络拓扑等有关。可以通过优化组网方式、冗余数据处理和数据分组转发等方式优化数据传输能耗。

优化组网方式主要研究在没有中央控制的情况下，分散传感器节点如何有机组成协同工作的网络。路由问题是研究传感器节点如何通过其他节点以多跳的形式将数据转发到汇聚节点，优化组网方式和路由协议就是要解决在满足节点之间数据传输的同时尽可能降低能耗问题。

冗余数据处理主要研究减少重复数据采集和传输的总量。在节点布设密度高的情况下，同一区域信息会被多个节点在同一时间感知，从而导致数据的冗余性。对这些数据进行融合，去除冗余数据，或者休眠冗余节点，可以减少数据传输总量，缓解网络通信压力，降低网络能耗。数据分组转发是将相同参数的数据在路由节点汇聚成大数据分组后一次性发送的方式，能够有效减少数据传输次数，降低网络能耗。

二、智慧果园物联网监测云平台

（一）物联网监测中心

物联网监测中心是以果园种植基地内的生产环境监测设备（气象站、土壤监测站、传感器、监测终端、传输终端等）部署为基础，在不同类型的种植区域内部署多个监测点，对多项重要的环境要素进行监测。数据通过物联网监测系统上传至云服务器后实现数据的云共享，管理人员和用户打开云平台即可实时获取相应的管理数据，并利用云平台的数据计算和应用能力，对生产数据进行更具实用性的分析、对比，获取更多、更全、更实用的可靠数据结果，进一步帮助农企、农户优化种植作业方案和作业模式。

物联网监测中心的主要功能如下。

1. 实时查看

将监测数据转换为可视化的数据、图表等多种形式，管理人员和用户在监测中心的首页、趋势分析页面，即可查看监测区域内实时的环境监测信息和进行多维度统计分析。

2. 统计分析

利用监测数据，监测中心可以提供趋势分析、多日分析、多点分析、多日分时分析等多种统计分析方式，供用户参考决策。

3. 数据列表

物联网监测中心可以将全部监测数据以列表的形式进行展示，管理人员可在此查看特定时间段的环境要素变化区间或全部时段的完整监测数据。数据列表可以供用户随时下载和调用。

（二）多媒体监控中心

多媒体监控中心一般在果园种植区域的主要出入口、产出区、加工区等重要区域部署，以高清视频监控系统为主，对区域进行实时的视频监控。多媒体监控中心可实时监控区域内环境、人员、活动、作物生长状况等，确保区域内安全有序、作物生长正常，辅助果园进行生产管理，建立起完善的标准化生产、作业规范，提升生产管理效益。同时，监控中心还可以通过电子商务平台向公众展出，接受公众监督，提升产品质量的公信力和品牌的美誉度。

多媒体监控中心主要有视频监控和图片采集功能。在线监控视频实时播放系统，支持一屏单点、一屏多点等独立显示模式，可监控多个区域或放大至单个区域进行单独的精细化查询和管理；同时，视频监控系统可定时采集作业现场的高清图片，管理人员或其他用户也可根据实际需求手动操控监控设备抓拍作业现场图片；图片采集完成后将自动上传、存储至云服务器，形成生产现场图片库；多媒体监控中心提供多类型图片对比方式，使管理人员对现场变化、生长变化有更直观的管理体验；现场图片库也将自动录入、同步至农产品质量安全追溯系统，进而成为溯源系统的重要组成部分；消费者可在溯源系统查看相关图片，增强溯源系统的真实性和信息的全面性。

（三）果园智慧生产管理系统

智慧生产管理系统面向果园的管理人员提供企业资源计划（Enterprise Resource Planning，ERP）管理功能，帮助管理人员实现农业生产资料、农产品进销存储管理，企业财务的统筹管理和统计分析，提高农业企业的生产经营管理水平。

三、果园遥感监测平台

针对目前智慧果园信息获取技术领域面临的要素获取不全、精度不高、处理能力不足等主要问题，利用航天遥感（天）、航空遥感（空）、地面物联网（地）一体化的技术手段，集新兴的互联网、云计算和物联网技术为一体，搭建天空地一体化的果园智能感知技术平台，进行果园数量、空间位置与地理环境的精准感知和信息获取，解决"数据从哪里来"的基础问题；集成天空地遥感大数据、果树模型、图像视频识别、深度学习与数据挖掘等方法，构建果树长势、病虫害、水肥、产量等监测专有模型和算法，实现果园生产的快速监测与诊断，解决"数据怎么用"的关键问题。

（一）天空地一体化的果园智能感知技术

综合天基、空基和地基观测的天空地协同感知成为果园智能感知的发展方向。构建天空地一体化的果园感知系统，利用遥感网、物联网和互联网三网融合的果园智能感知技术框架，集成果园环境和果树生产信息的快速感知、采集、传输、存储和可视化的关键技术，以解决果园智能感知中数据时空不连续的关键难点，提高信息获取保障率，实现对果园生产信息全天时、全天候、大范围、动态和立体监测与管理。

（二）遥感大数据驱动的果园生产智能诊断技术

在天空地一体化观测体系获取的果园大数据支撑下，综合运用地球信息科学、农业信息学、栽培学、土壤学、植物营养学、生态学等多学科、多领域的理论，利用遥感识别、模拟模型、数据挖掘、机器视觉等技术方法，形成遥感大数据驱动的果园生产智能诊断技术，实现田间地头一键式、简单化、便捷的数据诊断与分析能力。

第4节 智慧果园数据管理系统

一、农业生产可视化管理平台

为提高对农业生产、管理过程全面监管和服务，有必要建设农业生产可视化管理平台作为一体式"指挥中心"，通过物联网数据实时采集、数据现场远程诊断、农业信息分析决策等环节，全面展示各项涉农监控数据，建设农业产业的综合管理体系，形成生产、管理、安全等融合统一的监控运营服务网络。同时，还可以采集汇总行业产业信息、生产管理信息、从业人员信息、种植环境信息等分散的多源异构海量数据，从多种维度进行统计和分析，为农业监管决策提供科学依据。

（一）管理平台监控中心基础设施

管理平台监控中心主要用于实现视频、图像、数据等资源的汇聚、管理和调度等，是农业生产可视化管理平台的核心（图3-18）。监控中心主要包括存储子系统、解码控制和显示子系统、服务器等部分。

1. 存储子系统

存储子系统主要用于所有前端监控数据等多类型资源的存储、调用和备份，系统结构

图3-18　农业生产可视化管理平台监控中心

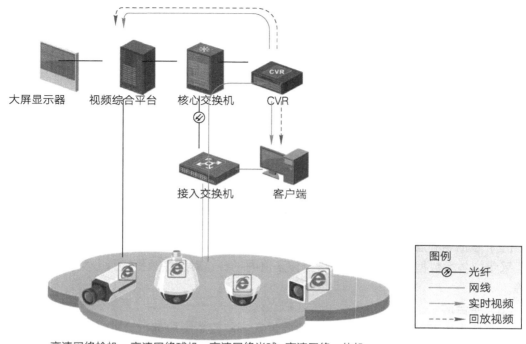

大屏显示器　视频综合平台　核心交换机　CVR

接入交换机　客户端

图例
◇ 光纤
　 网线
→ 实时视频
┄→ 回放视频

高清网络枪机　高清网络球机　高清网络半球　高清网络一体机
前端视频接入

图 3-19　存储子系统结构

如图 3-19。系统存储设计采用视频流直存技术和 CVR（Central Video Recorder）视频监控专用存储设备，集编码设备管理、录像管理、存储和转发等功能于一体，通过集中式的存储方式部署在监控中心，方便管理且易于实现监控数据的大规模共享应用。存储子系统设备支持编码器数据流直接写入存储，或通过流媒体转发写入存储，可节省大量存储服务器。

2. 解码控制和显示子系统

解码控制和显示子系统主要用于完成视频解码和图像拼接控制，以及控制视频切换和显示。结合生产管理的实际需求，选用 LED 液晶显示单元，由监控中心统一解码并实时显示到大屏拼接墙上，解码器支持基础的拼接控制功能。

3. 服务器

作为综合监控平台的重要单元，服务器能实现前端设备、后端设备、各单元的信令转发控制处理，报警信息的接受和处理，以及业务支撑信息管理；同时提供用户的认证、授权业务以及提供网络设备管理的应用支持，包括配置管理、安全管理、故障管理、性能管理等。服务器一般具备多 CPU 系统、高带宽系统总线、I/O 总线，具有高速运算和联机事务处理能力，具备集群技术和系统容错能力。

（二）果实质量安全溯源系统

果实质量安全溯源系统是综合运用物联网、移动互联等信息化技术，通过整合果园的种植环境信息、产地视频信息、农事作业信息、流通信息等，构建农产品质量安全的可视化溯源系统。拥有质量安全溯源系统的果品能追溯从产地到销售全过程的记录，这对于打造绿色、健康、高可信度的农产品品牌，保障消费者对购买产品生产信息的知情权，以及提升品牌溢价等，都具有重要的应用意义。

溯源系统支持一批一码和一件一码，能够快速生成二维码、条形码、追溯码等多种编码，满足扫码追溯、查询追溯等不同需求；系统支持自定义追溯环节，管理人员和用户可以根据实际需要设置和查看不同批次、不同时间、不同地点的溯源数据，并自动生成多维度的数据分析结果。

1. 系统技术结构

（1）数据采集层

主要是通过物联网设备、手机终端采集生产过程信息、投入品信息、仓储信息、分拣信息、包装信息、物流信息、检验检测信息、用户行为信息、消费者信息等。

（2）数据中心层

采集的各类数据通过多类型网络上传至追溯平台，对这些数据进行分类存储，统计分析等。

（3）平台层

主要分为生产过程信息采集系统和质量安全监控系统两部分，前者负责采集上报信息，后者负责对各类信息进行审核管理。

（4）用户层

系统用户主要为企业专业技术人员、种植户、企业管理人员等。

（5）标准体系

标准化体系贯穿整个生产过程和数据采集过程。

（6）平台对接

平台可对接政府监管平台，追溯的核心数据将作为信息综合管理平台的一部分进行应用和展示。

2. 系统模块组成

溯源系统主要由基础信息管理、地块管理、农事作业、追溯配置与产品管理、追溯信息整合与管理等组成。

（1）基础信息管理

主要负责对种植基地信息和人员信息的录入，为后续追溯产品的区域划分和农事作业的责任人员提供基础数据。

（2）地块管理

使用无人机测绘出监测区域的实际地理信息，根据品种、收获等不同需求划分出不同的管理区块，实现差异化科学管理。

（3）农事作业

记录种植过程中进行的不同农事活动，包括修剪、整形、采收、培土、定植、施药等，用于追溯系统数据支持，消费者可按需查询相关信息；系统还支持查询在指定时间段内进行的所有农事活动，以及该项活动的执行人员。

（4）追溯配置与产品管理

主要负责对需要追溯的农事作业环节进行配置管理，包括基础信息管理和产品批次管理。其中，基础信息管理主要设置农产品名称、种类、所属基地、基本介绍等；批次管理主要实现对不同采摘批次的农产品进行分类管理，生成对应的溯源二维码及溯源结果，添加产品检测报告等。

（5）追溯信息整合与管理

与信息监测系统和生产管理系统无缝连接，对农产品种植过程中的环境数据、视频图像数据、农事作业记录等重要追溯信息进行整合与管理，形成农产品种植全周期追溯履历；用户还可以自定义追溯环节，添加各种检测报告，丰富追溯结果与内容。

（三）农业专家系统

农业专家系统（Agricultural Expert System）俗称电脑农业专家（图3-20），是指应用人工智能技术，将农业生产领域的知识和经验进行采集、分析和存取，通过模拟农业专家对农业生产管理过程中的复杂问题进行推理、判断，最后进行决策的计算机系统。智慧果园的关键是农事管理过程中的信息分析和决策，农业专家系统涵盖了大量的农业专业知识和经验，可应用于果园生产管理的各个领域，如栽培管理、植物保护、配方施肥、经济效益分析、市场销售管理等，是果园智能化管理中必不可少的部分。

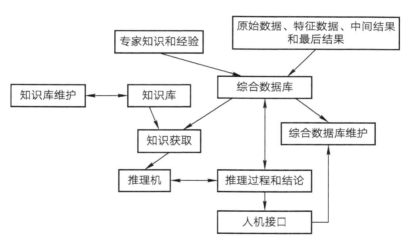

图 3-20　农业专家系统架构

1. 农业专家系统的组成

农业专家系统一般由知识库、推理机、数据库、解释机构、知识获取结构和人机交互界面等组成。知识库和推理机是专家系统中两个最基本的模块。知识库中的知识一般包括农业领域的知识、专家和从业人员的经验知识，以及相关既定事实，其数量和质量决定了农业专家系统的质量和准确性。推理结构是专家系统中实施求解的核心执行机构，由它控制运行整个系统，负责系统的推理过程和数据调用。

数据库是用于存储推理过程中所需的原始数据、中间结果和最终结论，是暂时的存储区。解释机构则是对求解过程作说明，并回答用户提出的两个最基本问题："为什么"和"怎么做"，向用户提供了一个系统认识窗口。知识获取机构是知识库中知识获取的来源。知识获取分主动式和被动式两种形式。主动式是知识获取机构根据给出的资料和数据，自动获取知识存入知识库的方法；被动式是通过知识工程师、领域专家或用户，采用知识编辑工具把知识传给知识获取机构的方法。

2. 农业专家系统的作用

① 可以使专家的知识不受时空限制，广泛用于果园生产管理，具有良好的经济和社会效益。

② 农业专家系统综合了各领域许多专家的知识和经验，不受工作时长和周围环境因素的影响，因此解决问题的能力和知识优于单个专家的作用，可靠性好、工作效率高。

③ 农业专家系统的研制能促进领域专家们认真深入总结他们的专业知识，促进领域学科发展。

④ 农业专家系统的研制和开发不仅扩大计算机领域的应用，同时还不断提出新的研究领域，推动计算机体系的研究，促进计算机科学的进一步发展。

3. 农业专家系统的分类

根据求解问题的性质不同，农业专家系统可以分为以下类型：

（1）基于规则的农业专家系统

指使用知识库内的某一条规则对用户提交的问题（信息和数据）进行处理，根据知识库中的知识和模型推理出决策意见的一类专家系统。

（2）基于模型的农业专家系统

指在以农作物生长等模拟模型为核心的基础上，融入相关领域的专家知识，将模拟与优化相结合进行决策服务的一类专家系统。

（3）分布式农业专家系统

是分布式技术和人工智能相结合的产物，是指物理上分布在不同的处理节点上的若干专家系统来协调解决问题的系统。具体来讲，分布农业专家系统是将一个专家系统的相关功能分解，然后分配到多个独立处理器上工作，从而使系统处理速度得到进一步提高。

（4）智能化农业专家系统

智能化农业专家系统是近些年人工智能快速发展的产物，是各种智能技术，如神经网络和多媒体技术等应用在专家系统领域而形成的专家系统。

二、农业产业大数据平台

农业产业大数据平台是以统一管理、提升效率为基准而建立的综合性产业大数据展示平台，由各类监测数据、管理数据汇总后形成，为管理人员提供准确、及时、全面的数据展示服务，为智慧化产业生产监管决策工作提供科学依据。该平台主要由 GIS（Geographic Information System）地图、环境监测、生产现场、物联设备、数据分析、智能预警、农业资讯和市场动态等模块组成，能够实时展示多维度、多类型的统计数据信息，具体由以下两大部分组成。

（一）大数据平台信息

1. 环境监测信息

在种植区域实时采集空气温度、空气相对湿度、光照强度、二氧化碳浓度、风速、风

图 3-21　环境监测信息图例

向等气象参数，以及实时监测土壤墒情参数变化，通过数字和图表的形式直观展现各区的环境参数实时情况和变化趋势（图 3-21）。

2. 多媒体信息

通过选择部署在不同地点的高清摄像头调取实时多媒体视频信息，实时查看各区域的生产状况；支持远程控制摄像头调整拍摄方向，支持设置定时抓拍图片，支持多屏展示。

3. 农事作业信息

可以查看播种、除草、施药、施肥、收割、称量、储存等农事作业信息。

4. 种植规模信息

展示各区域的种植规模，包括种植的种类、面积、时间等信息。

5. 物联设备信息

在平台中心的三维图上标注物联设备，点击设备图标可以查看具体的信息，例如点击摄像头的图标可以查看该摄像头监控的实时画面，点击环境监测的设备可以查看当前区域实时的环境信息，如图3-22 所示。同时，平台还可以统计显示当前安装的各种物联设备的数量，如图 3-23 所示。

6. 市场动态信息

实时更新各地的价格动态信息，方便管理人员根据价格走势调整生产计划和出仓计划。

图 3-22　物联网设备标注

（二）虚拟现实全景展示系统

利用虚拟现实（Virtual Reality，VR）、全景融合等技术，对种植区域、生产加工区域、办公区域、综合指挥中心等重点片区进行全景拍摄，以及合理拼接、合成，构建 VR 全景展示系统（图 3-24）。一方面，可以对外展现果园基地的整体风貌，提升基地的形象和传播度；另一方面，将 VR 全景展示系统和环境监控系统、视频监控系统等系统有机结合，实现对果园基地的可视化管理。系统主要功能概述如下。

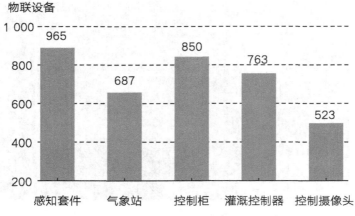

图 3-23　物联网设备统计

图 3-24　VR 全景展示系统

1. 重点区域全景拍摄

利用全画幅单反相机、鱼眼镜头、无人机等设备，在基地内选取不同点位拍摄；展示片区整体风貌的点位采用无人机航拍方式，展示片区细节部分的点位采用陆地拍摄方式。

2. 图片设计和优化

受天气、季节等因素影响，拍摄的图片在色彩和饱和度等方面可能不能完全满足展示要求，需对拍摄图片进行设计和优化，包括图片美化、图片裁剪、图片色彩渲染、图片异常部分消除、图片对比度处理等；使用专用软件将优化后的图片统一合成全景图像，实现720°全景观看功能。

3. 搭建全景展示系统

搭建并完善全景展示系统，重点解决系统的数据梳理、信息输出框架优化、数据储存优化和网络优化等问题；系统搭建完成后录入并关联所有全景数据，实现线上联动的全景展示效果；对接环境监控系统和视频监控系统等生产管理系统，实现对果园基地的可视化管理和多场景、多点位的随意切换功能。

数字课程学习

📹 教学课件　　✍ 自测题　　⬇ 知识拓展

第4章
苗木繁育与智能化管理

果树生产中目前主要的繁殖方法有实生、嫁接、扦插、压条、分株和组织培养等，而以嫁接繁殖为主。苗木繁育对技术和劳动力投入要求比较高，如何实现苗木繁育和管理操作智能化是一个需要长期努力的方向。果树设施育苗有利于保证种苗遗传质量、物理质量和健康质量，也是最可能实现苗木智能化管理的一种苗木繁育方式。本章主要以育苗企业在温网室内进行嫁接繁殖的方式阐述果树种苗繁育的智能化管理。

 ## 第1节 苗木繁育

苗木繁育过程烦琐，虽然全面实现机械智能化管理还需要时间，但是一些操作如整地、催芽、播种、苗木肥水管理和起苗消毒等在一些国家基本实现了机械智能化操作。

一、果树砧木种子繁育

果树砧木种子繁殖的一般程序为：采种→（贮藏）→层积处理或种子活力测定→播种→播后管理→出圃。

（一）采种

一般需采健康且成熟的砧木种子，并防止混杂。不过就柑橘而言，会经常采集未完全成熟果实的嫩籽直接播种。

不同类型的果实收集种子的方式不一样，对于肉质果或浆果类果实，采回的果实可以堆积存放，堆积厚度以 30 cm 左右为好，使果肉后熟变软，然后搓碎淘取种子，冲洗干净，除去种皮上的黏膜，阴凉处风干，待干燥后采取相应方式贮藏保存。

（二）砧木种子的贮藏

果树砧木种子的贮藏主要有干冷藏、冷湿贮藏和低温贮藏三种方法。种子贮藏时间长短（寿命）与果树种类、种子的质量和贮藏的温湿度条件密切相关。许多生活在高温潮湿条件下的果实种子，如柑橘、枇杷、澳洲坚果、鳄梨、芒果等的贮藏寿命比较短。

1. 干冷贮藏

种子洗净后放在阴凉处自然晾干。种子阴干后，应进行精选分级。剔除混杂物和破粒，使纯度达 95% 以上，然后根据种子大小、饱满程度或重量加以分级。种子经过分级以后，出苗整齐，生长均匀一致，较易实现全出苗，也便于培育管理。

分级后的种子装入易透气的容器内，放到通风、干燥、凉爽的地方贮放，温度保持在 0~10℃，相对湿度控制在 50%~70%，并定期翻动。

2. 冷湿贮藏

对于一些顽拗型种子，如柑橘、荔枝、枇杷、山核桃和板栗等果树的种子不能干燥，需要贮藏在能保持高湿度（80%~90%）的容器内，或与含水量大的物质混合，在 0~10℃情况下贮藏。

3. 低温冷藏

比较正规的种苗企业和有条件的实验室多采用低温贮藏保存砧木种子。首先把种子风干，使其含水量降到 3%~7%；然后放在密封容器内，于 -20~-18℃下可贮存几十年。使用时，取出种子在室温下慢慢恢复即可。对于一些比较珍贵的砧木种子，可以采用此贮藏方法。

（三）播种

果树的砧木种子播种前，一般需要经过层积或浸种等催芽处理。层积处理主要是针对温带果树如苹果、梨、桃等种子，这些种子在秋季采集后，需要在低温、通气和湿润条件下经过一段时间的层积处理，才能通过后熟而萌动发芽。层积前种子一般需用水浸泡 5~24 h，然后与洁净湿润河沙混匀，在低温下保存相应时间。河沙用量一般是种子容积的 3~5 倍，大粒种子则为 5~10 倍，河沙的湿度以手捏成团不滴水即可。层积处理的时间因果树种子种类不同而异，一般 1~2 个月，多则 8~10 个月，如山楂种子。对于其他的果树种子，一般采用清水或 50℃温水浸泡种子 2~12 h 即可，然后放到恒温箱中保温、保湿进行催芽处理。催芽温度一般要求 25~30℃，不同果树种子种类或品种之间有一定差异。

播种前需要注意对种子和育苗材料（如基质、穴盘）进行消毒处理，将隐藏的病原体或虫卵杀死，确保后期种苗周年安全生产；同时也可以将杂草种子灭活，减轻后期杂草管理的强度。种子消毒一般采用药剂浸种，如用甲醛 100 倍水溶液浸泡 15~20 min，或 1% 硫酸铜浸泡 5 min，或 10% 磷酸三钠，或 2% 的氢氧化钠浸泡 15 min。基质消毒一般可以采用高温消毒或化学消毒。高温消毒主要分为蒸汽消毒和日光消毒。蒸汽消毒时，基质可以堆成 20 cm 高，然后用防水防高温布覆盖，通入蒸汽消毒 1 h 即可。日光消毒时，在夏季高温时段把含水量超过 80% 的基质堆成 20~25 cm 高，然后用塑料薄膜覆盖基质堆，或者基质直接堆放在密闭温室或大棚中，连续暴晒 10~15 d，可达到很好的消毒效果。化学消毒主要是将甲醛、氯化苦或溴甲烷等毒性物质施入土壤中，通过覆盖密闭熏蒸 1 周左右，即可杀死土壤中的土传病害、线虫和其他在土壤中的虫害等，熏蒸结束后晾晒 1 周左右方可使用。化学消毒由于所使用的化学物质含有剧毒，因此要特别注意操作安全性。

生产上主要的播种方法采用苗床撒播、条播。考虑到出苗整齐率和后续移苗的便捷性，轻简智能化的播种方式一般会采用机械穴盘点播（图4-1）。

图4-1　机器穴盘点播

（四）砧木苗管理

砧木苗萌芽和初期生长多在低温季节，宜在温网室等有保温条件的设施内培育种苗。有条件的育苗工厂，可以辅助加温设备。幼苗生长过程中，要适时适量补肥、浇水。迅速生长期以追施或喷施速效氮肥为主；后期增施速效磷、钾肥，以促进苗木组织充实。此外，出现苗圃病虫害时，应及时进行喷药防治。

（五）砧木苗移栽

主要是将苗床里生长的砧木苗移栽到苗圃地、容器袋或营养钵中，待生长一段时期后用于嫁接。砧木幼苗移栽要在不伤苗的前提下快速进行，同时还要完成种苗的分级分选、剔劣补优工作。

二、嫁接及嫁接苗管理

嫁接是将优良品种的枝或芽接到砧木的茎或根上，使两个部分融合在一起形成一个完整的植株（图4-2）。用于嫁接取芽或枝段的枝条称为接穗，承受芽或枝段的植株称为砧木。嫁接主要分为枝接和芽接，其中枝接宜在春季进行，芽接宜在夏秋季进行。

（一）影响嫁接成活因素

1. 接穗和砧木的亲和力

亲和力是指砧木和接穗经嫁接能愈合并正常生长的能力，反映了砧木和接穗内部组织

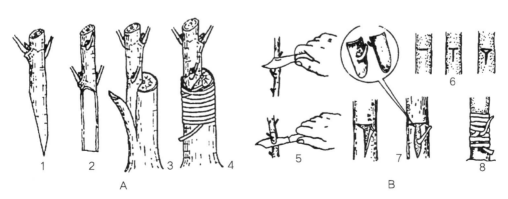

图4-2　枝接（A）和芽接（B）示意图
1. 枝接接穗侧面；2. 枝接接穗正面；3. 开砧木和插入枝接接穗；4. 绑缚；5. 芽接削芽；
6. 砧木"T"型开口；7. 芽片插入"T"型开口；8. 绑缚

结构、遗传和生理特性的相互适应性。亲和力越强，嫁接后愈合性越高、生长发育就越正常。不同接穗品种亲和性好的砧木存在差异，需要经过试验和多年比较筛选。

2. 环境条件

嫁接成活的首要条件是砧木和接穗之间产生愈伤组织，两者的愈伤组织的薄壁细胞互相连接后继续不断分化，向内形成新的木质部，向外形成新的韧皮部，进而使导管和筛管互相沟通，结合为统一体，形成一个新的植株。愈伤组织的产生对环境条件有一定要求：温度一般在 20～30℃，不同品种最适宜温度有所差别，比如葡萄室内嫁接后形成愈伤组织的最适宜温度在 24～27℃，超过 29℃ 形成的愈伤组织柔嫩，移栽时易损坏，低于 21℃愈伤组织形成缓慢；伤口周围要求 ＞95% 以上的相对湿度。另外，愈伤组织形成需要充足的氧气，而光线对愈伤组织生长有抑制作用，因此至少要求嫁接愈合切面避光。

3. 嫁接技术

嫁接在技术方面要求动作要快、削切面要平、砧木和接穗形成层要对准，绑缚要紧、要严等。目前嫁接的方法主要有单芽切接、劈接、嵌芽接、丁字形芽接、舌接和靠接等，每一个嫁接方法有各自的技术特点，不过多是依靠人工操作完成。虽然目前出现了一些嫁接机器，但是其适应性还有待提高。如何根据嫁接成活影响因素，设计一种新的嫁接方法，以适应机器自动化操作，则是实现苗木繁育智能化管理的重要一环。

（二）嫁接苗管理

嫁接操作完成后，合适的管理是保证苗木成活率、培育高质量嫁接苗的关键。

1. 成活率检查和补接

嫁接后 7～15 d 即可以检查嫁接成活率，若接穗变成褐色，则表明未接活，应及时进行补接。

2. 水分管理

保持土壤湿润在嫁接苗的生长过程中至关重要。一般嫁接前 2～3 d 浇透一次水，嫁接后 1 周内追浇透一次水。另外，翌年春夏时间，萌芽抽梢后幼苗生长较快，需水量多，蒸发量也大，必须保证充足的水分以利于种苗正常、快速抽梢生长。需要注意的是，翌年5—6 月，温网室内相对湿度太高；加上较高的温度，容易产生溃疡病和炭疽病等苗期病害，因此需要及时通风透气，减少环境中的相对湿度。

3. 剪砧和解膜

为了促进萌芽，根据气温条件，一般在 2 月初至3月初在嫁接芽口上 0.5 cm 处剪除上端砧木，这时不需要解膜。剪下砧木集中收集后清理出园。

当有 30% 左右幼苗芽口有萌动迹象时即可进行解膜操作，解下薄膜应随手收集，集中清理出园。

4. 生长期管理

（1）除萌

即抹除砧木上萌发的芽、梢。由于柑橘嫁接苗的枳砧隐芽多、萌芽力强，故嫁接后须随时进行除萌，将更多的营养物质、水分供应给接穗的萌发、抽梢生长，保证嫁接苗快速生长。

（2）整形修剪

待接穗萌发抽梢后，根据枝梢生长情况，选留1个垂直生长且健壮的新梢作为主干枝进行培养，其余萌发的弱芽、短梢应及时抹除，使营养物质集中供应主干枝梢生长。当幼苗高度在30 cm左右时（从砧木基部计），主干上留6~8片叶进行摘心或短截，促进其尽快老熟并抽发分枝，促进幼苗快速抽梢成型。

（3）施肥

嫁接苗施肥应按照"薄肥勤施"的原则进行。嫁接后至抽梢展叶前，一般不施肥，以灌水为主。待春季萌芽后，枝梢抽生至3~5 cm，幼叶完全展开后，每隔15天左右施用1次优质尿素，施用量宜少不宜多，浓度4 g/L左右，避免"烧根"伤苗。在抽梢生长期内，根据嫁接苗生长状况，若出现幼苗缺素黄化情况，还可进行叶面喷施补肥。可选用0.2%尿素＋0.3%磷酸二氢钾溶液喷施3~5次，也可喷施市售叶面肥。若出现幼苗缺铁性黄化，还应进行叶面铁肥的喷施矫治。在苗木智能化管理过程中，一般采用水肥一体化系统进行管理。

（4）除草

苗圃除草是一个高耗劳动力的管理措施。一般采用人工拔草的方法，切忌使用除草剂。若苗圃使用的是高温灭菌的基质育苗，可大幅度减轻除草的工作量。

（5）病虫害防治

嫁接苗萌芽抽梢至出圃前，应根据果树绿色生产用药使用要求，选用高效低毒低残留的药剂，做好苗圃病虫害的防治。如柑橘在新梢抽生期间应注意蚜虫、柑橘潜叶蛾、柑橘红蜘蛛等害虫的防治，病害方面应注重柑橘溃疡病、炭疽病等的防治。

三、苗木出圃

苗木出圃是苗木繁育最后一个工序，准备是否充分、出圃技术是否合理，将直接影响苗木质量的好坏、栽植成活率的高低和幼树生长的优劣等。

（一）出圃前准备

苗木出圃前一般要进行苗木调查、申请苗木产地检疫、制定苗木出圃计划和出圃相关技术培训等准备。

1. 苗木调查

在苗木即将出圃前，要对苗木的种类、品种、各级苗木的数量进行调查核对，为苗木出圃管理和营销提供数据支撑。

2. 苗木检疫

大量事例表明，许多危险性病、虫和杂草等有害生物可以通过各种人为因素，特别是通过种苗调运途径进行远距离传播和大范围扩散。这些有害生物传入新区后，如果条件适宜就会快速繁衍，对当地产业造成严重危害。因此在苗木出售之前需要向当地动植物检验检疫部门申请苗木检疫。

苗木检疫主要包括产地检疫和调运检疫。产地检疫主要是指检疫人员对申请检疫的单位或个人的种子、苗木等繁殖材料，在原产地所进行的检查、检验和除害处理，以及根据检查和处理结果做出评审意见。经产地检疫确认没有检疫对象的材料发放产地检疫合格证，在调运时不再进行检疫，可以凭产地检疫合格证直接换取植物检疫证书；不合格者不能发放产地检疫合格证，相应材料不能外调。调运检疫主要是指种苗等繁殖材料在调离原产地之前、调运途中及到达新的种植地之后，根据国家或地方政府颁布的检疫法规，由植检人员对其进行的检疫检验和验后处理。调运检疫可以有效促使生产者主动采取产地检疫。

3. 制订出圃计划和培训

制订出圃计划是指根据苗木调查结果以及苗木订购情况制订挖苗、装运时间，人员培训和调配方案，以确保苗木及时装运，缩短挖苗到定植时间，提高成活率。其中挖苗是一个劳动量大、技术要求高，且对苗木质量影响较大的环节，加上挖苗往往是临时雇用人员，因此在挖苗前要对挖苗人员进行一次技术培训，讲解清楚挖苗要求，以及奖惩规定等，以保证出圃时的苗木质量。

（二）出圃时期和技术

苗木出圃的时期主要在秋季和春季两个时期；容器苗木只要达到标准，基本上可以根据苗木需求时间随时出圃。秋季挖苗的时间是秋季新梢老熟或至开始落叶时进行。秋冬季温暖或气候条件不会对苗木产生伤害的地方一般要求秋季出圃，否则需要春季出圃。春季苗木出圃一般是在苗木萌芽之前进行。

露地育苗出圃时需要进行挖苗，挖苗方法主要分为人工挖苗和机械挖苗两种。随着生产技术的发展，未来智能机械挖苗一定会取代人工挖苗。人工挖苗又分为裸根挖苗和带土球挖苗两种。裸根挖苗不要求根部带土，但是要尽可能保护侧根和须根；若不能当天定植，裸根苗木的根系部分需要蘸泥浆护根，同时在阴凉地方短暂存放或进行覆盖。带土球挖苗一般用于大树移栽，或者根系不发达、根系再生能力弱或根毛少的品种。土球直径一般是基部主干直径的 5 ~ 10 倍，高度一般要 > 30 cm，苗木越大，土球直径越大、高度越高。当挖好土球后要及时用蒲包、草绳等材料进行包扎，以防运输途中土球脱落，伤害根系。机器起苗操作相对简单，但是机器挖苗对苗圃地的规划和定植标准有较高要求，以方便机械操作。

（三）苗木消毒和包装运输

起苗后，立即按照相应苗木标准进行选苗分级，然后对苗木进行消毒处理。生产中常用的消毒处理方法包括热水处理、药剂浸泡或喷洒、药剂熏蒸等。不同品种苗木消毒处理的温度、药剂种类及其浓度和时间的组合有差别，需要根据实际情况确定。

运输包装的要求与距离长短有关。长距离运输的包装要求细致，国际间调运苗木还要求包装材料等符合国际间运输的要求；短距离运输的苗木一般进行简单包装即可。容器苗木，如营养块、纸杯和稻草泥浆杯容器苗木在运输前也需要进行包装，以减轻挤压对苗木的不良影响。在运输过程中，注意防止苗木内温度过高或苗木失水，要注意适时换气和喷水。

第2节 **种苗繁育设施**

在果树种苗繁育过程中，目前应用较多的育苗设施主要有日光温室、联栋温室、塑料大棚等。温室主要用于培育砧木苗，防虫网室则用于培育嫁接苗。本节从生产实际的角度出发，以柑橘育苗的温室和防虫网室钢架大棚建设为例介绍种苗繁育设施的基本建设要求。

一、育苗繁育设施建设用地选址

苗圃宜建立在果树主要危险性病害的非疫区。如果是疫区苗圃，应保证在 3 km 范围内没有相应病害的寄主植物。温网室设施应选择地势平坦、光照好、排灌方便、水土空气无污染的地点建造，避开洪涝、泥石流、风口等自然灾害多发地段。为了节省投资，便于管理，温网室宜建在交通方便、水源充足的地方，以形成规模效益，便于组织销售。此外，还应避开有毒的工厂、化工厂、水泥厂等污染严重的厂区，注意环境中水、土壤、空气的污染，尽量避开山地。

二、现代温室

现代温室通常是指在永久性外围保护结构设施内，对温度、相对湿度、光照、空气、水分和营养等进行自动调节控制的温室，基本上不受自然灾害性天气和不良环境条件的影响，能全天候进行周年生产。联栋温室一般每栋在 1 000 m² 以上，大型的可达 30 000 m²，用玻璃、PVC 板或塑料薄膜等覆盖采光保温。

玻璃温室结构主要包括温室基础、温室钢结构和铝合金结构。玻璃温室基础可以分为两类：独立柱基础和条形基础。独立柱基础可用于内柱或侧柱，条形基础主要用于侧墙和内隔墙。钢结构主要包括温室承重结构和支撑、连接件、紧固件等，以保持结构的稳定性。钢结构材料除少数构件采用高强度钢外，其余构件一般均采用碳素结构钢。玻璃温室钢骨架要由专业厂家生产。由于温室构件长期处于室内高湿环境中，所有结构构件都应进行防腐处理，通常采用热镀锌处理。铝合金作为玻璃温室的主要镶嵌和覆盖支撑部件，是玻璃温室盖封系统的一部分，与橡胶密封相配合，可单独使用作为温室屋面支撑构件和密封构件，也可用作沟槽。

最常见的玻璃温室为文洛型玻璃温室（图 4-3），其特点是小屋面、缓坡降、大跨度、室内形成大空间、构件截面小，所以光环境较好，使用寿命长、环境调控能力强，同时其连栋数能大幅增加，适于建成大型温室，且成本较低。

温室小屋面一般跨度 3.2 m，矢高 0.8 m，每单跨由 2 个或 3 个小屋面直接支撑在桁架上，组合成 6.4 m、9.6 m、12.8 m 的多脊连栋型大跨度温室，可大量免去早期每小跨天沟下都要设置的立柱，减少构件遮光，并使温室单位土地面积用钢量显著减少。覆盖材料宜采用专用玻璃，厚度 4.0 mm，透光率大于 92%。由于屋面玻璃安装有排水沟直通屋脊，

图 4-3　现代文洛型玻璃温室

中间不加（或采用较细的）桁条，减少了屋面承重构件的遮光，且天沟在满足排水和结构承重条件下，最大限度地减少了天沟的截面，提高了室内的透光性。开窗设置以屋脊为分界线，左右交错开窗，每窗长度 1.5 m，一个开间（4 m）设两扇窗，中间 1 m 不设窗。在我国南方省份建设的玻璃温室，由于开窗角度限制，实际通风口净面积与地面积之比（通风比）为 8.5% 和 10.5%，往往表现通风量不足，夏季热能蓄积严重，降温困难。对于果树种苗繁育，现在生产中要求加大温室高度，檐高要达到 3.5～4.5 m，小屋面跨度要达到 4 m，间柱的距离要达到 4.5 m，还要加强抗台风、抗震基础的强化设计，加深天沟排水量；为了增加夏季通风降温效果，还要考虑增设侧窗设置和外遮阳等。

三、防虫网室钢架大棚

　　网室作为温室大棚的一种结构，其基本属性与温室结构具有一致性。严格意义上讲是指温室的覆盖材料由原来的玻璃、PVC 阳光板或薄膜变为尼龙防虫网或不锈钢防虫网（图 4-4）。白色防虫网透光率较好，但夏季温度略高于网室外露地；如果需要遮光效果，

图 4-4　防虫网室钢架大棚

可选用黑色防虫网，大量的实践证明银灰色的防虫网避蚜虫效果更好。基础结构有连栋网室、单体网室和异型网室等。

在我国南方冬季有雪的省份，为防止积雪，防虫网室多采用拱顶或锯齿顶；南方基本无雪的省份，防虫网室的屋顶可采用平面型。为防止钢骨架锈穿断裂，需要进行热镀锌处理。

网室的基本参数如下。

1. 设施平面尺寸

网室跨度宜为 8.0 m，场地受限制的可为 6.0 m；开间宜为 3.0 m 或 4.0 m；长度和宽度应在遵从跨度和开间模数的基础上根据建设场地大小确定，标准长度为 40.0 m。平顶网室的平面尺寸可根据建设场地大小确定。

2. 设施高度

拱顶设施檐高宜按下列规定选取。单栋设施 2.0 ~ 3.0 m；连栋设施 3.5 ~ 5.0 m。拱顶设施脊高应高于檐高 1.5 ~ 2.0 m。平顶网室高度宜为 2.5 ~ 4.0 m。

3. 盖封系统

防虫网室的盖封系统，其顶部多使用无滴膜，厚度 0.12 ~ 0.20 mm，使用寿命不得少于 3 年。薄膜纵向和横向抗拉强度均应大于 16 MPa；直角撕裂强度不小于 40 kN·m；断裂伸长率应不小于 210%。

网室侧面宜采用尼龙或钢丝防虫网完全密封，其密度应符合下列要求：繁育圃不应少于 25 目；原种保存圃和采穗圃应为 60 目。

4. 缓冲间

每一个钢架大棚都需要设置一个缓冲间。缓冲间应依靠主入口墙面内置或外置。缓冲间规格宜为长 2.0 m、宽 1.5 m、高 2.0 ~ 2.5 m。

5. 苗床

网室内育苗的苗床宽度宜为 1.0 m，长度可根据设施长度确定。苗床边应用砖或钢丝围出 15 ~ 25 cm 高的护苗栏。

另外，所有苗圃除了繁育设施外，还需要配备人员消毒间、车辆消毒棚、堆料场和配料间、库房等生产辅助设施；也要考虑育苗容器的材质和大小等。

第3节　苗圃智能化管理基础

要进行种苗繁育的智能化生产必须依靠各种现代设施设备，通过信息采集和数据积累，结合专业知识模型，才可能实现育苗的智能化管理。本节主要介绍种苗繁育智能化管理的软硬件基础。

一、自然通风系统

自然通风是利用温室内外温度差形成的风压和热压作用使温室内外的热冷空气进行交换，从而达到通风换气、调节室温的目标。它不需要机械通风所需要的通排风机械设备，节省了运行费用。因此，在条件许可的情况下，应优先采用。

自然通风是温室通风换气、调节室温的主要方式，一般分为顶窗通风、侧窗通风和顶侧窗通风3种方式。侧窗通风有转动式、卷帘式和移动式3种类型。玻璃温室多采用转动式和移动式，防虫网室可采用顶部开窗或顶部安装通风球的方法进行外部气体交换。

二、加热系统

温室加温系统一般由热源、室内散热设备和热媒输送系统组成（图4-5）。目前用于温室的加温方式主要有热水供暖、蒸汽供暖、热风供暖、电热供暖、辐射供暖和空调供暖等。冬季加热方式多采用集中供热，分区控制的方式。实际应用中应根据温室建设当地的气候特点、温室的采暖负荷、当地燃料的供应情况和投资与管理水平等因素综合考虑选定。

图 4-5　温室加热系统

三、降温系统

1. 微雾通风降温系统

使用普通水，经过微雾系统自身配备的过滤系统过滤后进入高压泵，经加压后的水通过管路输送到雾嘴，高压水流以高速撞击针式雾嘴的针，从而形成微米级的雾粒，喷入温室，使其迅速蒸发以大量吸收空气中的热量，然后将潮湿空气排出室外而达到降温目的。

2."湿帘—负压风机"降温系统

又称风机—水帘系统，由纸质多孔湿帘、水循环系统风扇组成（图 4-6）。未饱和的空气流经多孔、湿润的湿帘表面时，大量水分蒸发，空气中由温度体现的湿热转化为蒸发潜热，从而降低空气自身的温度。风扇抽风时将经过湿帘降温的冷空气源源不断地引入室内，从而达到降温效果。

图 4-6　温室风机—水帘系统

四、补光系统

温室内育苗，在光照不足的情况下，选择适宜的补光系统时需要考虑能耗以及投入产出比。HPS（高压钠灯）是温室内传统的补光光源，LED（发光二极管）是一种可以替代HPS 或作为 HPS 的补充的新型光源。选择时需综合考虑两者的光电转换效率、光谱分布和补光效果。

五、CO_2 控制系统

通过 CO_2 气源或 CO_2 发生器产生 CO_2 释放，缓解密闭温室中午前后 CO_2 匮乏的状况，使植物正常进行光合作用。同时启动环流风机提高 CO_2 分布的均匀性，保证室内作物生长一致。

六、灌溉和施肥系统

灌溉和施肥系统包括水源、储水及供水设备、水处理设备、管道、滴水器设备、灌溉和施肥设备等（图 4-7）。除符合灌溉标准的水源外，水源都要经过各种过滤器进行处理，以免堵塞喷头。目前多采用混合罐方式将肥料与水混合均匀，经检测 EC、pH 达到设定的标准值时，由网络水阀开启灌溉。

七、计算机控制系统

计算机控制系统可自动检测温室微气候参数，并对温室所配套设备进行自动控制。计

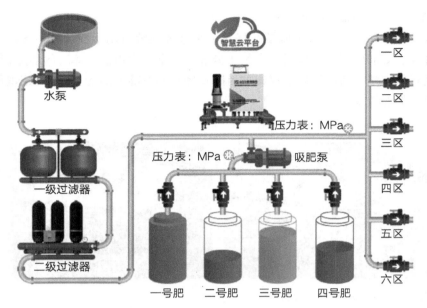

压力表：MPa

压力表：MPa　吸肥泵

一号肥　二号肥　三号肥　四号肥

水泵

一级过滤器

二级过滤器

一区
二区
三区
四区
五区
六区

图 4-7　水肥一体化系统

算机系统需适应高温高湿环境，承受瞬间电压冲击，又同时具备强大的运算功能、逻辑判断与记忆、综合处理多种气象因子的能力。

第4节　种苗繁育的智能化管理

一、智能化苗圃

传统农业是劳动密集型产业，需要依靠大量的人力，基本依靠经验进行生产，导致劳动生产效率低下。随着人工智能的发展，发展智慧农业是我国农业转型升级，向高质量发展的必由之路。综合来看，由于种苗繁育的场景相对标准，因此发展智慧苗圃，进行苗木生产的智能化管理在种苗行业相对容易实现。

实现智能化管理首先要有基础数据的沉淀，这主要依赖于各种传感器采集的数据真实有效。智能化苗圃监测控制系统充分利用物联网技术和组态软件，实时远程获取温网室大棚内部的空气温度、相对湿度、光照强度、营养土水分温度、CO_2 浓度等环境参数及视频图像，通过模型分析，远程或自动控制"风机—水帘"、喷淋滴灌、内外遮阳、顶窗侧窗、加温补光等设备，保证温室大棚内的环境最适宜容器苗生长；同时，该系统还可以通过手机、平板、计算机等信息终端向管理人员推送实时监测信息、预警信息、农技知识等，实现温网室大棚集约化、网络化远程管理。

二、种苗繁育的智能化管理

（一）播种前处理设备

砧木种子播种前需要将基质消毒并清洗穴盘。

消毒装备多采用物理方法，利用蒸汽、太阳能、微波、紫外线、低温、电等手段进行消毒，绿色环保。例如目前研制的移动式蒸汽消毒机，可以专用于基质消毒，结构简单，方便灵活（图4-8）。

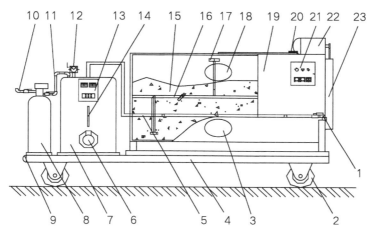

图4-8　移动式蒸汽消毒机结构图

1. 冷凝水排水管；2. 万向轮充气轮胎；3. 卸料口；4. 小车平台；5. 蒸汽输送管；6. 燃烧器；7. 燃油锅炉；8. 软化水装置；9. 牵引钩；10. 入水管；11. 软化水入水管；12. 压力表；13. 锅炉配电柜；14. 液位器；15. 基质；16. 搅拌轴；17. 搅拌轴叶片；18. 上料口；19. 消毒罐；20. 泄压阀；21. 消毒罐配电柜；22. 搅拌轴驱动电机；23. 传动机构

生产上使用的隧道式穴盘清洗机和育苗穴盘自动清洗机可利用高压水流冲洗穴盘，并将污水收集过滤反复利用，还可调节清洗水压和清洗速度。此外，有的种苗企业已经实现对消毒作业的质量监测，开发出的基于物联网消毒在线管理平台软件能够检测消毒设备的运行情况，并记录消毒面积、消毒时间等作业情况，实现数据可追溯。

（二）智能化播种

针对砧木种子播种，最好采用智能化播种机械（图4-9）实现"一穴一粒"的精量化播种，可以有效避免漏播、重播，降低种子损伤率，从而实现高精度、高效率播种。我国开发的播种装备主要有手动式、半自动式、全自动式3种。手动式、半自动设备只具备播种功能，多用于小面积播种；全自动设备可完成播种、覆土、喷水等工序，工厂化育苗往往采用这种方式。按其工作原理分为机械式、气吸式和磁吸式3种。其中机械式穴盘育苗播种机需对较小的种子进行丸粒化处理，容易损伤种子；气吸式播种机是穴盘育苗播种应

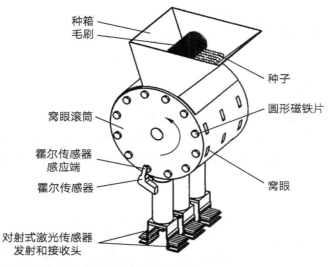

图 4-9　智能化播种机主体布局示意图

用最为广泛的一种形式，效率和精度都很高，但杂质易堵塞气孔；磁吸式播种机因价格昂贵，应用较少。另外，播种质量检测装备方面目前也有突破。如目前研究的基于双层对射式激光传感器的五管集排式重播漏播检测系统的单粒漏播率可达 99.97%，解决了小株行距重播漏播的问题。此外，还有压电式、光电式、视觉、电容式等检测手段。

（三）智能化移栽

通常，穴盘中的砧木苗会在第二年春季移栽到容器袋中以备嫁接，这是一个高耗劳动力的环节。根据国内外文献报道，移栽机器相对较成熟，主要是由穴盘苗输送系统、移栽装置、坏苗判断系统、夹持机械、控制系统、可移动机架六部分组成，具有苗木移栽、苗木识别、苗木输送、坏苗剔除等功能。

我国种苗移栽机目前研究多集中在穴盘苗夹取相关的力学特性及钵体本身的力学特性方面，包括夹取针的形状尺寸、夹取力的大小等。我国较早自主研制的 2 行半自动钵苗移栽机、4 行自动钵苗移栽机，能在特定环境中使用。也有智能化程度较高的移栽机器人，可实现钵苗从高密度到低密度穴盘的稀植移栽，并利用种苗视图、融合立体信息图像等机器视觉技术获取作物幼苗生长信息，通过目标区域像素统计方法对幼苗生长状况（叶数、苗龄、株高和长势一致等）进行评价，对穴盘里不健康钵苗进行剔除补种，将符合的种苗以一定密度移至栽培区域，工作效率高，移栽一致性好。分选移栽部件主要包括移栽机械手和移栽定位机，机械手是直接与种苗接触的工作部件，其设计是基于种苗的物理和生理特性，在保证可以提起与放置种苗的同时，还要注意其柔性，避免移栽过程中种苗茎叶折断。

（四）智能化嫁接

1. 砧、穗切削技术

砧、穗切削是苗木嫁接过程中特有的一道工序，涉及切削速度、角度、入刃位置、切削刀的几何形状等多种因素；切削装置的设计直接影响嫁接的成功率、嫁接苗的成活率及嫁接机的品质。因此，可靠的切削技术是自动嫁接关键技术的关键。目前采用较多的切削技术主要有旋转切削、斜切和平切等方式。中国农业大学曾设计了一种旋转切削机构，通过一个旋转气缸带动一个两端安装切刀的刀架同时完成对砧木和穗木的切削，经过计算机模拟及试验，确定了较为合适的旋转切削的切削半径和切削角度，这种机构仅需一个旋转切削部件就可同时完成对砧木和穗木的切削，减少了工作部件和控制部件，

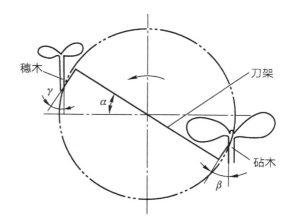

图 4-10　旋转切削结构示意图

整体结构紧凑（图 4-10）。除了旋转切削方式外，直切方式也得到较为普遍的使用。直切方式又分为斜切和平切两种。以斜切为例，切削时，切刀在切削气缸的带动下进行切削作业，幼苗置于切削支点处，切刀经过切削支点可将幼苗顺利切下，幼苗茎秆形成斜面切口。该切削方式简单方便，切削效果也较为理想，在中国、日本、韩国等国家研制的嫁接机中都有应用。

2. 砧、穗接合固定技术

嫁接机的嫁接成功率体现在嫁接苗的成活率上，砧木、接穗接合情况直接决定着嫁接苗的成活率，砧、穗接合固定技术也在整个自动化嫁接过程中占有关键地位。根据不同的嫁接方法，其接合固定的方式也不同。在自动嫁接领域，普遍采用的是贴接法、针接法、套管法等嫁接方法，各自采用的接合固定方式略有不同。贴接式嫁接机砧木接穗接合后主要利用嫁接夹进行固定。为便于嫁接作业自动化，需要对嫁接夹按嫁接流程自动出夹、打开、闭合等工序。

（五）种苗繁育的智能化管理

实现苗圃的智能化管理主要依靠各种传感器来对温度、相对湿度、光照强度和 CO_2 浓度等种苗生长的相关指标进行实时监测，发送指令控制各机构进行相关指标的数据采集，同时对测量结果进行处理及显示，当出现异常情况时，开启相关设备保证种苗的正常生长。

1. 智能总控系统的要求

（1）系统能够实现对温网室大棚内空气温湿度、土壤温湿度、光照强度等进行实时监控并能传至控制中心进行处理。

（2）当温网室大棚内某项环境指标达到预设值时系统要发出相应的反馈控制信息。

（3）温网室大棚内被监测的各项数据要能显示出来，用户能够通过移动设备上显示的实时数据以自动或手动控制两种方法实现对相关设备的控制。

（4）在完成以上功能时，要确保系统的可靠性和稳定性，使系统能够长期稳定地工作。

2. 湿度智能控制

通过湿度传感器可以检测容器袋内营养土的湿度，若土壤的湿度过低（≤60%），控制系统打开滴灌设备，对作物进行滴灌作业，增加土壤湿度。经过一段时间，再次检测土壤湿度，如果湿度超过限定值（80%），控制系统关闭滴灌设备，停止滴灌作业；如果开始检测的土壤湿度在适宜的范围（60%～80%），则维持现有状态不变。

3. 温度智能控制

温度影响苗木生长快慢以及质量，因此苗木生长过程中需要根据最佳生长温度要求，及时进行升降温调控。通过温度传感器可以检测温室内的空气温度，当空气温度过高时（≥50℃），通过控制电路，打开排气扇配合设置在温室大棚顶部的喷雾设备进行降温作业，而当温度下降至设定值时，则自动关闭降温设备的工作，使温度值达到适宜的范围。

4. 光照强度智能控制

主要依靠遮阳网的开关实现该功能。光照强度过高时，系统通过关闭大棚顶部的遮阳幕，避免阳光直射作物，降低光照强度，减少强光对作物生长的影响。当光照强度过低时，自动打开遮阳幕，增加光照强度。如果检测的光照强度在适宜范围，则维持现状。

5. CO_2 浓度智能控制

通过 CO_2 浓度传感器检测温室内的 CO_2 浓度，当 CO_2 浓度过高或者分布不均匀时，则通过控制电路，自动打开排气扇及环流风机进行一段时间的温室大棚的排气；而当 CO_2 浓度过低时，则自动关闭排气扇及环流风机的工作，使 CO_2 浓度达到适宜的范围。

6. 水肥灌溉的智能控制

随着农业物联网技术的发展与应用，推动了水肥一体化的进步。基于物联网技术的水肥一体化智能灌溉系统可以根据作物的需水、需肥规律及土壤环境和养分含量状况，自动对水、肥进行检测、调配和供给，在提高用水效率的同时又实现了对灌溉、施肥的定时、定量控制，不仅能够节水节肥节电，而且还能够减少劳动力的投入，降低人工成本。

水肥一体化系统通常包括水源工程、枢纽中心、过滤系统、输配水管网系统和控制软件平台等部分组成。其枢纽中心系统主要包括水泵、过滤器、压力和流量监测设备、压力保护装置、施肥设备（水肥一体机）和自动化控制设备。枢纽中心担负着整个系统的驱动、检控和调控任务，是全系统的控制调度中心。过滤系统对水肥一体化设备非常重要，未经过滤的水源经常会堵塞滴头。因此，必须根据水源、水质、灌水器流道尺寸等精心选择过滤设备。输配水管网系统则需要考虑干管、支管、毛管的组成。

水肥一体化技术需要借助压力系统（或地形自然落差），按照用户设定的配方、灌溉过程参数自动控制灌溉量、吸肥量、肥液的浓度和 pH 等水肥过程中的重要参数，实现对灌溉、施肥的定时、定量控制。

7. 苗圃数字化管理系统搭建

苗圃数字化管理系统包括库存管理、生产管理、采购管理、销售管理、人事管理、财务管理六大模块。管理系统可以实现不同部门之间信息的共享，通过建立各个部门之间的工作流程体系，让各个模块之间的工作流程能够在各部门间顺利流转，大幅提高工作效率。苗圃管理者可以通过系统清楚地知道每个时间点苗圃的详细库存，每一个批次产品的成本，每次作业的时间和作业人员，每项任务的进展程度等详细信息，便于更合理地安排苗圃各个部门的工作。此外，由于系统采用移动端的设计，可以实现远程协同办公，极大提高了管理效率。

（1）库存管理

目标是实现整个苗圃所有苗木的进、销、存数字化管理，实时监控苗木的状况。

（2）种苗身份证管理

目前生产上对种苗的身份证管理多采用二维码标牌，即给每一株苗木一个唯一的 ID 号，然后在系统中录入具体信息。二维码标牌上的信息必须完全体现出每株种苗的唯一性，包含砧木、接穗品种、产地、规格、ID 号等。目前还有一种苗木芯片技术，把芯片打入苗木主根木质部，通过机器扫描即可得到相应苗木信息。

（3）种苗出圃

出圃时，管理员使用无线终端（或手机 App）扫描苗木标牌上的条形码，完成数据采集，数据终端可以实时地与库存系统进行数据交换并自动完成出库。

（4）生产管理

企业的日常生产管理模块可以分为三个子版块：地块管理、日常作业、生产物资管理。

地块管理要将整个苗圃分成若干个大块和小块，并进行数字化标识。日常作业则包括浇水、施肥、修剪、病虫害防治等。苗圃的日常作业子版块是生产管理模块中最重要的一个版块，主要是利用物联网的相关技术实现对日常作业的监控和管理。生产物资管理主要是实现对日常的生产物资和生产机械日常保养作业的管理。

（5）采购管理

在企业管理中，采购环节所消耗的成本直接影响到企业所获得的利润及可支配资金的回流速度，因此在苗圃管理中，采购管理是整个苗圃系统运作流程中最重要的环节之一。整个采购模块应包括采购申请、采购审批及供应商信息的管理。

（6）销售管理

销售管理模块主要是实现对销售信息的管理，包括销售苗木的品种、价格、客户信息的管理。另外，销售部门的模块应该与库存管理模块进行链接，方便销售人员查询苗木品种、规格及数量。

（7）人事管理

人事管理模块用于维护工作人员的相关信息，包括正式工和临时用工的管理、人事变动管理、用户账号管理等部分。工作人员的相关信息包括人员的基本信息、资质、管理区域、具体工作区域、工作时间、倒班信息等。

（8）财务管理

财务管理主要包括资金管理、报销管理、成本分析等方面的管理和监控。

数字课程学习

📺 教学课件　　　📝 自测题　　　⬇️ 知识拓展

第 5 章
智能化管理果园建设

果园建设是果树生产的第一步，其标准高低与果园的管理成本和效率的高低密切相关，进而影响果园的产量、质量和经营效益。不同时代的果园其建设标准不一样。传统果园面积小，果园分散，在劳动力充足的情况下，多数果园建园缺少规划，一般是因陋就简，随机种植。随着社会经济的发展，果园生产规模化、集约化程度越来越高。在当前劳动力不足和老龄化现象日益严重的情况下，规范化和高起点果园建设，对最大限度提高果园管理机械化、智能化，确保降本、提质、增效起到关键作用，果园规范、高起点建设是果园智能化管理的重要基础。由于涉及智能化技术和装备的应用，因此果园建设有一些特殊的要求或注意事项。

 第 1 节　**园地选择**

现代化果园的园地选择必须遵循相应的原则，充分考虑各方面的因素，才能实现生产降本、品质优良的目标。如果要实现果园智能化管理，园地选择更加苛刻，比如需要有充足的水资源、方便的电源和适宜智能机械操作的地形等。也就是说，不是所有园地上的果园都可以实现智能化管理。

一、园地选择原则

合适的园址是降低投入、稳产提质的基础。在决定要种植果树的时候，一定要遵循以下原则去选择种植果树的园址。

（一）遵循生态区划、适地适栽的原则

果园园址选择必须以较大范围的生态区划为依据，即果园种植地址宜选在所选择的果树品种的最适生长区域。优良的品种在最适环境种植，就可以实现最低的成本生产出最优的品质，确保产业高效健康发展。

果树生态区划也称果树自然区划，是根据果树的生态需要，评价不同地区对果树的生态适应程度而做出的区划。果树生态区划对于选择果树品种，或依品种选择园址具有重要的指导作用，为因地制宜、合理利用果树和自然资源，发挥地区优势等创造有利条件。迄

今为止，我国主要的果树均以气温为主要指标，完成了以主要品种或种类为主的生产区划工作，如柑橘的生态最适宜、适宜、次适宜和不适宜区的气温指标如表5-1。因此发展果树时，必须要充分调查当地的生态条件，做到适地适栽。

表5-1　甜橙和宽皮柑橘生态区划气温指标

种类	生态区划	年均温/℃	≥10℃年积温/℃	极端最低温及频率	1月均温/℃	极端最低温历年平均温/℃
甜橙	最适宜区	18~22	5 500~8 000	>−3℃	7~13	>−1
	适宜区	16~18	5 000~5 500	>−5℃		
		22~23	8 000~8 300	<−3℃的频率<20%	5~7	−3~−1
	次适宜区	15~16	4 500~5 000	>−7℃		
		>23	8 300~8 500	<−5℃的频率<20%	4~5	−5~−3
	不适宜区	<15	<4 500	<−7℃	<4	<−5
		>24	>8 500			
宽皮柑橘	最适宜区	17~20	5 500~6 500	>−5℃	5~10	−4~0
	适宜区	16~17	5 000~5 500	>−7℃		
		20~22	6 500~7 500	<−5℃的频率<20%	4~5	−5~−4
	次适宜区	14~16	4 500~5 000	>−10℃		
		22~23	7 500~8 000	<−7℃的频率<20%	2.5~4	−6~−5
	不适宜区	<14	<4 000	<−10℃	<2.5	<−6
		>23	>8 000			

说明：甜橙（除脐橙、夏橙外）以普通甜橙和血橙为准，宽皮柑橘（除蕉柑、椪柑外）以温州蜜柑为准，其他宽皮柑橘可以参照。本区划指标于1981年经柑橘区划协作会议审定。

另外，我国柑橘和苹果等大宗水果已完成以生态区划为基础，依据资源禀赋、生产规模、市场定位、产业基础和品质等条件的优势区域规划。优势区域的产业基础较好、产业发展条件完善，因此选择的园址最好是在产业优势区域。

1. 柑橘优势区域

柑橘优势区域主要包括长江上中游柑橘带、赣南—湘南—桂北柑橘带、浙南—闽西—粤东柑橘带和鄂西—湘西柑橘带，以及一批特色柑橘生产基地。

长江上中游柑橘带位于湖北秭归以西，四川宜宾以东，以重庆三峡库区为核心的长江上中游沿江区域，以发展鲜食加工兼用中晚熟品种为主；赣南—湘南—桂北柑橘带位于北纬25°~26°，东经110°~115°，主要包括江西赣州、湖南郴州、永州、邵阳和广西桂林、贺州等地，以发展中早熟橙类和宽皮柑橘为主；浙南—闽西—粤东柑橘带位于北纬21°~30°，东经110°~122°的东南沿海地区，主栽种类丰富，为传统高品质柑橘生产产区；鄂西—湘西柑橘带位于东经111°左右，北纬27°~31°，海拔60~300 m，重点以发展早熟蜜橘和中晚熟甜橙为主；特色基地主要包括南丰蜜橘基地、安岳柠檬基地、云南华宁早熟蜜橘基地等。

2. 苹果优势区域

苹果优势区域主要包括渤海湾产区和西北黄土高原产区。渤海湾产区区域包括胶东半岛、泰沂山区、辽南及辽西部分地区、河北大部和北京、天津两市，是我国苹果栽培最早、产量和面积最大、生产水平最高的产区；西北黄土高原产区包括陕西的渭北地区、山西的晋中和晋南地区、河南的三门峡地区及甘肃的陇东地区，该地区光照充足，冬无严寒，夏无酷暑，且温差大、土层深厚，是我国苹果产业发展最快的地区。

（二）遵循安全、可持续发展的原则

果树种植不像大田作物和蔬菜、花卉等作物，一旦种植下去，一般都有 10 年以上的经济寿命。因此选择的园址必须是适宜之地，土壤、空气、水源质量安全，不会发生涝害和低温冻害等，确保产业可以持续发展。对于一些不适宜的地方，不可盲目采用设施或人为力量改变不适宜环境进行种植。虽然采用设施等人为力量可以保证不适宜的品种能够种植成功，但是其管理技术难度增加，管理成本、化肥农药的使用量要远高于最适宜区，且品质和安全性很难有保证。在目前物流发达、人们对食品安全高度关注的情况下，所生产的产品很难有市场竞争力。

（三）符合园区功能定位原则

园址选择要符合园区功能定位。园区是产业园、现代技术展示园、个人农庄，还是农旅结合的休闲观光采摘园等，不同的功能对园区的选址要求不一样。现代产业园的园址要求比较高，要符合规模化、机械化、信息化操作；现代技术展示园则要求园区相对平坦、交通方便等；个人农庄和农旅结合的休闲观光采摘园则需要根据其具体功能设计选择园址。

二、园地选择因素

（一）政策、种植历史和社会经济水平

果树发展首先是要遵循和符合国家或地方政府的农业发展政策、产业发展规划等。新中国成立后我国果树的发展受计划经济和粮油棉等供应紧张等因素的影响，果园种植长期坚持"上山下滩、不与粮棉油争地"的方针，果园建设多在门前屋后的丘陵岗地、河滩海滩等贫瘠土地上。2020 年 11 月 17 日，国务院办公厅发布了《关于防止耕地"非粮化"稳定粮食生产的意见》（国办发〔2020〕44 号），明确耕地利用优先顺序，对耕地实行特殊保护和用途管制，严格控制耕地转为林地、园地等其他类型农用地。同样，根据《森林法实施条例》第四十三条规定，未经县级以上人民政府林业主管部门审核同意，不可擅自改变林地用途。因此，未来可以用来发展果树的园地会越来越少。

另外，园地选择时尽可能考虑当地的种植历史和社会经济水平因素。一个有种植历史的地方，说明有好的技术积累、较好的产业发展基础，该品种在当地适应性强；而社会经济水平的高低，决定了当地市场容量的大小。

（二）气候因素

1. 温度

温度是果树能否种植和是否实现丰产优质的基本条件。果树种植选择园址时一般要考虑以下温度指标（表5-2），而不同种类或品种对温度的各项指标要求各有不同。

表5-2　几种主要果树对温度的要求　　　　　　　　　　　　单位:℃

	忍受最低温	需冷量	地上部分三基点			地下部分三基点		
			最低温度	最适温度	最高温度	最低温度	最适温度	最高温度
苹果	−30～−25	1 200～1 500	5	13～25	40	7	18～21	30
柑橘	−9～−5	—	12	23～29	35	12	26	37
梨	−50～−20	1 200～1 500	5	秋子梨 4～12 白梨 7～15 沙梨 13～21	30	7～10	15～25	30～35
桃	−25～−22	50～1 200	10	21～28	43	4～5	15～20	30
葡萄	−18～−15	100～1 500	10	20～28	41	12	22	27
香蕉	4.5	—	15	24～32	35	13	25～32	35
草莓	−11	200～300	5	18～23	30	10	15～20	23
荔枝	−1～0	—	16	24～30	46	10	23～26	31

（1）临界温度

临界温度是指果树能够忍受的最高、最低的极限温度。不同种类、不同品种、不同组织的临界温度各有不同。如苹果忍受的极限低温为−25℃以下，葡萄约为−15℃，猕猴桃约为−20℃，草莓约为−11℃，香蕉约为4.5℃；而柑橘中的温州蜜柑的最低临界温度可以达到−9℃，甜橙类只有−5℃，柠檬类是−2℃；同一品种的柑橘中，新梢、花、幼果的极限低温在−3～0℃，成熟果实约为−3℃，成熟的叶片在−5℃以下。而花期温度较高（＞30℃）也会影响授粉受精和坐果。临界温度高低与持续时间长短也有密切关系，一般持续时间越长，临界低温则越高、临界高温则越低。

果园园地选择时首先要考虑目标地的冬季低温是否低于目标果树的临界低温。同时还要考虑果树关键生长发育时期，如花期、坐果期的临界温度。如果目的地的冬季低温或果树生长发育关键时期的温度超过临界值，则不宜选择为规模化种植的果园园址。

（2）生物学零度和积温

果树的生物学零度是指在综合外界条件下能够使果树芽萌动的最低日平均温度；果树的活动积温一般是13.5℃，为了计算方便，定义为10℃。积温包括活动积温和有效积温两个方面，活动积温是指果树生长期或某个发育期的高于或等于生物学零度的温度之和，一般等于大于生物学零度温度的日平均温度之和；有效积温是指果树生长发育某一时期内日平均温度与生物学零度差值的累计值，当日平均温度与生物学零度的差值＜0时，计算有效积温时计作0℃。如某果树从萌芽到开花7 d时间，其生物学零度为10℃，7 d的日平均温度分别为11℃、12.5℃、11℃、9℃、13℃、14℃和12℃，则该时间段的活动积温为 11 + 12.5 + 11 + 13 + 14 + 12 = 73.5（℃）；每日有效积温为 1℃、2.5℃、1℃、0℃、3℃、4℃、2℃，该段时间的有效积温为 1 + 2.5 + 1 + 0 + 3 + 4 + 2 = 13.5（℃）。

积温反映了生物生育阶段对热量要求或某地气候热量资源，也较好反映了果树生长发育速度与温度条件的关系。积温越高，表示某地气候热量资源越丰富，生物生长发育所需的热量越充分，果树生长发育越快。

（3）温度三基点

果树温度三基点是果树生命活动过程或某一发育阶段的最适温度、最低温度和最高温度的总称。在最适温度下，果树生长发育迅速而良好；在最高和最低温度下，果树生长发育缓慢或停止，但仍能维持生命。如果继续升高或降低，就会对果树相应组织产生不同程度的危害，直至死亡。果树温度三基点是最基本的温度指标，它在确定温度的有效性、果树种植季节与分布区域，计算果树生长发育速度、光合潜力与产量潜力，以及提高果实品质等方面均有重要意义。如柑橘最适生长温度是 23～29℃，低于 12℃或高于 35℃则生长缓慢或停止生长；苹果的生长最低温度约为 5℃，最适生长温度在 13～25℃，最高温度约为 40℃（表 5-2）。另外，不同品种、不同器官或组织、不同生育期的温度三基点也不同。如苹果开花期对温度敏感，一般苹果开花期的最适温度为 17～18℃；其花粉萌发的适宜温度在 10～25℃之间，最适温度为 15～20℃，高于 30℃时，花粉萌发明显受到抑制。

（4）需冷量

需冷量主要是指温带果树在自然情况下通过自然休眠、进入枝梢生长和开花阶段所需要的低温量；生产上通常用经历 0～7.2℃低温的累计时数来衡量，用低温小时数或低温单位来表示。果树树种不同或品种不同，需冷量亦不相同，有低冷量、中冷量和高冷量之分（表 5-2）。如果冬季温暖，平均温度过高，不能满足通过休眠期所需的需冷量，常导致芽发育不良，春季发芽，开花延迟且不整齐，花期拉长，落花落蕾严重，其至花芽大量枯落而减产等现象。

了解需冷量对引种果树进行露地栽培或设施栽培具有指导意义。例如，要在热带或亚热带地区成功种植温带果树，就必须根据引种果树品种的需冷量，选择相适宜的地区种植；在果树设施栽培时，如果对设施果树的需冷量估计不准，以及扣棚升温时期不当会导致产量低或绝产。

2. 光照

光照对果树生长很重要，良好的光照是果树丰产优产的基础。光照充足时，果树多形成短枝密集、树冠紧凑、树姿开张。缺光（遮光或长期阴雨天）时则表现为徒长，枝叶较弱、黄化，根系生长也明显受到抑制。花芽形成数量随光照强弱而增减，所以果树花芽形成在树冠外围受光部位最好，产量可占全树的 60%～80%。过度密植的果园，往往仅在树冠顶部日光照射部分着生花芽。同样，果树在通风透光条件下，果实着色良好，糖类和维生素 C 含量高，耐贮性好。

果树的种类、品种不同，对光照的要求存在差异。落叶果树中以桃、扁桃、杏、枣最喜光，苹果、梨、沙果、李、樱桃、葡萄、柿、栗次之，核桃、山楂、猕猴桃较耐阴，常绿果树中以椰子、香蕉较喜光，杨梅、柑橘、枇杷较耐阴。在柑橘种类中，温州蜜柑对光照的要求比甜橙、杂柑类高。另外，果树的不同生育期对光照的要求也不同，一般幼树比成年树耐阴，冬季休眠期较萌芽、开花、枝梢生长和果实着色成熟期耐阴，营养器官较生殖器官耐阴。因此在实际操作过程中，需要针对果树种类对光的需求，选择适宜光照条件的园址。

3. 其他气候因素

果树生长发育离不开水分，不过可以通过灌溉予以解决，因此园址选择时降水量多少不是主要考虑因素，但是花期和果实成熟期降水过多不利于果树丰产和生产优质的产品，在园址选择时可以优先考虑这两个时期的降水量。

污染的空气对果树生长和果实的食用安全性均有不利影响。许多果树对空气中的二氧化硫、氟化物和一些有机化学污染物敏感，而农药厂、化工厂、炼油厂、钢铁厂和水泥厂等周围的空气中常含有高浓度的此类物质以及粉尘等，因此这些工厂的周围一般不适宜建设果园。

大风或强风的地方容易擦伤果实和枝叶、果面伤疤多，同时增加病菌感染的机会，甚至吹断枝干、吹落果实。反之，微风促进园内空气流动，不仅有利于授粉，也可以减少冬季和早春的霜冻、夏秋高温对果树的伤害。因此，园地选择时尽可能考虑当地风力情况。

（三）园地环境因素

1. 水电条件

充足的水源是建设现代化可控果园的重要条件。一般果园每次水肥一体滴灌每亩要保证有 $1 \sim 2 \text{ m}^3$ 的水量。除水量保障外，水质要无污染。根据《无公害农产品 种植业产地环境条件》（NY/T 5010—2016）要求，灌溉水的 pH $5.5 \sim 8.5$，氯化物≤250 mg/L，氰化物≤0.5 mg/L，氟化物≤3.0 mg/L，总汞≤0.001 mg/L，总砷≤0.1 mg/L，总铅≤0.1 mg/L，总镉≤0.005 mg/L，六价铬≤0.1 mg/L，石油类≤10 mg/L 等。

便利的电源是建设现代化可控果园的另一个重要条件，选择果园园址的时候，需要考虑电源的便利性，一般应该考虑附近有 380 V 的电源。

2. 地形

根据形态，地形一般可以分为山地、丘陵、平地（缓坡地）和盆地四种类型。山地是指海拔在 500 m 以上的高地，起伏很大，坡度陡峻，沟谷幽深。山地一般通风透光比较好、排水较好、气候呈现垂直分布（海拔每上升 100 m，通常情况下气温下降 $0.6 \sim 0.7 ℃$）、小气候丰富等特点；同时山地坡上的一定区域还存在逆温带现象。在晴朗无风或微风的夜晚，地面辐射很快冷却，贴近地面的空气随之降温，离地面越近降温幅度越大，离地面越远降温幅度越小，因而形成气温随海拔的增加而升高的现象。逆温现象在冬季晴朗无风的夜晚尤其明显。由于山地果园起伏较大、适宜种植的面积比较分散等，不同坡向的环境条件有差异，因此现代化果树产业园尽量不要选择山地作为园址，不过可以利用山地小气候丰富的特点和地貌的多样性选择作为农庄或观光休闲采摘园园址。

丘陵是指表面形态起伏和缓、绝对高度在 500 m 以内、相对高度不超过 200 m 的山丘，一般顶部浑圆；丘陵的坡度一般为 $10° \sim 25°$。根据绝对高度，又将 200 m 以内的分为浅丘。丘陵坡地具有山地通风透光、排水较好等优点，通过采用合理的果园建设手段，可以成为比较好的果园园址。平地和缓坡地一般相对高差小于 5 m，坡度在 $10°$ 以内，只要不积水，则是最佳的果园园址。盆地是四周隆起成山、中间沉降、比较平缓的一块地。大范围的盆地与平地（缓坡地）无异，小面积的盆地如果没有低温下沉的危险，因为空间相对独立、地形相对较缓，则是一个很好的果园园址。

3. 土壤

土壤按质地一般分为砂质土、黏质土、壤土三种类型。砂质土一般含沙量多、颗粒粗糙、渗水速度快、保水性能差、通气性能好；黏质土含沙量少、颗粒细腻、渗水速度慢、保水性能好、通气性能差；壤土是指黏粒、粉粒、砂粒含量适中的土壤，质地介于黏质土和砂质土之间，通气透水、保水保温性能都较好，是易培育成果树高产稳产的土壤。在现代建园和栽培管理技术条件下，只要不是高盐碱或受严重污染的土壤、或土层非常浅薄，土壤条件不是决定选择园址的关键因素。在果园选址过程中，尽量选择砂壤土，土层有40～60 cm深即可。至于土壤 pH 等，可以通过建园种植沟的土壤改良而调节至适宜。

4. 交通条件

规模集约化栽培管理的果园因为农资需求量大、产品多，对运输的要求比较高。果园选址时，应该选在交通方便、道路质量较好的地方，或者水运比较方便的地方。

第2节 园地规划

一、园地规划原则

1. 因地制宜

规划过程中，要结合地形地貌，最大限度利用现有道路、水利和水土保持等工程设施，因地制宜规划果园小区和道路、排灌系统、防风林和附属设施，保留房前屋后和河、沟、塘、水库周围的林地和草地等。

2. 保护环境

规划过程要重视与自然环境的相互协调，减少对自然环境的破坏，保护生态环境。

3. 方便管理

规划过程中，要从小区、道路、水渠、种植密度、附属设施位置等方面综合考虑，以方便果园（智能化）管理，达到降本、提质、增效的目的。

二、小区规划

在一个规模化的果园内不仅面积大，而且可能有多种地形地貌、土壤类型，甚至气象条件也有较大差异。为了方便栽培管理，果园规划时，要将大果园划分成若干个作业小区（图 5-1）。作业小区之间由主干道和支道或沟渠、山脊等作为分界线。小区是果园管理作业的基本单元，具体涉及以下几个方面。

1. 小区面积

小区的面积与管理模式和地形地貌密切相关。划分小区的主要目的是方便田间管理，面积过大一次管理完的难度大、对智能化管理的设施要求高，面积过小不方便机械管理。

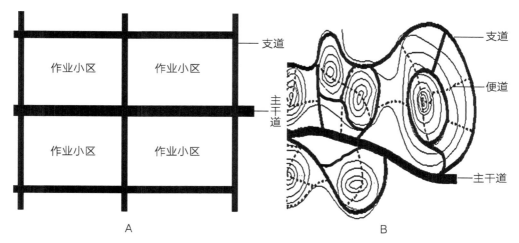

图 5-1　不同地形果园作业小区示意图
A. 平地或缓坡地；B. 丘陵地

小区面积建议 $1 \sim 3 \; hm^2$，其中丘陵地果园的小区面积 $1 \sim 2 \; hm^2$，平地或缓坡地小区面积约为 $3 \; hm^2$。

此外，在实际规划过程中，小区面积还要与地貌相结合，尽量做到一个小区的土壤条件、气象条件基本一致，成一个整体；充分利用山脊、沟渠作为小区的分界线。

2. 小区形状

小区的形状要方便机械作业和布置滴灌管道系统，有利于防止水土流失、发挥水土保持工程的效益，能够最大可能防止风害和低温伤害等。一般而言，平地或缓坡地小区的形状尽量为长方形。在北半球，果树种植的行向优先为南北向，无论行向是长边还是短边，其长度尽量控制在 100 m 以内；丘陵果园则以落差不大、相对平缓的等高梯面划分为一个小区，等高梯田长度控制在 100 m 以内。

3. 小区的品种

各小区规划时需要考虑其种植的果树品种。同一个小区内只种植一个品种；相同、相似的品种种植在相连的小区内；易受低温为害的小区种植耐冻品种或早熟品种；阴凉小区种植耐阴的品种。

三、道路规划

果园的道路系统由主干道、支路、作业道和便道组成。道路的规划要方便农用机械或智能化装备的使用，充分利用已有的道路进行规划，主干道和支路之间、作业道之间要成闭环路线。

1. 主干道

主干道是果园管理核心区（办公区＋仓储区）连接园外公路的道路，主要是将购买的农资运进果园或将果实产品运出果园，因此应能保证重载货车双向通畅通过。大型果园的主干道一般宽 $6 \sim 8$ m，两旁是防护林或排灌渠道。如受地形和资金等条件限制，主干道路基宽可设计为 $4 \sim 4.5$ m，同时在合适位置设置会车道。

2. 支路

支路是连接果园管理核心区到各作业小区的道路，主要是将农资运送到各作业小区或各作业小区的果实产品运送采后处理车间或仓储间等，因此要保证中小型货车能（双向）安全通过。大型果园的支路一般宽 3.5~4.5 m，两旁是防护林或排灌渠道。如受地形和资金等条件限制，支路路基宽可设计为 3 m，同时在合适位置设置会车道。

3. 作业道

作业道是小区内与支路相连、能够用于机械耕作管理的道路，一般对应小区内果树种植的行间。作业道的宽度与农用机械的大小相对应。大型果园一般需要使用大型机械，作业道需要 2.5~3 m 宽；中小型果园使用的是中小型农用机械，作业道一般 2~2.5 m 宽。小区内作业道设计时，要注意作业道两头预留足够距离（3~5 m），以方便农用机械转弯、掉头。

4. 便道

便道是在果园小区中间连接作业道、方便果园员工或其他行人快速通过果园的小道，一般与作业道垂直。便道路面宽 1 m 左右即可，丘陵果园规划便道时不要影响农用机械在作业道上行驶。

四、排灌系统规划

（一）设计原则

1. 不阻碍农用机械使用

排灌系统不能阻碍园区之间、作业小区内的农用机械使用。如排灌沟渠不能截断园间作业道，而滴灌主管、支管、毛管等不能妨碍农机行走。如图 5-2，灌溉主管跨过行间，以及园间排水沟深且窄，这都妨碍了园间农用机械通行，是不合理的设置。

2. 水分高效使用

多数果树对需水量大，在当前水资源缺乏日益严重的情况下，种植果树一定要节约用水、提高水分效率，达到降本提质的效果。因此在设计排灌系统时，一是要充分收集自然

A   B

图 5-2　不合理的灌溉管（A）和排水沟（B）设置

降水并加以利用；二是要降低水分输送损失，提高输水效率；三是灌溉系统设计时尽可能采用滴灌系统；四是水分灌溉时尽量做到精准。

3. 与道路系统有机结合

排灌系统不能占用过多的生产用地，一般在不影响农用机械通行情况下，排灌系统多与果园道路系统有机结合。

4. 与自然环境有机结合

排灌系统中的蓄水池、主排水渠道等要充分利用自然条件，比如蓄水池可以是自然池塘、洼地，建设灌溉水池时需要利用果园园区制高点合适位置，主排水渠道则利用自然降水冲刷形成的水沟等。

（二）排水系统规划

排水系统的重要作用是防止强降水时洪水冲刷果园，及时排除多余的雨水到园外和降低果园地下水位。果园排水系统因果园类型不同而设计有差异。平地果园排水系统中一般分为明沟排水和暗沟排水两种方式。

1. 平地或缓坡地果园排水系统

（1）明沟排水

明沟排水是在地表间隔一定距离挖一定深、宽的沟进行排水的方式，一般由小区内行间集水沟、小区间支沟和果园干沟（主排水沟）3个部分组成，支沟和干沟比降一般为0.1%～0.3%。现代果园一般选择的园址地下水分较低、渗水性好，因此一般采用微起垄（垄高20～30 cm）栽培模式种植。如果在地下水位高的低洼地或盐碱地建园，则采用深沟高畦（畦高≥50 cm）的方法。两种方式作业小区内的集水沟均与果园行间的位置、方向一致。支沟则在作业小区外围，一般与小区的支路相结合，干沟一般与自然水系大的沟渠相连通。

（2）暗沟排水

暗沟排水是在果园作业小区内铺设地下管道进行排水的方式。作业小区内排水暗管埋设深度与间距，应根据土壤性质、降水量与排水量而定，一般深度为地面下0.8～1.5 m，间距10～30 m。在透水性强的沙质土果园中，排水管可埋深些，间距大些；黏质土壤透水性较差，为了缩短地下水的渗透路径，把排水管道设浅些，间距小些。铺设的比降为0.3%～0.6%。排水暗沟在作业小区边缘与支沟相连，注意在排水暗沟出口处设立保护设施，保证排水畅通。暗沟排水不占用土地，方便机械操作，但是安装成本高，地下管道容易堵塞。暗沟排水是非宜机化果园进行机械智能化管理时不得已采取的排水设计。

在实际操作过程中，要尽量选择排水和渗水性好的园址，采用明沟排水；局部地方可采用暗沟管道排水，以不影响机械通行。

2. 丘陵山地果园排水系统

丘陵山地有一定坡度，地表径流流速随坡度而增加，雨季对果园冲刷较剧烈，因此其排水系统要比平地果园要求高。丘陵山地果园的排水系统可分为四级：主排水沟、环山阻水沟、支排水沟和横向排水沟。

（1）主排水沟

主排水沟一般与丘陵山地自然形成的山涧泄水道相结合，将水引向山塘、水库或当地大的水系系统。

（2）环山阻水沟

环山阻水沟一般设置在果园外围上方和下方，主要作用是切断雨季引起的山顶径流，防止山洪冲刷果园或切断园区内的径流。环山阻水沟的大小视果园上方集雨面积而定，一般深度60~100 cm（图5-3），比降为0.3%~0.6%；每隔8~10 m挖一土窝，低于沟面20~30 cm，或留一段隔埂（埂高约为深沟的1/3），以拦截泥沙、缓冲流速。环山阻水沟与主排水沟相连。

图5-3　果园环山阻水沟（引自邓秀新和彭抒昂，2013）
A. 刚开挖的阻水沟；B. 多年后的阻水沟

（3）支排水沟

支排水沟是在作业小区外围的与主排水沟相连的收集作业小区内雨水的排水沟。丘陵山地果园的支排水沟一般是纵沟，其大小依据当地降水量和作业小区的大小确定，一般宽约30 cm、深30~50 cm。丘陵山地果园的支排水沟一般是顺坡排水沟。如果坡面较长，顺坡排水沟则不宜直线下山，需要每隔一段距离变向，并设置沉沙凼或蓄水池，以降低水流速度。

（4）横向排水沟

横向排水沟又称为梯地背沟，即在梯面的梯壁下设置排水沟，宽度和深度一般为20~30 cm，主要作用为及时排出梯地积水，防止梯面因积水而崩塌。横向排水沟与支排水沟相连。

（三）灌溉系统规划

1. 灌溉方式选择

果园园灌溉方式可以分为普通灌溉和微灌两大类。普通灌溉又可以分为沟灌、漫灌、简易管网灌溉或浇灌等方式。微灌又可以分为滴灌、微喷和渗灌等。普通灌溉水分损失大、灌溉效率低，但是建设成本较低、容易维护；微灌是将输水管铺设到每株果树下，水利用率高、灌溉效果好，但是建设成本较高、需要专业维护。

现代果园的灌溉方式一般选择微灌中的滴灌方式，可以实现水分智能自动化的精准管理。

2. 滴灌系统规划

现代果园的水肥管理一定要利用先进的水肥一体滴灌系统。先进的滴灌系统规划主要包括水源系统、首部系统、输送管道系统和田间系统4个方面。

（1）水源系统

水源系统包括蓄水池、取水管道、泵房、过滤器，以及各种减/泄压阀门等。蓄水池可以用砖和水泥砌筑而成，也可以用10 m³以上的塑料桶或储水罐替代。如果蓄水池随时有充足水源补充，其大小则要求不严，10～20 m³即可，否则至少要满足果园一次灌溉的体积，如一个100亩的成年树果园，蓄水池的容积至少为200 m³。蓄水池最底部需要安放一根取水管道（内径≥90 mm），上面有一根进水管道（内径≥90 mm），旁边设计有泵房，水泵配置三相电源。取水管道的端口要设计有滤网，取水管道与首部系统施肥器连接之前需要连接砂石介质式过滤器和叠片式过滤器（图5-4）。丘陵山地果园规划时，要尽量利用水的自然落差实现自流补充水源或灌溉，以降低成本。

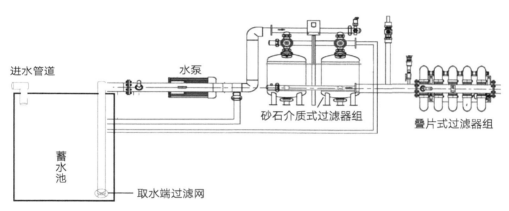

图5-4　水源系统示意图

（2）首部系统

首部是水肥一体化系统控制中心，包括计算机控制中心（含控制软件系统）、配肥装置、控制与监测设备和过滤器等，可实现任意水分自动精准灌溉、养分配比、计量和自动注肥等功能。虽然控制中心可以采用手动操作，但是现代果园的智能管理必须采用计算机操控平台；配肥装置有肥料桶、电子阀、电泵、配肥器等组成；控制与监测设备主要包括电磁阀门、水表或流量计、压力表、安全阀、进排气阀、止回阀等。首部系统中的控制系统需要专业人员进行设计。

（3）输送管道系统

输送管道系统由主管、支管和电子阀等组成，其作用是将首部枢纽处理过的灌溉水或水肥按照要求输送分配到指定灌溉区域。主管和支管一般采用PVC管，需要深埋在土壤里面（深度40 cm以下），以免影响农用机械行驶。主管直径大小与灌溉区的需水量有关，而支管的直径大小与需要同时灌溉的作业小区的需水量有关。电子阀主要是用来远程控制主支管道的开和关。

（4）田间系统

田间系统包括调压阀、电子阀、环境条件和养分传感器、微灌施水肥的毛管。毛管的耐压强度较低，一方面当水压超过水管的耐压范围时会出现爆管；另一方面，若压力不稳或压力过低，毛管前后端的微灌流量就会差别很大，甚至末端不能工作。落差比较大的丘陵山地果园，底部很容易出现压力过大而爆管，因此调压阀主要是调节每一个微灌小区的压力，确保毛管安全均衡工作。电子阀是配合首部系统智能控制小区的阀门开关。电子阀需要电力控制，有条件的地方可以考虑安装简易太阳能板供电。

环境条件和养分传感器的作用是感知土壤中水分、养分、温度等变化，并传送至首部系统进行智能决策。现代果园的智能管理对其精确度和灵敏度的要求比较高；缺乏可靠的传感器是限制目前我国果园智能化管理的关键因素之一。传感器的工作运行也需要电力保障，一般每个滴灌小区安装一套传感器即可。

目前果园微灌施水肥的毛管直径主要有 16 mm 和 20 mm 两种类型（管壁厚度规格不一），距离较长时一般采用管壁较厚的 20 mm 毛管；灌水施肥器有滴灌管、滴灌带、滴箭、压力补偿式滴头和微喷头等类型。对于现代化果园，建议平地或缓坡地、比较平的梯面等采用内镶圆柱式的滴灌管（滴头间距 20～40 cm），安装方便、成本低、滴水肥效果较好，每一行安装 1～2 根滴灌管。对于地面起伏不平的地形，系统压力不均衡和毛管较长的情况，建议采用滴灌管和压力补偿式滴头配合使用，以保证不同点的水流稳定；黏性重的土壤建议压力补偿式滴头和滴箭配合使用。

五、防护林和绿篱规划

（一）防护林规划

1. 防护林作用

果园防护林的主要作用是减少不良气候对果树生长结果的影响。在高温干旱季节，防护林能降低果园温度，提高空气相对湿度；在冬季，防护林能减弱寒潮对果园的侵袭，防止果园急剧降温而引起的冷害或冻害；在大风天气，防护林可降低风速，减轻果树风害。

2. 防护林规划类型

防护林按位置和作用分为主林带和副林带两类。主林带一般与主风带垂直，种植林木 3～6 行；副林带与主林带垂直，种植林木 2 行。按结构分为紧密型与疏透型两种。疏透型林带防风减灾的效益更大一些，其防护距离可达到树高的 20～30 倍（图 5-5）。

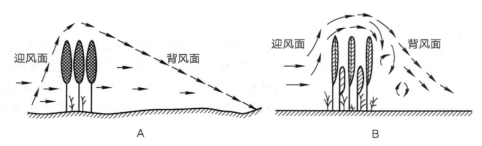

图 5-5　果园疏透型林带（A）和紧密型林带（B）示意图

林带的林木种类，应选用速生、树冠高的树种。常用的林带树种是柏树、杨树、桉树、水杉、池杉、木麻黄、杞柳、柽柳等；适宜做防护林的灌木或半乔木有马甲子、女贞、海桐、扁柏、芦竹等。

3. 防护林位置

为抵御不良气象因素对果树的影响，改善果园内小气候，一般在果园风口地带规划种植乔、灌结合的主防护林带，而在主风带的侧面种植副防护林带。防护林带经常设计在主干道和支路旁，沟、渠两边和池塘周围等。

（二）绿篱规划

绿篱是指在果园周围种植的带刺灌木，将果园与周边环境隔离、相对独立，相当于围栏。果园是否需要绿篱，因具体情况而确定，多数在大路边或居民点附近的果园需规划绿篱，替代果园围栏。

无论是防护林还是绿篱，选择的树种都必须与果树没有共生性病虫害。例如枳、花椒、竹子等不适宜用作防护林或绿篱，这些植物上的红蜘蛛和蚧壳虫很容易传播到柑橘树上。

六、附属设施规划

果园的附属设施包括果园办公和生活用房、仓储或采后加工厂房、工具房、畜牧场与沼气池、绿肥与饲料基地、气象站、变电站和观景台等。各种附属设施根据需要进行规划，遵循方便原则，充分利用非生产用地。面积大小根据实际需要而定。

第3节 园地建设

一、园地整理

（一）道路施工

1. 主干道和支路施工

主干道和支路是果园的机械运输道路，主干道要通行大型货车，支路要通行中小型货车，为了保证车辆通行的安全，尤其是地形地貌变化较大和地质条件较差的果园，主干道和支路在施工前一般要由道路施工设计部门先根据果园的道路规划进行定线、施工测量、施工图设计等工作，并请专业队伍进行施工。

果园主干道可以进行硬化，或采用泥结石路面，而支路是果园内部道路，一般采用泥结石路面或泥土路面。施工过程中要注意不影响主干道和作业道、支路和作业道的有效连接，不能影响园内的排水，路边沟一般要宽、浅一些，方便农用车通行。支路可以直接通过作业小区的路边沟直接与支路连通。

2. 作业道和便道施工

现代果园作业小区内的作业道就是种植果园的行间，行间一般宽度为2~3 m，不能有大石块、土堆和树桩等，起伏不能太大，以免影响农用机械通行；另外，行间主张自然生草或人工生草，这样更有利于农用机械操作。现代化果园的作业小区内便道主要是方便果园作业的工人快速出入作业区，可以每50 m左右设置一条便道。平地缓坡地果园的便道比较简单，只要株间留足50~100 cm的空隙即可；而丘陵山地果园的便道则要修台阶，坡度较大的地方，可采用斜向上坡或"S"形上坡。便道路面以土路为主，有条件的可在路面上铺矿渣、片石或水泥板等，但是要注意不能影响作业道内农用机械通行。

（二）小区园地整治

1. 园地清杂

园址选择后，需要尽快将园地上的杂木进行清除；对于老果园，则尽量清除老树桩。如果有条件，可以将清除的杂木和砍伐的果树树枝、老树兜等用粉碎机进行粉碎，用作种植沟改土基质。

2. 园地整理

园地整理应避开当地雨季时期，一般以秋冬季为宜；为了不影响翌年果树生长，以秋季最佳。对于平地和缓坡地果园，在清杂完毕后，首先要将每一个作业小区内较大的石块清理出小区；然后利用挖掘机械将妨碍农用机械行走的土包整平，将凹坑（洼地）填平；最后用旋耕机将作业小区的土层旋耕一遍。

对于丘陵山地（坡度≥10°）果园，在清杂完毕后需要进行坡改梯操作。目前丘陵山地果园有两种梯田种植方式：一种是将果树种植在梯面向外的1/4~1/3处，梯面宽约3 m，适合坡度比较小的丘陵果园（图5-6A）；另一种是将果树种植在靠近梯面的斜坡上，梯面宽度只有约1.5 m，适合坡度比较大的山地果园（图5-6B）。

梯面修筑时先选择一个具有代表性的坡面，从上端向下拉一条线作为基线（图5-7A）；然后根据坡度大小、种植行距确定种植基点（中线桩位置）。例如，15°的坡面上，修筑3 m宽的梯面，则基本上按照每3.1 m（梯面宽度3.0 m除以坡度的余弦值）基线长度确定一个基点，以基点为中心，上下1.05 m的位置分别为上壁间桩、下壁间桩；

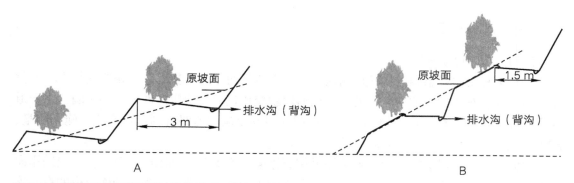

图5-6 丘陵山地果园两种梯田种植模式示意图
A. 丘陵果园；B. 山地果园

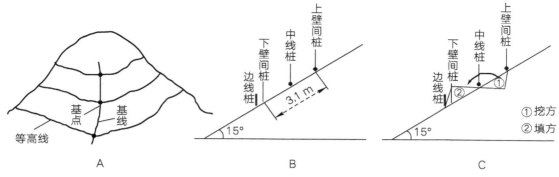

图 5-7　梯田修筑示意图
A. 确定基线；B. 确定中线桩和壁间桩；C. 修筑梯田

在每个下壁间桩端留 30 cm 作为壁间保留，用竹桩或其他颜色的木桩标记，作为边线桩（图 5-7B）。

中线桩和壁间桩打好后，用全站仪或 GPS 定出整个小区等高线，用石灰或其他介质进行标记，然后就可以动工修筑梯田。先在下壁间桩处垒筑梯壁，垒筑梯壁可用石块，没有石块则用带草土块，石块或带草土块要叠牢；石块垒筑的梯壁向内倾斜 80°～85°；用带草土块筑梯壁时，土不能太干，每层土要打实，垒筑的梯壁向内倾斜 65°～80°。梯壁筑好后，挖梯地中线至上壁间桩之间的土（挖方形成的梯壁也向内倾斜 65°～80°），填到垒筑好的梯壁内，最后形成外高内低、向内倾斜 2°～4° 的梯面（图 5-7C）。如果采用挖掘机进行机械施工，则基本不需要垒筑梯壁的过程，直接开挖梯地中线至上壁间桩之间的土填至梯地中线的下方，形成外高内底的梯面。注意机械修筑梯地时，应先修筑最上面一台梯地，然后逐台向下修筑；如果各梯面不能与支路相连接，那么就需要安装纵向运输轨道。

（三）种植沟改土

整理完毕的作业小区在土地基本沉降实后，就可以进行种植沟改土工作。

1. 放线或定点

对于大面积、长距离的平地或缓坡地果园，根据行距可以利用经纬仪进行放线；对于小面积的果园，直接用绳子进行放线，然后直接用石灰或其他介质将要开挖的种植沟位置标记出来（图 5-8A）。

丘陵山地果园，对于采用图 5-6A 种植模式的丘陵果园，直接在梯面的外向 1/3 的位置进行放线；对于采用图 5-6B 种植模式的丘陵果园，则在离梯面外边缘 50 cm 处的坡面，根据株距用石灰或其他介质定出种植点。

现代果园考虑到树冠控制，平地或缓坡地的种植沟的宽度和深度分别为 60 cm 和 40～50 cm（图 5-8A）；而丘陵山地果园的种植沟的宽度和深度分别为 50 cm 和 40 cm 左右。

2. 种植沟或穴改土

果树根系对土壤的要求比较高，一般根系区域土壤肥沃、质地疏松透气、有机质含量 1.5% 以上，土壤 pH 5.0～7.0。目前多数园地达不到这个水平，荒山荒坡则更差。因此，土壤改良是果园建园时的一项重要工作，果树种植管理能否降低管理成本、实现丰产优

图 5-8 平地或缓坡地放线（A）、抽槽改土（B）和回填（C）示意图

质，与土壤改良是否到位密切相关。

种植沟或种植穴改土包括土壤 pH 调整和土壤质地改良两个方面。根据种植株行距用石灰放好种植线或种植点（穴）后，采用中型机械或挖掘机沿种植线挖宽 60 cm、深 40~50 cm 的沟，然后回填粗糙有机质，如采完蘑菇后的菌棒、谷壳（图 5-8B）。为了快速提高土壤品质，不影响果树的种植，建议每亩回填 2~4 t 腐熟的渣草、厩肥或 1 t 左右的饼肥 + 150 kg 过磷酸钙 + 150 kg 复合肥 + 适量石灰。回填完有机质后，再用挖掘机回填园土，刚开始回填园土时，用挖掘机将园土和回填有机质简单混匀（图 5-8B），然后再在上面继续回填园土，最后整成一个垄宽 1.5 m、垄高约 50 cm 的弧形垄，1 年后垄弧顶高度以 20~30 cm 为宜（图 5-8C）。种植穴改土的土壤质地改良类同种植沟。

土壤 pH 的调整根据土壤类型不同而存在差异。如柑橘适宜的土壤 pH 为 5.5~6.5，对于酸性土壤可以在种植沟或穴回填有机质时添加适量石灰、白云石、氧化镁等，具体用量根据土壤 pH 调到 pH 6.0 的标准测试确定；对于碱性土壤则添加适量硫酸亚铁或硫黄粉等。如果 pH 偏差不大，后期也可以通过滴施生理酸性肥或生理碱性肥对果树根际区域的 pH 进行调整。

二、苗木和防护林定植

（一）定植密度

传统果园是以"单株"为对象进行管理，而现代果园是以"行"为对象进行田间管理，同时考虑人工采果和修剪的方便性和劳作效率，因此现代化果园的种植密度应该采用宽行密株，即行距为 3.5~5.0 m，株距为 0.6~2.0 m。株行距大小要结合当地气候条件、拟采用的树形、砧木和品种特性、栽培管理技术加以考虑，一般是减去树冠冠径后，行间还能保留 2.0~3.0 m 的空间为宜。雨水多、热量高的地方株距宽一些（1.5~2.0 m）、行距 5.0 m；雨水少、热量低的地方株距窄一些（1.2~1.5 m）、行距 4.0~4.5 m；单主干紧凑树形株距小些（≤1.0 m），行距窄些（约 3.5 m）；丘陵山地坡度较大的果园的株距要小些

（1.0~1.5 m）。

（二）苗木定植

1. 苗木的选择

集约规模化种植的果园对苗木要求较高。

（1）采用大苗壮苗

大苗壮苗可以缩短田间的营养生长年限，使果树定植后第 2 年就可以进入结果期，满足集约规模化种植后快速结果的需求。不同果树品种大苗壮苗的标准不同，一般至少是剪砧后再培育 2 年的苗，根颈以上树高至少在 1.0 m 以上，根颈上 10.0 cm 处的干粗 ≥ 2.0 cm，已定主干高度，除用于培养单干树形苗外，主干上至少有 2 个分枝。

（2）尽量采用无病毒苗木

目前果树产业中因苗木带毒毁园的案例经常发生，如广西南宁某种植户 2 000 亩的沃柑园因苗木带有碎叶病，在 2018 年刚盛果时被风吹折 60% 以上；而南方柑橘不同产区种植户由于购买感染黄龙病的柑橘苗木，还没有结果就树体黄化死亡等。现代化果园在建园的时候建议购买或培育无病毒苗木，以保证果园后续健康持续发展。由于无病毒苗木对技术要求高、对繁育场所有严格要求，需要专业机构才能培育，因此多数时候市场供应量不足，这个时候一定要购买熟悉放心的健康苗木。

（3）采用容器或带土球的健康苗

虽然裸根苗只要用心种植、精心管理也会有较高的成活率，但是在规模集约化果园种植苗木时，由于苗木数量多，如果劳动用工人员数量和质量无法保障，那么苗木种植成活率将大大下降。另外，直接定植裸根苗后，有些果树如柑橘还需要较长时间（3 个月以上）的缓苗期才能生长，会影响果园进入收益期的时间。基于此，规模集约化种植的果园，除少部分品种如桃外，建议直接购买容器或带土球的苗木，虽然苗木成本（包括单价和运输费用）要比裸根苗高 1 倍以上，但是提高了成活率、降低了定植后的管理难度、节约了缓苗时间，甚至降低了果园建园和管理成本。

（4）尽量选用亲和力好的矮化砧木嫁接的苗木

树体矮化是轻简化栽培的必要条件，而矮化砧木嫁接的苗木虽然前期生长较慢，但是容易早产、丰产，同时有利于后期树冠控制。

2. 定植时期

容器苗或带土球苗与裸根苗的定植时期有些差别。对于容器苗或带土球苗，春、夏、秋季均可定植，气温高、无霜冻的地区冬季也可以定植。传统露地苗根据各地气候条件差异，可以在秋季或春季定植。不过秋栽因气温较高，定植后根系能够恢复，第二年能抽发新梢，利于树冠快速扩大，因此秋栽更好。长江流域以 2—3 月和 9—10 月定植效果最好。对于暂时没有滴灌条件的作业小区，建议在阴凉天气定植，且选择定植后有持续降雨的天气。

3. 定植

定植前先对苗木进行一次全面检查和筛选。检查品种的纯度、砧木种类、生长状况、病虫害、损伤等情况；剔除弯根苗、杂苗、劣苗、病苗、弱苗和伤苗；裸根苗要剪除或抹除还没有老熟的嫩梢、多余的弱枝或小枝、适度短截太长的健壮枝，修剪受伤的根和打泥浆等；对苗木按大小进行分类，保证同一作业小区种植的苗木大小和品质基本一致。发现苗木有溃疡病、黄龙病等危险性病虫害，应停止栽植并立即报告当地植物检疫部门，等候处理。

对已经完成园地整理（包括种植沟或种植穴土壤改良）的作业小区，用石灰或腐熟有机肥根据株距在种植沟上定栽植点，并依据栽植点挖好栽植穴。栽植穴略大于容器苗或土球直径，深度与容器苗或土球高度一致。将带土球的果树苗或去掉容器苗袋和抹/修根松土后直接放入栽植穴，扶正苗木后，周边填入干湿适度的细土、压实，使根系与土壤紧密接触，直至全部填满。对于裸根苗，栽植穴的直径约 20 cm、深度约 30 cm，随后将裸根果树苗放入栽植穴中扶正，根系均匀摆向四方，然后填入干湿适度的肥沃细土，填土到 1/2 ~ 2/3 时，用手抓住主干轻轻向上提动几次，使根系伸展并与土壤充分接触，再填土和踩实，直到全部填满。定植时注意苗木根颈或嫁接苗的嫁接口要露出地面。

（三）防护林和绿篱定植

1. 防护林定植

防护林的施工可以在果园园地整理后或苗木定植前后进行；在雨季定植效果最好。防护林种植的位置距离果树至少 3 m，苗木定植株行距 1 ~ 3 m。先根据行距在防护林定植的区域进行放线，然后用中小型挖掘机沿线开沟松土，宽 30 cm、深 40 cm 即可，采用三角形定种植点（图 5-9），每个定植点上可以撒约 25 g 的尿素。定植时，先用工具将定植点的尿素与土稍加拌匀，然后挖与林木苗木根系稍大一点的种植穴，将苗木放到穴中，填土、轻轻上提、填土踩实，最后浇好定根水即可。如果防护林树种是乔木灌木相结合，靠近园内的第 1 行或中间行则种植灌木。

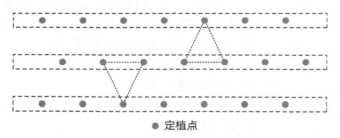

● 定植点

图 5-9　防护林定植点示意图

2. 绿篱定植

绿篱在果树苗木定植后再栽植。绿篱定植在作业小区四周离果树 3 m 以外的区域，先放 1 条绿篱种植线，宽 50 ~ 60 cm，用石灰标记，每米撒施约 50 g 的复合肥。在线内用挖掘机将 30 ~ 40 cm 深的土壤挖松，然后在其上种植 2 ~ 3 行绿篱，株距约 20 cm，三角形栽植。栽植时间以雨季最好，定植技术同防护林。

（四）定植后管理

1. 灌定根水

定植后要立即铺设滴灌管，晴天每隔 2 d 滴透一次水（每棵树每次 8 L 水左右），直到苗木枝梢芽体开始萌动。

2. 套防萌蘖套

商业化种植园主张定植后立即在主干上套上防止萌蘖发生的塑料套或类似物（图5-10），以减少后期除萌的劳动投入。

3. 立杆扶植

对于风大的地方和没有栽直的苗木，每棵树旁立即立一支柱，用绳将苗木扶正并固定在支柱上（图5-10）。

图 5-10　苗木定植后绑防萌蘖黄板纸和立支柱

4. 合理肥水

苗木成活后开始滴施稀薄水溶肥，如 3~5 g/L 尿素、硝酸钾等，每月浇施 1~3 次。具体养分比例根据施肥方案进行，以促进树体快速生长。

5. 病虫害防治

每次新梢抽生时，注意做好蚜虫、潜叶蛾、凤蝶、叶甲、红黄蜘蛛、疮痂病、炭疽病等病虫害的防治工作，以培育高质量的新梢。

三、辅助设施建设或安装

（一）房屋等设施建设

办公用房、智能化管理控制用房、农机具房、生活用房、包装厂和库房等果园用房，是果园的重要组成部分。规模集约化种植的果园在建园同时，应该分批次把果园用房建设好，以便果园管理职工的进驻和生产资料的存放。果园用房的建设方法和要求与其他同类型的房屋基本相同，要求专业单位施工。另外，养殖场、沼气池、观景台等果园设施的建设和施工方法，按照国家有关建设施工操作要求实施。

（二）环境监控系统

规模化种植、智能化管理的果园，很有必要在合适的位置安装环境监控系统，并与智能化管理控制系统相连接，为果园智能化管理决策提供数据支撑。

1. 气象环境监控系统安装

气象环境监控系统安装主要是指小型农业气象站的安装，一般包括气象传感器、气象站支架、采集器和传输模块、太阳能电板和蓄电池、后台计算机控制等部分。设备一般由专业人员进行安装。安装的场地尽量开阔，周围要避开较高的建筑物和高磁场的物体，也要避免果树过高对气象站环境监测的影响。

2. 土壤环境监控系统安装

土壤环境监控主要包括土壤温度、含水量、可溶性盐浓度（EC）和 pH 等方面的监控。土壤环境监控系统主要包括各类传感器的埋置和物联网设备的安装两个方面。传感器的埋置数量和深度与果园作业小区的均一性、果树品种的根系深浅密切相关。作业小区土壤均一性较好的果园，埋置数量就少，一般一个灌溉小区安置一套土壤环境监控传感器；传感器的埋置深度与果树根系集中分布的深度相关联，一般深度为 30～40 cm。

（三）智能滴灌系统安装

智能滴灌系统是指通过土壤环境监测的土壤含水量和 EC 数据，结合灌溉小区的实际情况（灌溉面积、地理条件、种植作物种类的分布）和栽培管理需求，对传感数据进行分析处理，依据灌溉和施肥阈值，进行自动、定时开关电子阀门，实现水肥一体化智能管理。基于物联网的智能灌溉系统是果园智能化管理的核心系统之一，涉及传感器、自动控制、数据分析和处理、网络和无线通信等关键设备管道布局安装等。在果园作业小区园地整理时，为了避免反复挖土施工，此时就可以布局安装主管、支管，水肥一体化的水源系统、首部控制平台，以及网络无线通信设备等；一旦果园建成，就可以立即安装田间系统（毛管和传感器），及时实现作业小区水肥智能管理。智能滴灌系统专业性强，须由专业人员安装。

（四）其他智能管理系统安装

果园智能管理系统除整合了环境监控和智能滴灌设备外，还包括果园环境视频监控、果园病虫情监测、果树生理生态监测等设备（遥感设备、定点图像抓取和识别设备），以及包括数据决策和农业专家系统在内的农业物联网智能管理信息服务平台。果园基本条件建设完成后，即可着手安装智能管理系统相关设备，不过这些设备的安装和整合，都需要专业人员来完成。在此基础上，再购置一些智能管理设备，如智能割草机和打药机、农业机器人等，从而实现果园智能化管理。

数字课程学习

▶▶ 教学课件　　　✎ 自测题　　　⬇ 知识拓展

第6章
果园土壤智能化监测和管理

土壤管理是指通过耕作、栽培、施肥、灌溉等措施，保持和提高土壤生产力的技术。果园土壤管理的基本任务是保护、改良、培肥土壤，为果树根系和地上部分创造良好的生活环境，具体涉及土壤的清耕、生草、免耕和覆盖耕作制度，土壤保护、改良等技术措施。果园土壤智能化管理是指利用智能化手段监测土壤性状和保持、提高土壤肥力的技术，主要体现在智能化监控、决策和智能机械的操作管理。

第1节 果园土壤智能化监测系统

果园土壤状况的适时监测对果树精准智能管理、健康生长起着重要作用。本节主要介绍果园土壤的重要性与功能、土壤监测的内容与方法、土壤智能化管理系统设计的理论基础、土壤环境数据集成的方法、土壤管理专家决策系统、土壤信息智能化监测系统等内容，为土壤智能化管理与监测系统的设计提供理论基础和技术支撑。

一、果园土壤的重要性和功能

1. 土壤的重要性

土壤是指地球陆地表面上能够生长植物的疏松表层。土壤具有肥力特征，以及不断供应和协调作物生长发育所必需的水分、养分、空气、热量等功能。从土壤圈在环境中所占据的空间位置来看，它处于岩石圈、水圈、大气圈和生物圈相互交接的地带，是联结自然界中有机界和无机界的中心环节。

万物土中生，有土斯有粮。土壤是人类赖以生存与繁衍的四大自然资源（土壤、水、生物和气候）之一。土壤资源是人类生产活动的最基本的生产资料，一个国家土壤资源的数量和质量，直接关系着整个国家的生产发展。"万物土中生"，一切绿色植物主要是从土壤中获得水分与养分，并依靠太阳的光热来生长发育。

2. 土壤的功能

土壤作为自然界的组成部分，在与其他环境因素的交互过程中发挥着多种功能：①水分循环功能，即土壤在水循环中，对水分渗透与保持的数量和质量密切相关；②养分循环功能，即在养分循环中，对植物营养的供给功能；③碳存储功能，即在碳循环中，土壤对有机碳和无机碳，尤其是对有机碳有储存功能；④缓冲过滤功能，即土壤对重金属的缓冲过滤作用；⑤分解转化功能，即土壤对有机污染物有分解转化功能；⑥动植物栖息地功能，土壤能够为一些植物和动物提供栖息场所，对于保护和提高生物多样性具有重要作用；⑦作物生产功能，土壤可以固定植物根系，具有自然肥力，能够促进作物生长，进行农业生产。

二、果园土壤监测内容

土壤监测是指采用合适设备和方法监测土壤各种信息，如土壤 pH、水分、有机质、全氮、全钾、全磷、有效氮、速效钾、有效磷、钙、镁、硫、铁、锰、铜、锌、硼、钼、氯、镉、铅、铬、汞、砷及全盐量等，达到明确土壤肥力质量现状、土壤环境质量、土壤卫生健康及土壤背景值等目的。

土壤监测内容一般包括以下 5 个方面。

1. 土壤墒情

土壤墒情主要是指土壤水分含量的变化状况。通过土壤墒情监测，可以掌握土壤水分含量的动态变化，进而根据监测数据进行科学管理，保证作物不会因为水分状况（过多或缺失）而影响产量或品质。

2. 土壤养分

土壤中的养分是植物生长的必需品，养分过少或过多都会影响作物生长发育。土壤养分监测可以指导科学合理施肥，促进植物的正常生长，保护生态环境，提高营养元素的利用率。

3. 土壤污染物

土壤污染物包括重金属（铅、砷、镉、铬、汞、镍、钴、钒、铊、锑、铍）、农药残留或其他有机污染物（有机氯农药、有机磷农药、氨基甲酸酯类农药、多环芳烃、酚类化合物、硝基苯类化合物、苯胺类化合物、邻苯二甲酸等）。一般情况下，土壤中的污染物超标都是因为工业污染和农药滥用引起的残留。一旦农作物吸收重金属或农药残留并被食用，会在很大程度上危害人体健康。

4. 土壤肥力指标

土壤肥力指标包括土壤有机质、全氮、全磷、全钾、硝态氮、铵态氮、有效磷、速效钾、缓效钾、中量元素（钙、镁、硫）、微量元素（铜、铁、锰、锌、硼、钼、氯），以及有益元素（硅、铝）。

5. 土壤其他指标

土壤其他指标包含 pH、氯离子、磷酸根、水溶性盐、阳离子交换量、氟化物等。

三、果园土壤智能化管理系统设计的理论基础

果园土壤智能化管理信息系统由果园土壤信息采集终端与上位机信息管理平台两部分组成。系统可以对果园土壤的地理位置、湿度、温度、水分等信息进行快速获取，并将采集到的数据保存到数据库中，为后续分析土壤成分含量、生成土壤成分空间分布图等工作

提供基础数据，进而可以对果园土壤及水肥管理提供指导。

（一）果园土壤智能化管理信息系统的功能

智能化人机交互界面、网络化远程管理与维护是当今各种系统管理与维护的发展趋势，同时信息技术、网络技术的发展已经为此提供了成熟的平台。该系统通常工作在地域宽阔、环境复杂的野外环境下，土壤信息的采集往往是多点的连续性采集，要求系统能够有较强的实时性、准确性以及简洁的操作性等特点。果园土壤智能化管理信息系统的功能如图 6-1 所示，总体功能包括以下几点。

1. 果园土壤信息采集功能

实时采集土壤采样点的土壤信息，包括土壤的经度、纬度、采集日期、采集时间、温度、湿度等信息。

2. 终端多任务独立运行功能

果园土壤信息采集终端通过移植实时操作系统来管理多个任务，达到"各个功能同时实现"的效果，具有较强的实时性、可靠性、可剪裁性与易移植性。

3. 良好的终端人机交互功能

果园土壤信息采集终端通过采用带触摸功能的液晶显示屏与移植图形界面开发软件，设计完成一个功能较为完善的人机交互界面，可以通过触摸完成一系列的操作需求，方便简单，交互性强。

4. 果园土壤信息无线发送功能

采集到的果园土壤信息能够通过网络发送至上位机信息管理平台，实现信息的远距离实时传输。

5. 果园土壤信息接收与解析功能

上位机信息管理平台可以实时接收与解析终端传来的果园土壤信息数据。

6. 果园土壤信息快速入库功能

解析后的果园土壤信息快速存入数据库，按照采集时间的先后进行排序。

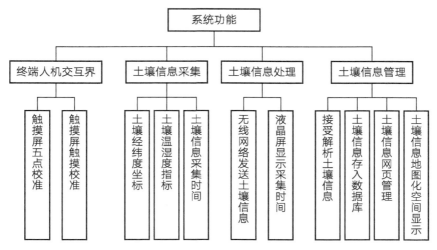

图 6-1　果园土壤智能化管理信息系统功能简图

7. 果园土壤信息网页查询与管理功能

利用编写的应用程序,可以实现果园土壤信息数据的查询、修改、增加、删除等操作,并且可以通过奥维互动地图以较为直观的形式呈现出来。

(二)果园土壤智能化管理信息系统的设计原则

系统设计所要遵循的基本原则主要从硬件设计和软件设计两个方面考虑。

1. 硬件设计的基本原则

(1)满足预期设计的功能要求

硬件电路设计完成后必须能够稳定运行,实现预期功能,这是首要条件。

(2)成本合理

在满足设计要求的前提下,硬件设计要尽可能地降低经济成本,讲求性价比。在可靠性、速度、存储容量、兼容性得到保证的基础上,合理选择微控制和外设,而不是一味地追求高档、最新的微处理器和外设。

(3)安全稳定

在选择电子器件时要充分考虑到工作环境的温湿度、空气压力、振动强度等因素,以确保在正常的工作环境下,系统能够稳定、可靠地运行。同时要有超量程和过载保护,防止因电压、电流过大,而损坏电子线路,确保系统能够安全工作。

(4)满足功耗需求

需要了解每个器件的最大功耗,保证电源设计中的功耗需求,避免硬件电路设计完成后电源无法驱动电路。

(5)有足够的抗干扰能力

由于工作环境的影响,硬件电路必须具有一定电磁兼容性,在较高集成度的硬件设计中,电磁兼容性必须符合要求,保证硬件电路的正常工作。

(6)操作简洁方便

在现代电子领域中,用户的操作体验尤为重要,通过触摸屏操作已经成为主要的操作方式。因此所设计的硬件电路必须具有良好的人机交互界面。

2. 软件设计的基本原则

(1)结构合理

程序设计完成后必须考虑到程序后续的扩展、修改和维护,因此程序应该采用结构化模块设计。编写程序时,要以层次分明、易于阅读和理解为目标,最大化地利用子程序,同时还应该尽量减小程序的内存占用比例,尽可能简化程序。对于经常变动的参数,尽量使用宏定义或设计独立的参数传递程序,这样方便程序的修改,可提高程序的运行效率。

(2)实时性

实时性要求是大多数嵌入式系统的基本要求,在实时性要求较高的场合,尽量不要让某个模块或函数占用较长的时间,并且尽可能采用实时操作系统。

(3)可移植性

每年都有更快速度、更高性能和更低价格的生产芯片出来,因此设计代码时,需要充分考虑程序的可移植性,进行多层次软件设计,分离硬件相关部分和算法结构部分。

（4）高效性

浮点运算不仅耗时间，也耗费空间，因此在满足程序质量因素的前提下，要避免使用浮点参与运算，尽可能采用通用语言，设法提高程序效率。

（5）具有一定的异常诊断与保护功能

软件设计时，应当设计一些状态检测和诊断检测程序，在系统发生异常时，便于发出警告信息、查找故障部位。定时存储重要数据，防止系统异常时丢失数据。

（6）程序注释

为了增加程序的可读性，便于用户理解，在编写代码时应该适当地进行注释。

（三）果园土壤智能化管理信息系统的系统结构

果园土壤智能化管理信息系统是面向现代果业应用领域的智能化果园土壤信息研究系统，主要由果园土壤信息采集终端与上位机信息管理平台组成（图6-2）。

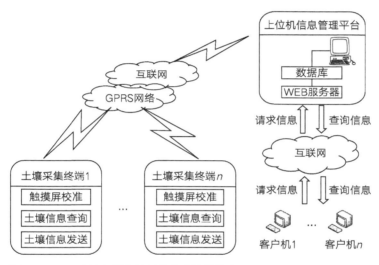

图6-2　果园土壤智能化管理信息系统结构图

果园土壤信息采集终端即可作为便携式设备，也可作为机载式设备，用于实现果园土壤的现场信息采集，并能通过网络连接实现与上位机信息管理平台之间的数据收发；上位机信息管理平台可以接收远程终端发送的果园土壤现场信息，实现对土壤数据的分析、存储以及管理，并通过实时信息发布，提供查询与管理。

四、果园土壤信息智能化采集、监测系统

土壤环境数据一般有土壤 pH、水分、有机质、全氮、全钾、全磷、有效氮、速效钾、有效磷、钙、镁、硫、铁、锰、铜、锌、硼、钼、氯、镉、铅、铬、汞、砷及全盐量等。一方面，这些信息由于时间和位置的不同，会使土壤肥力特性有很大的变化，即使在同一时刻的不同位置土壤也是不一样的，甚至差异比较大。另一方面，在不同的时间，同一位置或空间的土壤性质也是不同的，这种变化称为土壤特性的时空变异性。根据土壤的这种

时空变异特性，土壤信息可以分为两部分：一部分是土壤必须采集的信息内容，这些信息内容相对稳定，时空变异性也比较小，如土壤类型、土壤质地、pH、有机质等，这些土壤信息可以参考以往的土壤数据来进行分析；另一部分是时空变异性较大的土壤信息，如铵态氮、硝态氮、有效磷、速效钾、水分等，这些信息需要实时采集，对仪器的精确度有更高的要求。

果园土壤信息监测的主要任务是及时、准确、全面、长期地掌握作物的土壤环境状况，通过监测和分析数据及其变化规律，开展肥水精准管理，以达到提高生产效率、减少环境消耗、提高产量与品质和推进基于大数据的果业智能决策管理应用等目的。基于果园土壤信息采集模块，将实时监测到的土壤和环境数据上传至物联网平台，实现数据的远程监控，还能为基于大数据的农业智能决策提供数据支撑。

（一）土壤信息采集模块

1. 采集模块整体框架

采集模块的整体框架图如图 6-3 所示，包括输入装置、输出装置和中央控制器。输入装置主要有土壤和环境的参数传感器、样品的称重传感器和 GPS 定位。输出装置主要是打印机和 GPRS 通信模块传输。中央控制器由主控芯片组成。

图 6-3　采集模块的整体框架图

2. 土壤环境信息传感器

土壤信息传感器包括土壤水分、温度、电导率、盐度、pH、氮磷钾传感器，所有传感器都与主控芯片相连。传感器置于土壤中，能够采集土壤的对应参数。

3. 定位装置

现在市面上大部分定位装置是基于 GPS 或北斗系统来进行定位的，而且绝大部分定位装置都是基于 NMEA 协议通过串口进行通信。所以大部分产品都可以无须修改程序即可通用。由中科普公司推出的 ATGM336H 模块支持"GPS + 北斗导航"定位，采用通用的 NMEA 协议，而且外观小巧，便于使用。而安信可公司推出的 A9G GPRS 模块除了有 RDA8955 外，还集成了"GPRS + 北斗导航"定位模块，整体长、宽约为 2 cm；就成本来说，该模块比单独购买 GPRS 模块和定位模块更加经济。

4. 串口打印机

为了节省采样时记录信息的时间，需要配置打印机以方便及时打印土壤信息。打印装置可选用精普 QR701 小票嵌入式串口 RS232 型号的 TTL 单片机模组票据热敏打印机面板。该打印机能够与单片机的串口进行通信，体积小巧，且为热敏打印机，无须添加墨粉或加墨。

5. 通信装置

果园野外作业距离较长，一般适合采用 GPRS（通用分组无线服务）进行通信。GPRS

分组交换允许多个用户共同使用同一传输通道。该通道在用户使用时将被占用，不使用时将被释放。这样可以有效利用带宽的间歇传输数据的服务，将有限的带宽发挥出巨大的价值。GPRS 通信原理如图 6-4 所示：首先用户连接 GPRS 终端，向其传输数据，然后 GPRS 与 GSM 建立连接，数据送达到服务器支持节点 SGSN，然后再与网络关节支持点 GGSN 进行数据通信，待数据经过对应的处理后，发送到它最终的目的地。

GPRS 提高了无线电资源的利用率，提供了基于量的计费、更高的传输速率和更短的访问时间，并简化了对分组数据网络的访问。

（二）果园土壤信息监测模块

果园土壤信息监测模块由数据监测中心、汇聚节点和采集节点三部分组成。采集节点将采集模块获取的数据通过 GPRS 通信装置发送到汇聚节点，再由汇聚节点发送至基于开放云平台的数据监测中心，系统结构如图 6-5 所示。采集节点和汇聚节点都要进行数据处理，采集节点要将各采集模块的数据统一转换成一种进制再进行发送，汇聚节点要将来自采集节点的数据处理后再发送至云平台。

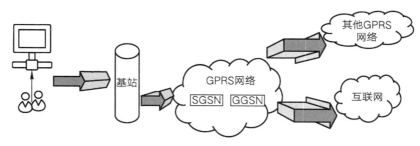

图 6-4　GPRS 通信原理结构图

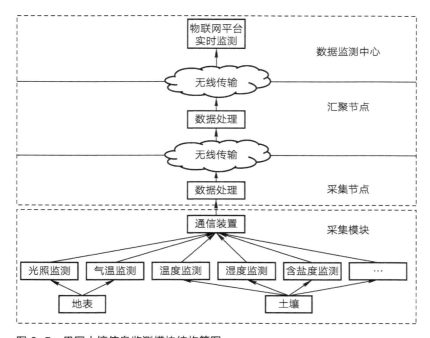

图 6-5　果园土壤信息监测模块结构简图

第2节 果园土壤水分智能化监测

一、土壤含水量的监测

（一）TDR 土壤水分监测系统

TDR（Time Domain Reflectometry）是时域反射法的简称，被认为是一种方便、快速、安全的测量土壤水分的方法。该技术在 20 世纪 30 年代产生，直到 20 世纪 90 年代中期，才被应用于边坡安全监测、坍塌监测。随着射频信号源发出的脉冲频率不断提高，现在有的已经达到皮秒量级，因此 TDR 测量精度越来越高。TDR 设计非常简易，包括一个能够发出高频脉冲的射频信号源和一个能够接收信号的数据采集器。

通过对 TDR 技术的不断改进，在土壤水分的测定上已经有了很大的进步，与其他技术相比，TDR 具有以下优点：①精度高、误差小，测量土壤水分所产生的误差约在 2% 以内；②安全、无辐射，对人体没有危害，对土壤破坏性小；③测定结果不易受土壤类型影响，通常不必单独对特定土壤进行标定；④与物联网技术相结合，可实现实时长期自动监测；⑤应用广泛，在土壤学、生态学、园林业、气象学、水文学、食品科学等众多学科都有广泛应用。

不同型号的 TDR 土壤水分监测系统通常有 8 cm、15 cm、20 cm、30 cm、45 cm、50 cm、60 cm、70 cm、110 cm、160 cm 等不同长度的波导探头，可以分别采用插入式、埋入式和管道式探头测定表土层和土壤剖面不同深度的土壤含水量（图 6-6A），剖面最深可达 3 m。如果与多路盒相连可以连接多个探头，实现多点土壤水分同时测定。

（二）FDR 土壤水分监测系统

FDR（Frequency Domain Reflectometry）是频域反射法的简称，该系统（图 6-6B）土壤水分监测原理在于高频电磁波所处物质介电常数不同时，其传播频率存在一定差异。因

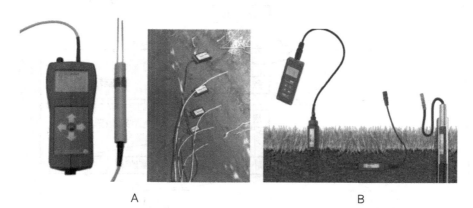

A   B

图 6-6 土壤水分监测系统
A. TDR 土壤水分监测系统；B. FDR 土壤水分监测系统

此对于高频电磁波频率加以研究确定，能够进一步推断出土壤水分的具体构成情况。当土壤含水量保持在较高态势时，介电常数往往保持在较高范畴，电容值随之提升。FDR 优势极其显著，其电路构造简单易懂、方便易行，在检测速率方面具有明显优势，同时具备良好的精准度与规范性；操作较为便捷，能够对同一片地面进行多次检测，尽可能规避误差出现。但其缺点在于传感器过于敏感，土壤类型尤其是 pH 差异较大时，可能存在一定误差，因此必须提前对于土壤情况进行初步了解，随后以其为根据，展开对应校正。

（三）土壤水分遥感监测

遥感法是立足于电磁波原理，通过遥感器实现地表电磁波的精准捕捉。通过对电磁波与土壤含水量两者存在的重要关联加以研究，设置出了相对应的模型，从而能够依据电磁波数值，实现土壤含水量的有效判定。常见方式包括热力法与微波法两类。遥感法主要对范围较大的区域进行含水量调研，能够较为清晰地对不同区域、不同水分程度进行宏观调控。遥感法作为最具前沿性与科学性的土壤含水量监测方式，亦是国内外专家的研究重点，目前延伸出各类细化检测方法，如热惯量法、微波遥感法、绿度指数法等。虽然各类延伸方法均属于遥感法，但是其遥感信息源和波段具有一定差异性，其侧重点不同，适用范围及局限性均有差异。遥感法最大的特点在于其不需要嵌入土壤之中，亦不需要接触地表；其不足在于土壤光滑程度及土壤表层饱和程度，均对测量结果有很强的影响。

对于裸地，可利用热红外遥感土壤水分，其测定逻辑为：一是通过热红外遥感方法获取热图像数据推算地表温度的时空分布；二是确定土壤含水量与地表温度之间的定量关系，从而推算土壤湿度的区域分布。若地表有植被覆盖时，可用多波段遥感技术来区分植物反射和土壤反射光谱，找出土壤含水量与多光谱波段反射率的关系，确定土壤含水量。

根据遥感监测土壤水分的数据和方法，可大致分为 5 类。

1. 基于可见光－近红外的土壤水分光谱法

土壤水分光谱法是基于土壤水分与光谱的直接关系。对于可见光到短波红外所有波段，当土壤含水量低于田间持水量时，土壤反射率随着土壤含水量的增加而降低；当土壤含水量高于田间持水量时，土壤反射率随着土壤含水量的增加而增加。但由于植被含水量变化引起的光谱差异不同于土壤含水量变化引起的光谱差异，因此需要应用遥感估算光学植被度，排除植被对土壤水分的干扰，利用分解象元排除法来提取土壤水分光谱信息，实现植被覆盖区域的土壤含水量监测。

但光谱法也有其局限性，主要体现在：土壤光谱随光源照射方向、观测方向的变化有明显的方向性，应考虑二向性反射对反射率的影响，构建适用于多种土壤的反射率和水分的关系。不同土壤的反射率光谱有很大差别，遥感大面积监测土壤水分时会涉及不同土壤类型，需要有大量的先验知识。

2. 基于热红外的温度法

地表温度（T_s）既是蒸散发能量平衡支出部分，又是发射辐射部分，因此可以利用热红外波段反演地表蒸散及地表温度从而估算土壤水分；缺点是热红外波段仅能反映地表状况，不能估算较深层土壤水分信息。主要模型有：热惯量法、冠层温度法和条件温度指数法。

热惯量是物质对温度变化热反应的一种量度，反映了物质与周围环境能量交换的能力。由于水的热惯量比土壤高，因此含水量较高的土壤昼夜温差较小。热惯量模型在遥感监测区域干旱中也得到了广泛的应用，但一般只适用于裸土或植被覆盖度比较低的地区。实际应用中，常用表观热惯量代替真实热惯量。虽然热惯量法简单实用，但由于实际应用中受卫星星下点云的影响，难以获得同一区域昼夜无云图像，且由于植被会掩盖土壤信息，因此该方法仅适合于裸地或低植被少云区，所以很难满足应用的需要。在热惯量法的基础上，张文宗等（2006）根据土壤热力学理论，提出了利用资料遥感监测农业干旱的新方法——能量指数模式，即地球表面单位面积上得到的短波辐射，是直接利用近红外波段的反射率进行计算。其理论依据是土壤越干燥，经过转化向外放出的长波辐射越强，表现为地表和植被冠层温度越高；相反，因为土壤或植被中的水分吸收了一部分太阳辐射，土壤越湿润，经过转化向外放出的长波辐射越弱，表现为地表和植被冠层温度越低。但由于能量指数仅适合监测裸土或稀疏植被区，所以张学艺等（2009）提出用同样涵盖地表亮温的陆地表面温度（LST）代替 T_s，以使监测更贴近地表状况。结果显示，在宁夏地区改进后指数监测精度可达91%，并将该指数命名为改进型能量指数（MEI）。

以冠层温度为基础建立作物缺水指标的研究开始于20世纪70年代初。由于蒸散作用与能量和土壤含水量关系密切，当能量较高，土壤水分供给充足时，蒸散作用较强，冠层温度处于较低状态；反之，土壤水分亏缺时，蒸散作用较弱，冠层温度较高。因此，以能量平衡原理为基础，Idso等（1981）提出了作物缺水指数（CWSI），该指数反映植物蒸腾与最大可能蒸腾的比值，在较均一的环境下可以把作物缺水指数与平均日蒸发量联系起来，作为植物根层土壤水分状况的估算指标。基于地表热量平衡、气象学、植被学的方法算得的作物水分胁迫指数虽然有较高精度，但计算复杂，实际运用不方便。

3. 基于可见光、近红外、短波红外的植被指数法

基于可见光、近红外、短波红外的方法主要是根据植物的光谱反射特性（红光波段强吸收，近红外强反射，短波红外水分吸收），进行波段组合，构建各类植被指数。由于植被长势与土壤水分关系密切，即长势越好土壤水分状况越好，因而通过植被指数进行不同时期作物的长势的比较，也成为遥感监测土壤水分的主要途径。

归一化植被指数（NDVI）是目前应用最广泛的一种植被指数。利用植被在可见光吸收、近红外高反射对比，描述植被生长状况从而对土壤水分进行分析和监测。国外的很多科学家在这方面已经做了很多探索，而 NDVI 在中国的应用也取得了实质性的发展。如普布次仁（1995）分别对中国北部干旱半干旱地区的 NDVI 与降水量和中国华北、西南地区的 NDVI 与土壤绝对湿度的关系进行分析，结果表明同期累积的 NDVI 与累积降水量及同期累积的 NDVI 与 0~50 cm 平均土壤绝对湿度值均存在着显著的非线性关系。但由于容易饱和，Liu 等（1995）引入了背景调节参数 L 和大气修正参数 C_1、C_2，在同时减少背景和大气噪声的前提下，建立了增强植被指数（EVI）。此外，近来发展的各类植被指数均可用于干旱监测，比如将 NDVI 的变化与天气、气候研究中"距平"的概念联系起来，对比分析 NDVI 的变化与短期的气候变化之间的关系提出了距平植被指数（AVI），以及与条件温度指数类似的条件植被指数（VCI）。

4. 基于可见光 – 近红外 – 热红外的综合指数法

作物不受水分胁迫时，其植被指数和冠层温度将稳定在一定范围内。干旱状态下，作物根部受到水分胁迫，蒸腾作用随之受到抑制，叶面气孔关闭，因此作物的冠层温度增

大，作物的生长也将受到影响，表现为植被指数降低。因此，综合考虑 Ts 和 NDVI，能更好反应研究区域的土壤含水量状况。国内外研究中既有简单的结合方法，也有基于物理模型的结合方法。如仅以比值形式结合 Ts 和 NDVI 的植被供水指数（VSWI）和温度植被指数（TVI），将条件植被指数（VCI）和条件温度指数（TCI）以权重的方式结合的植被健康指数（VHI），适用于干旱/半干旱、湿润/半湿润地区的条件干旱指数（SDCI）。另外，Sandholt（2002）发现当研究区域的植被覆盖度范围较大时，遥感资料得到的 Ts 和 NDVI 构成的特征空间呈三角形，该特征空间从地气能量交换角度分析，可得到估算浅层土壤水分的温度植被干旱指数（TVDI），而 Moran（1994）则发现特征空间呈梯形，提出水分亏缺指数（WDI）。

5. 微波遥感法

由于微波遥感具备全天时、全天候并有一定穿透能力的优点，突破了传统测量方法测点少、费时费力和光学遥感精度低、受天气状况限制的缺点，所以运用主动微波、被动微波或两者结合的遥感方法进行土壤湿度监测就应运而生。土壤的介电特性和土壤含水量密切相关，水的介电常数约为 80，而干土仅为 3，它们之间具有较大的反差。土壤的介电常数随土壤湿度的变化而变化，表现于卫星遥感图像上是灰度值的变化。但由于土壤水分分布受到土壤物理特性、地形、植被类别、土地利用、气候条件以及初始土壤含水量等因素的影响，难以准确估计。

二、土壤墒情监测系统

（一）土壤墒情监测系统分类

土壤墒情一般是指土壤的干湿程度。土壤墒情监测站是一款集土壤温湿度采集、存储、传输和管理于一体的土壤墒情自动监测系统。整机包含多通道数据采集仪，不仅包括土壤湿度的采集，还包括土壤温度、土壤盐度、pH 及土壤氮磷钾等传感器，根据用户需求选配，可实现多参数环境监测。对土壤墒情进行适时监测，对指导果树的水分精准管理提供科学依据。

目前，土壤墒情监测大致分为以下 3 类。

1. 便携式土壤墒情监测

利用便携式设备或者是可移动设备对采样地进行测量。通过多次采样和多点采样的方式实现对数据的采集，根据采集到的样本数据利用统计学的方法得到采集区域的土壤墒情信息。该方式监测较简易，使用者只需将土壤水分传感器插入至测量的深度即可实现测量，测量的数据可以直接显示到用户的便携式仪器上。

2. 固定土壤墒情监测站

在土壤墒情监测区域建立多个固定的土壤墒情监测站，根据各个站点的土壤墒情监测情况，利用插值法计算监测区域内的土壤墒情。固定的土壤墒情监测点具有可持续监测的优势，可以反映土壤墒情随季节或者天气的变化情况。各个站点再借助于无线传输技术，可以实现远距离的实时数据采集、传输和分析。

3. 遥感监测土壤墒情

利用卫星或无人飞机，再借助图像传感设备等从高空中获取土壤墒情。目前遥感测量的精度较低。

（二）土壤墒情监测系统需求分析

土壤墒情监测系统不仅可以适时检测和采集土壤湿度，还可以对土壤温度、空气的温度和湿度等信息进行实时采集。采集的信息可以远距离传输至数据处理平台，经过分析处理进行智能决策，从而实现精准灌溉。该系统应满足的需求如下。

① 实现对土壤墒情相关信息的采集，包括土壤温度、土壤湿度、空气温度和空气湿度等。

② 实现各个传感器节点对数据的采集、显示和发送。

③ 采集数据之后将数据上传至 Zigbee 网关节点。

④ 网关节点接收数据之后通过 RS232 接口将数据上传至 GPRS，然后由 GPRS 通过无线网络上传至上位机软件，并实现数据的实时显示和入库处理。

⑤ 实现对采集数据的历史查询和分析，从而帮助用户对数据的利用。

⑥ 系统能够实现长时间的户外连续运行，并具有较好的人机交互性能。

（三）系统设计原则

根据土壤墒情的监测要求和应用环境的情况，系统设计时需要考虑如下原则。

1. 数据采集高频性

数据采集应该时间间隔比较小，比如 1 min/ 次或者是 2 min/ 次，以方便应对监测数据的变化。

2. 界面友好性

系统设计的界面比较友好，用户能够通过软件界面实时的了解数据的变化。

3. 实时性

数据能够实现实时上传和实时展示。

4. 低功耗性

由于系统工作在野外，因此一般采用太阳能供电，系统应该采用低功耗设计实现系统的数据不间断采集。

5. 方便性

系统数据采集的安装应该简单轻便，便于安装和拆卸，当用户需要更改安装位置时，便于移动。

6. 稳定性

由于系统长时间工作在野外，因此应该具有较高的稳定性，从而减少人工干预、降低维护成本。

（四）土壤墒情监测系统的组成

土壤墒情监测系统由数据采集、数据传感器节点以及 Zigbee 无线网和上位机监控软件组成（图 6-7）。系统以土壤墒情信息为监测基础，以 Zigbee 网络、GPRS 网络和计算机网

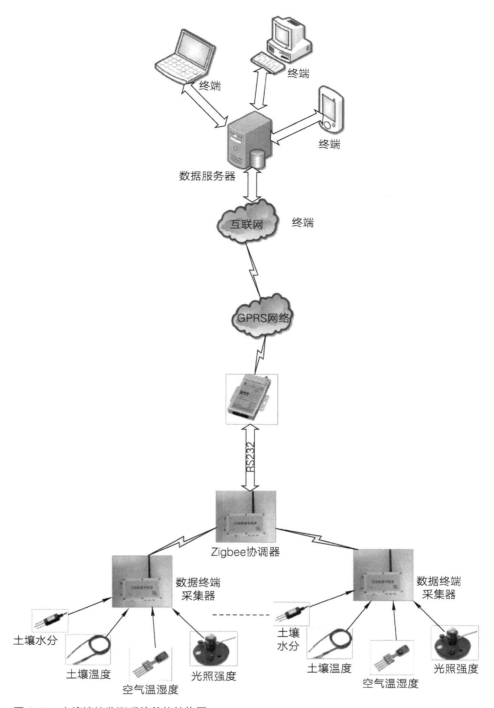

图 6-7　土壤墒情监测系统总体结构图

络为通信平台，以数据库为数据的存储核心，通过实时采集数据，并实现对数据的实时上传、入库和显示，从而形成土壤墒情信息的自动远程监测系统，更加精确地为果园灌溉等提供有效、准确的数据支撑，用户可以实时地通过计算机 IE 浏览器实现对远程数据的实时监控。

数据采集主要由分布在果园中的 Zigbee 无线网络组成数据采集的传感器网络节点完成，通过传感器节点实时监测的土壤墒情信息将会实时上传至无线网关。无线网关是具有远程无线数据传输功能的 GPRS 模块，负责接收 Zigbee 协调器节点采集的所有 Zigbee 路由模块中的数据，并上传至远程服务器端。数据采集终端的数据采集器每 2 min 采集一次数据，采集数据包括土壤湿度、土壤温度、空气温度和空气湿度等信息。采集数据可以暂时保存在数据采集终端的 FLASH 中，同时将采集到的数据通过 Zigbee 无线网络发送到 Zigbee 协调器，Zigbee 协调器接收到数据之后通过 RS232 串口发送至 GPRS 模块，然后实现数据的远程传输。上位机软件接收到数据之后进行数据的入库和显示。

（五）土壤墒情监测系统的功能

基于 Zigbee 的土壤墒情信息监测系统的主要功能包括：实时数据采集、Zigbee 无线组网、实时数据上传和数据入库与显示四部分。

1. 实时数据采集

主要是采集土壤温度、土壤湿度、空气温度和空气湿度等土壤墒情信息，一般数据采集的周期为 2 min/ 次。

2. Zigbee 无线组网

主要实现 Zigbee 的自组网，实现 Zigbee 的路由节点与协调器节点的网络连接，以及新节点的网络加入和网络节点的删除等功能。

3. 实时数据上传

主要是实现对实时采集数据的远程网络上传，当数据传递到协调器节点之后通过 RS232 实时传递给 GPRS 模块，GPRS 模块采用 UDP 的透明传输方式实现数据通过 GPRS 网络实时上传至 Internet 端的服务器。

4. 数据入库与显示

主要是利用上位机软件实现对数据的实时接收，上位机软件接收数据之后实时入库，实现对数据的实时入库处理，数据入库之后将最新的数据实时显示在 IE 浏览器上，实现用户对数据的实时查看。

第3节　果园土壤智能化管理

一、果园土壤熟化管理

（一）土壤熟化的概念和必要性

1. 土壤熟化的概念

土壤熟化是指通过人为的生产活动或定向培育，使自然土壤（生土）逐步转变为适合作物（果树）生长的土壤（熟土）的过程。一般土壤熟化与果树施肥，尤其是施基肥操作相统一。熟化后的土壤一般土层松软深厚，有机质含量高，土壤结构和水热条件及通透性良好，土壤吸收能力高，微生物活动旺盛，既能保蓄水分养分，又可为作物及时供应和协调土壤的水、肥、气、热。

2. 土壤熟化的必要性

土壤是果树生长的基础，是养分和水分的主要载体。果树长期固定在一处，土壤条件对生长、结果有长远的影响。在构成果树环境的诸因子中，土壤是最基本的一环，加强土壤管理，对果树早果、丰产、稳产、优质、低耗影响很大。目前，我国果园多数建立在丘陵、山地上，一般土壤瘠薄，有机质少，团粒结构差，土壤肥力低。尤其是许多果园在建园定植前并未对土壤进行改良，导致果园根系区域土壤远不能满足果树生长结果和丰产稳产的要求。因此，栽植后对果园根系区域土壤进一步改良是果园土壤管理的一项基础工作。

3. 土壤熟化的作用

土壤熟化不仅可以改善土壤结构，调节土壤理化性状，增强土壤团粒结构，还能降低土壤容重，提高土壤透气性，增强土壤蓄水和保肥能力，提高养分利用率。具体作用体现如下几个方面。

（1）改良土壤结构，提高土壤肥力

土壤熟化结合施入有机肥料，可改善土壤结构和理化性状，增强土壤微生物活动，加速土壤熟化，使难溶性营养物质转化为可溶性养分，提高土壤有机质、全氮、全磷、全钾的含量。据资料显示，果园进行深翻熟化处理后，园土的容重可降低约 $0.1\ g/cm^3$，孔隙度可增加约 4%，土壤含水量增加约 3%；而土壤熟化结合施肥进行，土壤有机质含量增加约 0.32%，土壤中微生物为原土的 1.29 倍，氮、磷、钾各元素含量都显著增多。

（2）促进根系生长

果园深翻熟化，可以加深土层、增强土壤保水保肥性能，引导根系深入土中。深层土温变幅小，改善了根系生态条件，有利于根系生长。据资料显示，土壤深翻熟化促进果树根系纵向和横向生长，增加根的数量和密度，果树侧根数量至少增加 2 倍，活性根数量可增加 3~6 倍，根系的吸收能力得到显著提高。

（3）促进地上部分生长

由于土壤理化性状得到改善，土壤肥力提高，根系分布深广，抗寒、抗旱能力增强，大大提高了对地上部分的养分和水分的供应，进而促进了果树的地上部分生长，光合作用增强，树体健壮，新梢生长量大，叶色浓绿等。

（4）促进坐果、丰产优质

据调查，深翻熟化后的果园果树树体健壮，营养生长和生殖生长容易达到平衡，易成花，结果早，容易实现丰产优质果。

（二）土壤熟化操作

1. 熟化时期

土壤熟化主要是对土壤进行深翻，春夏秋冬四季均可以进行，各有其优缺点。

（1）春季深翻

在土壤解冻后至萌芽前及时进行。春季干旱地区深翻应结合灌水，以利于根系生长。早春多风地区，蒸发量大，深翻过程中应及时覆盖根系，免受旱害。风大、干旱、缺水和寒冷的地区，不宜进行春翻熟化操作。

（2）夏季深翻

夏季深翻要在根系生长高峰以后，雨季来临前进行。深翻后，降雨可以使土粒与根系紧密结合，不至于发生伤根和失水现象。由于夏季气温高，水分充足，可结合深翻压绿肥，提高根际区域土壤有机质含量。夏季深翻断根，有利于抑制新梢旺长；但如果伤根太多，则易引起落果。

（3）秋季深翻

一般在果实采收前后结合秋施基肥进行深翻。此时地上部生长缓慢，养分开始积累；翻后正值根系秋季生长高峰，伤根容易恢复，并可长出新根，为翌年春季营养和水分吸收奠定基础。因此，秋季是果园深翻熟化土壤的较好时期。

（4）冬季深翻

在入冬后至土壤结冻前进行。操作时间较长，需要及时盖土以免冻根。如果墒情不好，应及时灌水，使土壤下沉，防止露风冻根。冬季湿润温暖地区以冬翻较为适宜。冬季降水少的地区实行冬翻后，翌年应及早春灌。

2. 熟化方式

根据深翻范围和方式可将深翻熟化分为扩穴深翻熟化、隔行深翻熟化、全园深翻熟化和种植沟深翻熟化四种方式（图6-8）。

（1）扩穴深翻熟化

每年或隔年在树冠滴水线附近挖长60~100 cm、宽30~50 cm、深40~60 cm的穴，

A   B

C   D

图6-8　深翻扩穴熟化

A. 扩穴深翻熟化；B. 隔行深翻熟化；C. 全园深翻熟化；

D. 种植沟深翻熟化

掏出其中大的砂石，填入表土、沃土和有机肥，心土放在地表面。扩穴深翻熟化方式主要针对不规范果园和传统耕作方式的果园，结合施基肥进行。每年需要改变扩穴位置，确保几年后果树根际区域的土壤全部熟化。

（2）隔行深翻熟化

规范果园可随机隔一行深翻一行，次年进行另一行间的深翻。每次深翻熟化只伤半边根系，可防止伤根太多，影响果树生长；同时这种方式便于机械化操作，劳动效率较高。

（3）全园深翻熟化

全园深翻熟化一般是在果园果树定植之前进行一次全面深翻并添加有机肥等物质进行全园改土。这种方式便于机械化作业和平整土地，但是一次性投入较大。由于全园改土，可增加有效土层厚度，有利于果树根系的延伸与生长。

（4）种植沟深翻熟化

针对全园深翻熟化方式的不足，目前逐渐调整为在果园果树定植前仅对种植沟的土壤进行深翻熟化改土。

（三）熟化机械

深翻熟化的智能化管理目前主要体现在（智能化）机械的使用上。果园土壤的深翻熟化使用到的机械主要有开沟机和挖穴机。为了提高效率，深翻熟化时常常伴随着施肥，因此目前果园土壤深翻熟化使用到的机械也称为开沟施肥机和挖穴施肥机。

1. 开沟机（开沟施肥机）

开沟机先后经历了铧式犁开沟机、旋转式开沟机和链式开沟机 3 个阶段。20 世纪 70 年代，链式开沟机逐渐得到了发展，其开沟整齐，可以挖较窄的沟。美国 Ditch Witch 公司生产的小型开沟机和美国 Vermeer 公司生产的开沟机具备较高智能化水平。其中 Ditch Witch 公司的 RT125 小型开沟机装备有巡航控制系统，能感应发动机负载，并可以自动调整地面驱动速度，实现最大生产动力为 90 kW，最大开沟深度 239 cm，最大作业速度 3.58 m/s。Vermeer 公司生产的开沟机采用双电机驱动和计算机辅助控制系统。

我国果园开沟施肥机研制起步较晚，最初采用分段式开沟施肥的作业方式，使用开沟机完成开沟作业后，再人工施肥覆土，这种开沟施肥方式效率低、施工强度大、施肥效果差。随着现代化果园的建设、果树的栽培面积和产量的增加、农村劳动力的减少，传统分段式开沟施肥的作业方式已不能满足国内果树产业发展的需要。因此，开沟、施肥、覆土一体化作业的果园开沟施肥机应运而生，如目前研制的自走式多功能施肥机（高密市益丰机械有限公司）。该机体积小，操作灵便，可原地转向，包含 6 个前进挡位和 2 个倒退挡位，在机器左侧手动操作；动力采用单缸水冷柴油机，开沟传动箱内全部为齿轮传动，结实耐用。该机施肥量为 0～6 L/m，作业速度 0.1～0.4 m/s。该机采用螺旋输送器式强制排肥，肥量可调，不易堵塞；行走采用橡胶履带，具有良好的行走直线性和通过性。

国内一些科研院所也研发了一些特色的开沟施肥机械，如西北农林科技大学研制出微型遥控果园开沟施肥机，可遥控或人力操作，整机高度低，通过性好，可以在狭窄的果园工作；山东农业大学研制的可调式振动深施机，通过振动方式破土，阻力小、能耗低，可一次性完成开沟、施肥、覆土作业，降低劳动强度，提高生产率；新疆农垦科学院机械装备研究所研制的 2FK-40 型果园开沟施肥机，采用偏置式开沟结构，可以不受树冠及树叶的影响，在根系附近施肥，不伤作物根系且施肥效果好。

2. 挖穴机（挖穴施肥机）

挖穴施肥机的主要工作部件是钻头，钻头主要由工作螺旋叶片、切土刀和钻尖构成。工作时，由钻尖定位并切削中心的泥土，切土刀在穴底水平切削中心的土壤，螺旋叶片把已被切削的碎土从底部向上输送至穴外。挖穴施肥机按配套动力的不同可分为手提式挖穴施肥机、悬挂式挖穴施肥机和自走式挖穴施肥机3种，其中以前两种应用最广。在平地和缓坡丘陵地的果园中多采用自走式或悬挂式挖穴施肥机，而在坡度较大的山地果园或零星狭小地块的果园则多使用手提式挖穴施肥机。

相比于国外果园施肥技术体系和农业实践，我国果园施肥技术及装备转化生产方面仍然有较大差距。国内基肥施肥装备多采用单行作业、单施有机肥或化肥，作业效率和施肥效果均有待提升。虽然国外果园施肥装备较先进，施肥装备逐步向自动化、智能化方向发展，但机器多采用单工序作业，价格昂贵、专用性强，且与国内果园栽植标准有一定差别，并不适用于国内果园作业。因此，根据国内现代果园的种植模式，有针对性采用适用于现代果园的基肥施肥装备及技术，提高作业效率和施肥效果，显得非常迫切。

（四）土壤熟化注意事项

为提高土壤深翻熟化效果，具体操作时应注意以下几个方面。

① 深翻挖出的表土与心土尽可能分开堆放，回填时，先将表土填入底层和根系附近，心土填在上层，促使其熟化。

② 深翻时应尽量少损伤根系，尤其是粗度在1 cm以上的根。如果损伤了粗根，应将断根伤口修剪平滑，以利于愈合和促发新根。

③ 结合深翻应施入大量有机物和农家肥，充分与土壤拌匀，增加土壤有机质含量。

④ 深翻后应及时回填，避免根系久晒失水或受冻损伤。土壤回填后及时灌水，使土壤与根系密接，加速伤根愈合，促进新根发生。

二、果园生草管理

（一）果园生草的概念和作用

果园生草是指在果树行间或全园（树盘除外）人工种植草本植物或自然生草的一种果园土壤管理制度。果园生草是以果树生产为中心，遵循"整体、协调、循环、再生"生态农业的基本原理，结合果树学、生态学、生态经济学及相关学科的技术成果，把果树生产视为一个开放型生产系统及若干个相互联系的微系统。果园生草的实质是多物种在人工构建的复合生态系统中的互利共生，充分利用果园生态系统内的光、温、水、气、养分及生物等自然资源，在综合考虑果树、果园其他植物、动物和土壤微生物及其相互作用的共生关系基础上，协调果树生产与环境间的关系，保护果园生态系统的多样性和稳定性，实现提高果园土壤肥力和生产力的目的。果园生草是现代果树生产广泛应用的一种土壤管理制度，核心目标是建立一个投入少、效能高、抑制环境污染和地力退化的持续发展的果园生产体系，生产出高营养、无污染、安全的绿色果品。

果园生草一般认为始于 19 世纪末美国的纽约，关于生草与清耕的比较实验开始于 19 世纪末 20 世纪初。20 世纪 50—70 年代，果园管理开始运用生态学来解决果园清耕制管理模式所面临的生态环境退化问题，此间开展了大量果园生草试验研究，极大地推动了果园生草制的迅速发展。自 20 世纪以来，欧美及日本等果树生产发达国家的果园管理以建设生态园为目标，形成了以生态体系稳态平衡为基础，以优质高效生产为目标的现代果树生态栽培体系，满足公众对绿色食品、有机食品的需求；这些地区果园生草是果园管理的重要措施之一，生草面积占果园总面积的 50% ~ 70%，有的国家甚至达到 95% 以上。我国果园生草栽培试验研究起步较晚，借鉴国外的先进经验，1998 年全国绿色食品办公室将果园生草作为绿色食品生产技术在全国推广，并在福建、江苏、山东、陕西和山西等部分省份得到一定的推广应用。综合来看，果园生草具有以下作用。

1. 改良土壤物理性状

果园生草可明显改善土壤的物理性状，降低土壤容重，提高孔隙度和土壤温湿度，促进土壤团粒结构的形成，改良土壤的物理结构。不过生草对果园土壤物理性质影响的强弱及其效应范围与生草类型及生草年限密切相关。在红壤幼龄龙眼园进行生草试验，长期观测发现：生草后表层（0 ~ 20 cm）、亚表层（20 ~ 40 cm）土壤容重降低，总孔隙度及毛管孔隙度增加。

土壤的 pH 影响土壤营养的有效性，对果树营养有重要作用。不同果树 pH 适宜范围不同，例如葡萄和苹果一般喜微酸性土壤，在 pH 为 6.0 ~ 6.5 的环境中生长结果较好。有关果园生草试验研究指出，因土壤类型和生草年限不同，生草对果园土壤 pH 影响程度不同。研究发现，一方面果园生草提高了土壤的 pH，如酸樱桃园生草提高了 0 ~ 90 cm 土层土壤的平均 pH，这对改善南方红壤丘陵山地酸性土壤较为有利。果园生草后土壤 pH 升高，可能是 Ca、Mg 转移的结果。另一方面，也有一些生草降低土壤 pH 的报道，如山西旱地连续人工生草覆盖 4 年，土壤 pH 由 8.4 降至 8.1；矮化苹果园连续三年生草试验，发现生草区 0 ~ 20 cm 土层土壤 pH 低于清耕区，而 20 ~ 40 cm 土层土壤则略高于清耕区。

2. 改善果园土壤生态环境

果园生草形成了"土壤 – 果树 + 草 – 大气"系统，由于草对光的截取，近地表草域光照强度、日最高温度较清耕区明显下降；生草同时降低了地表的风速，从而减少了土壤的蒸发量。在红壤丘陵区胡柚果园进行生草试验，发现高温伏旱期生草能明显降低果园的温度，保持土壤的湿度。与清耕对比，地表温度日均值、最高值分别降低 11.8℃和 22.5℃，根际土温日均值、最高值也分别降低 4.2℃和 6.0℃，土壤含水率平均提高 1.4%，且树冠层日均空气温度下降 0.4℃，日均空气湿度提高 4%。在黄土高原地区的苹果园选用白三叶、无芒雀麦和鸭茅进行生草覆盖栽培，与清耕对比发现：生草或覆盖后，不同层次土壤中的含水量和孔隙度均有较大提高，而土壤容重下降。在橘园、梨园、苹果园、葡萄园等进行生草试验均得到相似结果。

3. 提高了土壤有机质含量

土壤有机质是指存在于土壤中各种含碳的有机化合物，包括土壤中各种动、植物残体，微生物体及其分解和合成的各种有机物质。土壤肥力的核心是有机质，有机质含量的高低在一定程度上决定了土壤肥力的高低。土壤有机质是土壤养分的重要来源，其数量变化是土壤肥力及环境质量状况的最重要的表征，是制约土壤理化性质如水分、通气性、抗蚀力、供肥保肥能力和养分有效性的关键因素。国内外众多学者一致得出连年生草能够增加土壤有机质含量的结论，但有机质的增加量因不同草种和土壤条件及环境因素而异，且在空间分布上呈现一定的规律：表层有机质增加幅度最大，随土层加深而递减。

生草果园较清耕果园土壤有机质均有所提高，提高幅度为 0.1%～0.6%。如在红富士苹果园经过 3 年的生草试验表明，白三叶草可以使土壤有机质含量比清耕果园平均提高32.4%，以 0～20 cm 最为显著，是清耕区的 1.5 倍。国外种植百喜草的果园 5 年后土壤有机质的含量由 0.9% 增至 1.9%，以后增加更快（年增加 0.3%～0.5%），长期生草的果园土壤有机质含量稳定在 2.5%～3.0%。

另外，果园生草还方便果园智能装备机械化作业，为病虫害的生物防治和生产绿色果品创造了条件。实行果园生草法代替清耕法，是土壤耕作制度的一场大变革，也是果树生态栽培管理的一种重要模式。

（二）果园生草机械智能化应用

果园生草主要是通过喷播机作业实现，喷播种草主要分气力喷播、液力喷播和客土喷播 3 种方式。喷播机械主要分为气力喷播机和液力喷播机两大类。早期的气力喷播机主要应用于播种后的覆盖，后来经过改进，可以在覆盖的物料中混入草种，直接进行播种。客土喷播机主要设备由喷播机、空压机、柴油发电机、自落式混凝土搅拌机、碎土机、抽水泵、自卸汽车组成。气力喷播机主要由主风道系统、排种输送系统、喷筒系统、传动系统组成。国外有许多国家诸如美国、日本等都有喷播机械，种类繁多，容量在150～12 000 L 不等，匹配动力在 3～60 kW。

1. 喷播条件

喷播种草技术代替了人力，种草更为方便快捷。但是同时得具备以下条件。

（1）地表应比较干净且无其他杂物

客土喷播中加入了壤土作为介质，是对无法清理干净的表面进行的一种作业方式。

（2）地表无水且不能积水

液力喷播是在以水为载体的情况下进行的喷播作业，由于机器的限制和人力的干预，喷播后的表面并非处处都有相同的厚度，过薄或过厚都可能无法长草，雨后雨水直接覆盖草浆表面等均是喷播前需要处理的问题，喷播表面排水性好。

（3）地形要平整

平整后的地形更有利于排水，也不会造成草浆无法覆盖或覆盖过多的问题，地形平整也有利于机器的运作，方便作业后的管理且比较美观。

（4）表土改造

不同的草种适用于不同的地面，表土有砂质土、黏质土和壤土之分，有酸碱之分，土壤元素种类有多有少，在播种前应把土壤改造成适于草种生长的环境。

（5）去除杂草

杂草不仅与新播种的草种争夺养分，同时也不利于喷播作业。喷播前应使用五氯酚（酸）钠覆盖地面以杀死杂草与其种子，在暴晒的情况下仍会有一些草种随风飘到喷播地面，此时药效仍可把随风飘来的草种杀死。一般施药一周后药效失效，便可以进行喷播作业。草种萌发多在春秋，此时喷洒农药效果明显。

（6）施足有机底肥

在混料中有一些种子萌发剂，种子萌发后为了快速成长，可以施一些有机肥，保证喷播后能有效成长。有机肥一般为沤肥，同时与地表土混拌均匀，量不宜过多，以免肥量过多造成"烧苗"。在喷播前应首先检查土壤微量元素，如缺少某种元素，就用无机肥进行补充；如果地表较为贫瘠可以施复合肥，使地表的微量元素平衡或达到草种的生长需求。

2. 主要喷播机类型

（1）气力喷播机

我国最初并未引进气力喷播机，因为它只作播种后的覆盖工作。但是气力喷播机体积小，易操作，我国开始进行自主研发。原内蒙古林学院研制的 4BQD-40 型气力喷播机，供料均匀可靠，不堵塞、不漏播，可用于远距离喷射作业。内蒙古农业大学的科研人员对其排种系统行了研究并加入了自动控制，使机械能在作业过程中进行检测和控制，及时发现故障，达到精确控制排种。该气力喷播机的播种性能得到了很好的提升，但是远距离的喷播作业对天气有一定要求，气力喷播机的种子多为干纤维和草茎，沿途可能会留下草屑。喷播作业时种子没有埋于地下，多与其一起喷播出的草茎同时覆盖于土质表层，不利于种子发芽，且发芽后的小苗也容易受到雨水的冲刷和风力的摧残。为解决上述问题，液力喷播机应运而生。

（2）液力喷播机

液力喷播机主要由混料罐、搅拌器、泵站、喷枪和机架 5 部分组成。混料罐的大小是喷播效率的主要指标，如芬尼喷播机的最大容积达 12 500 L，作业的范围更广。国内科研人员研制的 CBJ-3.5 型草种喷播机以内燃机为动力，同时为搅拌和喷射泵提供动力，不仅可以喷播草种也可作为水枪浇水，而且可以更换喷头进行喷雾作业。每立方米混合液的喷播覆盖面积约为 300 m^2，每装一罐喷播面积可达约 1 000 m^2，喷播时间约为 20 min，搅拌时间约为 30 min，比人工效率高 10~15 倍。该喷播机优势明显，在加入保水剂和黏合剂后不会造成堵塞。

（3）客土喷播机

喷播机在使用过程中首先应考虑的是种子能否快速萌芽生长，其次才是作业能力。客土喷播机在液力喷播机的基础上，实现了在混料中加入土壤成分，土壤的加入能更好地覆盖地表。如 ZKP 大功率客土喷播机为液压型喷播机，在混料中加入了土壤后有利于草种的发芽成长，但是喷播作业完成后需盖无纺布，否则会被雨水冲刷。另外，此液压喷播机比平常液力喷播机多了一道筛土工序，以保证播草效率和种子萌发。

3. 果园生草智能液力喷播机

智能液力喷播机应用较为广泛，我国于 20 世纪 90 年代引入液力喷播技术，用来恢复高速公路、机场等大型基础设施建设后的地表植被，同时也在植树造林、防风固沙等方面起了重要作用。智能液力喷播机主要由混料罐、搅拌器、泵站、喷枪和机架 5 部分组成。与普通液力喷播机不同的是，不采用喷枪进行远距离作业，而是仅覆盖在牵引机械的后方位置，即果树行间。

（1）搅拌系统

挡变速机械搅拌系统和无级变速机械搅拌系统都可以搅拌不同浓度的浆液。不过挡变速机械搅拌传动链结构复杂，故障率和不稳定因素高；定速搅拌系统也可以搅拌浓度不是很高的草浆。如果条件允许，可以选择液压无级变速搅拌，虽造价昂贵，但是它优化了传动链，操作空间紧凑，搅拌力度、搅拌方向等均可调整，操作简单。定速机械搅拌可以直接使用拖拉机作为动力源直接传送动力，简单方便。

（2）泵送系统

液力种草机所用的是离心泵，离心泵流量大、扬程大、输送效率高，不仅可以输送混合浆液，还可以直接作为潜水泵使用。在果园种草机械中，由于不需要大扬程的远距离作业，因此可以选择轴流泵，扬程不大、流量大，可以快速地在果树间进行种草作业。种草后一般不会二次行走于种植地带，因此导流栅板一定要足够长从而实现果树行间的全覆盖。

4. 智能液力喷播优势

拖拉机作为动力源可同时为搅拌机提供动力。搅拌机在搅拌均匀后为防止沉淀，在喷射泵工作过程中，搅拌机也须协同间歇性工作。输送机构应有溢流阀和调压阀，种草时可调节流量，拐弯时也可以关闭输送，有余料剩余时溢流装置可以将余料倾出。

此种智能化果园种草机械，是以液力喷播机为原型经过改进后进行种草作业的机械，具有以下优势：

① 泵送系统不再使用离心泵，而使用流量更大的轴流泵。

② 取消了喷枪，改用喷嘴和导流栅板，种草更加均匀。

③ 搅拌系统选择无级变速，可以快速调节搅拌速度；同时加入回流系统，不会因为流量过大造成浪费。

④ 本装置只需一人操作一台机械就可以完成加料、搅拌及种草作业，实现了果园生草的机械智能化。

（三）果园除草机

1. 手持式、斜挂式、背负式割草机

此类割草机属于小型、便携式割草机，适用于平地、复杂地形、面积较小区域。能割除各种草本植物和灌木，其驱动方式主要有电力驱动和燃油驱动两种。其中电力驱动割草机携带便捷、噪声较小，但效率较低；燃油驱动割草机工作效率较高、质量更重，噪声也较大。

2. 手推式、自走式割草机

此类割草机属于中型割草机，适用于平地、大块区域，其中手扶式需要人力推动，无传动装置，发动机只为割草刀片或割草绳提供动力，需要依靠使用者自身力量前进和转向。自走式则不需要人力推动，发动机为割草刀片或割草绳和驱动提供动力，使用者只需握住把手转向，有传动装置，较为省力。

3. 智能式割草机

此类割草机由锂电驱动，能够全自动充电工作，智能监测、修剪和感应，能够自动避障，智能化程度高，但使用条件苛刻，价格昂贵，有极大的发展空间。

4. 乘坐式割草机

此类割草机属于大型割草机，其中有常州百雄机械厂生产的 15HP 乘坐自走式割草机和江苏沃德植保机械有限公司研发的乘坐自走式割草机，适宜于大型规范化果园割草作业。

三、果园树盘覆盖管理

（一）覆盖管理的概念

覆盖管理是利用覆盖物覆盖全园或树冠下土壤面积的一种管理方法，一般分为覆草和覆膜两种方式。

1. 覆草

覆草泛指利用各种作物秸秆、杂草、树叶、牲畜粪便等有机物覆盖果园地面的一种管理措施，有树盘、行间、全园覆盖等方式。日本、美国、澳大利亚、英国等国家的学者对果园覆草做了大量的研究，结果表明，果园覆草能有效抑制杂草，调节地温。20世纪80年代开始，我国对北方干旱半干旱地区的杏、苹果、核桃等果园进行覆草栽培并取得了良好的效果。综合来讲，果园覆草能抑制杂草，调节地温，增加土壤有机质，保持水土，培肥地力，有利于果树的生长发育，从而提高果树产量与品质，整体效果好。但因果区覆盖材料来源不足，以及劳动力不足的限制，很难大面积推广。

2. 覆膜

覆膜也称地膜覆盖，是随着塑料工业的发展而应用到果园地面管理上的一种土壤管理方式。在果树管理中应用地膜覆盖以日本最早，欧美国家20世纪60年代也开始试验和应用。我国起步较晚，20世纪80年代初才开始在果树上进行试验。果园地膜覆盖栽培具有防旱保墒、提高地温、抑制杂草等作用，能够改善果园特别是树冠中下部的光照条件，减少病虫危害，促进果树生长发育，提高果园产量，增进果实着色，改善果品品质等。但现在使用的地膜材料不易降解，长期使用地膜会造成土壤板结、肥力下降及环境污染等诸多不利影响。在地膜新品种的研制上，国外倾向于特殊薄膜和多功能地膜的开发应用。发达国家已开始地膜新材料的研制和使用，来避免残膜对土壤和环境的污染，如美国采用淀粉和聚合材料制作生物降解膜，能够通过真菌作用将薄膜迅速分解。

（二）果园秸秆覆盖的意义

果园秸秆覆盖也是实现秸秆等农业废弃物资源化高效利用，发展循环农业的重要途径，也是覆草中的一种主要方式。实施果园秸秆覆盖可提高果实产量和品质，提高树体内营养水平，节水省肥，增强植株抗旱能力；促进树体生长，减少果园病虫害的发生；实现秸秆综合利用，可有效减少消耗，节约资源，提高种粮大户的积极性，增加农机购置和使用，促进农业生产机械化进程。玉米等秸秆覆盖技术的应用和推广，可有效避免农民焚烧秸秆，从而减少空气中一氧化碳、二氧化碳等排放量，改善自然环境，保护生态。在苹果果园的长年试验表明，秸秆覆盖具有以下几个方面的意义。

1. 提高土壤肥力

秸秆覆盖使果园土壤有机质增加5.85%～128.17%。树盘覆盖时，树盘40 cm土层中有机质可增加61.1%，20 cm土层中有机质可增加1倍左右；氮可增加54.7%，磷可增加27.7%，钾可增加28.9%；同时微生物数量显著增加。年覆盖秸秆1 500～2 000 kg的果园，秸秆分解后相当于每亩施用农家土杂肥3 000～4 000 kg的肥效。

2. 提高果树体内营养水平，促进果树生长

秸秆覆盖后，富士苹果树体内氮可提高 0.085%，磷可提高 0.006 5%，钾可提高 0.092%，钙可提高 0.08%；金冠苹果树体内氮提高 0.069%，磷提高 0.006%，钾提高 0.081%，钙提高 0.286%。秸秆覆盖果树总根量可增加 6.1～19.7 kg，新梢粗度增加 3.85%～20.69%，特别是促进果树的前期生长，增加春梢生长量，减少秋梢生长 18.8%～31.3%。另外，叶面积增加 0.71%～14.50%，叶片质量增加 20.02%，从而提高了叶片的质量。

3. 减少病虫害

秸秆覆盖可减少苹果腐烂病的发生，发病株可下降 14.9%～32.1%；可以减少蚜蝉为害，危害苹果树枝率可减少 73.6%～80.0%。

4. 提高果品产量

据调查表明秸秆覆盖的富士苹果可提高坐果率 27.38%，新红星苹果提高坐果率 77.08%。秸秆覆盖 1 年，苹果可增产 17.65%～35.71%；覆盖 2 年增产 38.29%～228.57%；覆盖旱地果园连续覆盖 6 年，最高增产可达 13.65 倍，并且大小年幅度明显减少。

5. 改善果品品质

苹果秸秆覆盖后，一级果占比可增加 16%，果实可溶性固形物可增加 1.6%，单果质量可增加 18.3 g，品质显著提高。种植覆盖植物，苹果含糖量提高 1.03%～1.16%，有机酸减少 0.28%～0.615%，果实色泽艳丽，更耐贮藏。覆盖 1 年每亩可增产 441～893 kg，3 年累计增产 2 575 kg 以上。每 kg 苹果增收平均按 1.5 元计算，覆盖 1 年增收 662～1 340 元，每亩增纯收益 516～1 153 元；连续覆盖 3 年，平均每年增收 1 288 元以上，每亩增纯收益 1 125 元以上。

6. 减少果园地面径流，增加土壤和果树体内含水量

据调查，秸秆覆盖果园，20 cm 土层内含水量增加 1.05 倍，20～40 cm 土层内含水量增加 77.12%，40～60 cm 土层内含水量增加 39.52%；地面蒸发量减少约 60%，土壤湿度提高 3%～4%。

7. 调节土壤温度，缩小地表温度的变幅

果树生长前期，秸秆覆盖土壤的土温低，可延迟果树萌芽开花 5 d 左右，避免花期晚霜冻害。夏季果园表层土温过高会引起表层根灼伤、死亡。果树生长后期，秸秆覆盖可延迟土温下降，有利于果树根系生长、吸收、合成和积累营养物质。

（三）覆盖机械化管理

1. 自解捆式果园秸秆覆盖机

主要由履带底盘、料箱、解捆铺料装置、覆土装置等组成，其中料箱底部设置有刮板送料机构（图 6-9）。解捆铺料装置为齿带式结构，安装于料箱的后部，其底部与刮板送料机构的末端构成出料口。解捆铺料装置的齿带上通过刀座固定有多排拨料刀齿，相邻刀座上的拨料刀齿在装置宽度方向上交错分布。覆土装置通过平行四杆机构和钢绳挂接于料箱的后下方，由液压缸拉动钢绳控制升降。覆土装置两侧安装有两个相向旋转、前后交错的抛土轮，固定于伸缩机构的伸缩架上，伸缩架与液压缸的伸出端铰接。

作业时覆盖机以一定速度行驶，位于覆盖机料箱底部的刮板送料机构将秸秆捆向解捆铺料装置推送。解捆铺料装置接触秸秆捆后，齿带上的拨料刀齿割断捆绳，对秸秆梳刷、

破碎，形成松散秸秆。刀齿拨带秸秆经匀料梳齿进一步破碎、匀料后沿其末端抛出，铺撒于覆土装置秸秆落料区的地表，形成秸秆覆盖层。同时，前后交错布置的两个抛土轮就地切土、取土，将碎土颗粒相向抛撒，在秸秆覆盖层上方盖压一层薄土。秸秆覆盖层的厚度可通过控制覆盖机速度、解捆铺料装置齿带转速等参数来调整。抛土轮间距由液压缸调整，薄土盖压层厚度由限深轮调整。秸秆覆盖最大宽度与覆土装置的秸秆落料区等宽，覆土宽度由抛土轮间距决定。自解捆式果园秸秆覆盖机是一种新型的覆盖管理模式下的覆盖机器，后期可以从齿带式解捆铺料装置和抛式覆土装置两个方面进行改进，以推进覆盖模式的智能化。

2. 自动覆膜机

自动覆膜机主要由支撑架、前犁铧、覆土犁铧、吊膜轮、调节管和耕机接口等装置组成，从耕机接口端由近到远依次为调节管、前犁铧、吊膜轮压膜轮和覆土犁铧（图6-10）。使用时，将地膜安装至吊膜轮并使其稳定。在覆膜机运行中，由覆膜机前犁铧进行开沟，吊膜轮逐渐释放地膜并将地膜覆盖至土层表面，并通过压膜轮将地膜边缘压至前犁铧已经开好的沟中，使地膜两侧边缘埋入沟中，之后由覆土犁铧将翻出的土覆盖至地膜边缘上，确保地膜覆盖严实。地膜宽度可以通过调节管进行调节，通过耕机接口连接耕机则更加适合机械化作业。覆膜机械一般和其他功能联合，组成起垄覆膜机、起垄覆膜施肥滴灌机、覆膜播种机等。

图6-9　果园秸秆覆盖机械化作业

图6-10　自动覆膜机

数字课程学习

▣ 教学课件　　▨ 自测题　　▾ 知识拓展

第 7 章

果树水肥智能化管理

　　水、肥、气、热（温度和光照）是植物正常生长发育的四大基本条件，其中水肥也是果业生产过程中干预最多的两个条件。合理的水肥管理是果树生长健壮、丰产，提高果品质量的重要基础。

　　我国果树种植长期以来响应"上山下滩、不与粮棉争地"的方针，未来一段时间也是采用"引导新发展林果业上山上坡，鼓励利用'四荒'资源，不与粮争地"的政策（2022年中央一号文件），因此果园一般立地条件差、土壤瘠薄、水源缺乏。若要保证果园丰产优质、提高效益，往往需要通过大量劳动投入进行水肥管理。随着劳动力不足和老龄化现象日渐严重，在依据果树水肥需求规律的基础上，实现水肥管理轻简化或智能化，降低对密集劳动力的依赖，是实现果业健康持续高效发展的必然趋势。

第 1 节　果树水分和养分需求特点

　　果树需要的水分和养分数量都很大，吸收的水分和养分除了一部分被生命活动所消耗外，主要用于形成各种器官或组织。果树水分和养分的需求特征受果树种类和生长周期、气候条件、土壤质地、田间管理等因素的综合影响。依据果树水肥需求规律，适时适量满足果树对水分和养分的需求，是果品丰产优质的前提。

一、水肥在果树生长发育中作用

（一）水分的作用

　　水是果树生长必需的成分，也是树体的重要组成部分。果树体内的水有束缚水和自由水两种。束缚水被牢牢地束缚在果树体内，被细胞内胶体颗粒或大分子吸附或存在于大分子结构空间，不能自由移动，不参与果树的代谢作用，但影响果树在不良环境中的抗逆性。自由水容易散失到果树体外，会制约果树的光合作用、呼吸和生长等过程。自由水的比例决定了果树的生长状态，通常树体的总水量中自由水比例越大，则果树代谢越旺盛。

　　水分对果树的生长发育意义重大，体现在很多方面。

1. 水分是果树的重要组成部分

树体和果实质量的 40%～97% 都是水分。植物体中原生质（细胞内所有生命物质）的含水量在 70%～90%。植物器官中也有很高的含水量，尤其是生命活动旺盛的部位含水量更高。以柑橘为例，根、枝、叶和果实中的含水量占 50%～85%，幼嫩组织中含水量高达 90% 以上。

2. 水分直接参与果树的各种生命活动和养分输送

水可以维持一定的细胞膨胀压力，因此能促进细胞生长。在光合作用过程中，水分是植物合成碳水化合物的主要原料之一，水分还将光合产物输送到植物的各个器官中。除此之外，水分还参与植物体内其他各种物质的合成与转化，果树根系从土壤中吸收的养分也是在水中溶解和运输下到达果树的各个部分。

3. 水分是果树生长的一个重要生态因子

植物吸收的水分有 95% 以上消耗于蒸腾，蒸腾有利于植物散热，可以调节树体温度和维持环境温度。果树如果能得到充足的水分，在夏日强烈的阳光作用下不会因体温升高过快而发生日灼伤害。在寒冷的冬季，土壤中如果有适宜的水分，能够阻止果树体温下降过快而发生冻害。

果树所需的水分主要通过根系从土壤中吸收得到，而土壤中的水分补给来源因所在区域不同而不同。在雨养区，当一场降雨发生时，雨水落到地面，部分或全部渗入土壤，其中部分滞留、贮存在土壤中，随后被果树吸收利用。所以，雨养区的土壤水分供给状况主要取决于降水和蒸散发状况。非雨养区（需要灌溉）由于降水的季节分布不均或降水量总体较少，土壤水分需要灌溉来补充，所以降水、蒸散发状况，以及灌溉都是影响果树水分利用的重要因素。了解水分在果树生长发育过程中的吸收、传输、散失等过程的特点，以及水分在"土壤—果树—大气"连续体中的联系和变化，有助于果园水分的科学管理。

（二）养分作用和互作

1. 养分作用

自然界已发现的天然化学元素有 92 种，植物体内就有 70 多种。但其中仅有 17 种元素是果树生长发育、开花结果及完成生命周期所必需的，包括碳（C）、氢（H）、氧（O）、氮（N）、磷（P）、钾（K）、钙（Ca）、镁（Mg）、硫（S）、氯（Cl）、铁（Fe）、锰（Mn）、锌（Zn）、铜（Cu）、硼（B）、钼（Mo）、镍（Ni）。这些植物必需元素在吸收形态、干物质比例、需求量、来源等方面都存在较大差异（表 7-1）。通常，人们根据植物的需求量不同将上述 17 种必需元素分为三类：大量元素（碳、氢、氧、氮、磷、钾，共 6 种）、中量元素（钙、镁、硫，共 3 种）和微量元素（氯、铁、锰、锌、铜、镍、硼、钼，共 8 种）。此外，硅（Si）、钠（Na）、钴（Co）、硒（Se）等元素，由于不是植物必需但对某些植物生长具有良好的作用，因此被称作有益元素或准必需元素。

碳、氢、氧约占果树鲜重的 95%，占植物干物质的 98%，主要来自自然界的空气和水。碳和氧是果树叶光合作用时从空气中以二氧化碳形式进行吸收的，它们同氢（以水的形式被根系吸收）一起通过光合作用制造有机物（主要是糖类）。糖类连同蛋白质、脂肪和从它们提取的其他有机化合物被用于生成新的组织，为生长和结果提供能量。除碳、氢、氧外，其他 14 种必需元素占果树干物质比例很小，主要来自土壤固相，属于矿质元

表 7-1　植物生长所需元素及其特征

序号	元素（符号）	植物吸收形态	占干物质比例 /%	需求量类型	来源
1	碳（C）	CO_2	18		
2	氢（H）	H_2O	10		空气和水
3	氧（O）	O_2, H_2O	70	大量元素	
4	氮（N）	NH_4^+, NO_3^-	3×10^{-1}		
5	磷（P）	$H_2PO_4^-$, HPO_4^{2-}	7×10^{-2}		土壤固相
6	钾（K）	K^+	3×10^{-1}		
7	钙（Ca）	Ca^{2+}	3×10^{-2}		
8	镁（Mg）	Mg^{2+}	7×10^{-2}	中量元素	土壤固相
9	硫（S）	SO_4^{2-}	5×10^{-2}		
10	氯（Cl）	Cl^-	$n \times 10^{-2}$		
11	铁（Fe）	Fe^{2+}	2×10^{-2}		
12	锰（Mn）	Mn^{2+}	1×10^{-3}		
13	锌（Zn）	Zn^{2+}	3×10^{-4}		
14	铜（Cu）	Cu^{2+}	2×10^{-4}	微量元素	土壤固相
15	镍（Ni）	Ni^{2+}	5×10^{-5}		
16	硼（B）	H_3BO_3, $H_4BO_4^-$	1×10^{-4}		
17	钼（Mo）	MoO_4^{2-}	2×10^{-5}		

注：参考 Russell（1973）和 Nyle and Ray（2019）；n 表示不确定。

素。肥沃的土壤能为果树连续提供充足的可溶态矿质养分，以确保果树长势良好。当土壤的矿质养分不足时，必须通过施肥来补充果树需要的相应养分。

果树必需营养元素种类众多，但由于功能不同，彼此之间不能相互取代（表 7-2）。碳、氢、氧是植物体的主要组成，是光合作用的原料；氮和磷是植物体内许多重要有机化合物的组成成分，参与各种代谢过程，对植物的生长发育起着重要的作用；钾在植物体内不参与有机物合成，而是多种酶的活化剂，能增强植物抗逆性（如抗寒、抗旱、抗高温、抗病害、抗盐、抗倒伏）。人们常用"绿叶""强根"和"壮体"来形容氮、磷、钾对植物的作用；钙、镁、硫属于中量元素，在植物体内具有稳定生物膜结构和保持细胞完整的功能；氯、铁、锰、锌、铜、镍、硼、钼，这些元素尽管从植物需求角度来说属于微量元素，但功能作用广泛，包括参加光合作用和叶绿素合成，影响酶活性，参与糖类的代谢和运输，促进生殖器官的形成和生长等。

一般情况下，果园土壤难以满足果树生长发育和开花结果所需要的养分，当一种元素严重缺乏时通常会引起叶片表现出典型的缺乏症（枝条和果实有时也会表现特征性症状）；相反，土壤中某些元素含量过高，也会产生毒害、妨碍果树正常生长。在实际生产过程中，了解以上植物各种必需营养元素的功能和作用，结合树体需要进行元素的盈亏诊断进行果园养分管理，对果园科学施肥、提高养分利用率和果园丰产优质具有重要意义。

表 7-2　植物营养元素的主要功能

序号	元素	主要功能
1	碳（C）	参与光合作用，制造碳水化合物和氧气，是呼吸产物；是植物体主要组成
2	氢（H）	参与光合作用，制造碳水化合物和氧气；是植物体主要组成
3	氧（O）	参与光合作用，制造碳水化合物和氧气，参与呼吸；是植物体主要组成
4	氮（N）	蛋白质合成，核酸、叶绿素等物质的组成元素；影响生长和产量
5	磷（P）	是核酸和蛋白质的组成成分，影响细胞分裂和能量结构的形成
6	钾（K）	糖类的运输，气孔控制，是多种酶的活化剂，有多种抗逆功能
7	钙（Ca）	细胞壁的主要组成，某些酶的活化剂，降低植物对疾病的敏感性
8	镁（Mg）	叶绿素组成的核心元素，多种酶的活化剂
9	硫（S）	合成氨基酸胱氨酸和甲硫氨酸
10	氯（Cl）	维持酸碱度和各种生理指标平衡，参与光合作用
11	铁（Fe）	促进叶绿素的形成，与光合作用关系密切
12	锰（Mn）	是许多酶的组成成分和部分酶的活化剂，是光合作用必需的
13	锌（Zn）	促进生长素合成，提高植物抗旱能力
14	铜（Cu）	参与蛋白质代谢和糖类代谢
15	镍（Ni）	对脲酶有活性且必不可少，参与植物抗生素合成
16	硼（B）	参与糖类的代谢和运输，促进细胞壁的形成、花粉管的萌发和伸长
17	钼（Mo）	是硝酸还原酶和固氮酶的组成成分

2. 营养元素间相互作用

果树必需营养元素都有不可取代的作用和特点，但各元素之间存在相互影响、相互依赖和相互制约关系，在树体内构成了协同、拮抗和相似作用等。当某种元素缺乏或过量时，往往会影响到其他某些元素的吸收和转化。如生长在沙地的苹果增施氮素后，随着树体各器官含氮量增高，镁元素吸收量也相应增多，表现氮和镁元素间的协同作用。反之，钾离子浓度过高，会使镁和钙的吸收受到抑制；磷过高会抑制氮的吸收；氮过高则抑制磷和硼的吸收；锰过多影响铁的吸收而出现"缺铁性萎黄病"，而缺锰则会造成铁的过量吸收而出现"缺锰性萎黄病"，均表现出拮抗作用。另外，几种元素都对某一代谢过程或代谢过程的某一部分起同样的作用，某一元素缺少时还可部分地被另一元素所代替，表现出相似作用。这些相互作用有时可以在两种以上的元素间发生，同时可以在吸收、转移或利用中发生。

因此，在分析果树是否缺乏某一种元素时，不仅要考虑元素本身，还要考虑其他元素的动态和所处的理化环境。

二、果树的需水特点

掌握果树的需水规律，是科学调节果园水分状况，合理进行水分管理，满足果树需水要求，确保优质、高产、稳产的重要依据。

（一）果树种类不同对水分的要求不同

果树种类不同，其形态构造、生理特征、生长周期也会不同，这将导致果树的需水量、抗旱和耐涝能力差异很大。根系发达、叶面积大、生长速度快及生长周期长的果树一般需水量较大，反之需水量较小。据研究，柑橘和苹果的需水量如果折算成降水量，分别需要 1 000~1 500 mm 和 540 mm 的降水才能满足其生长需要。不同果树的需水量有大小之分：柑橘、苹果、梨、葡萄等需水量大，桃、柿、杨梅、枇杷等需水量中等，枣、无花果、银杏等需水量较小。果树种类相同但品种不同，需水量也存在较大差异，如苹果中的红富士比小国光需水量大，柑橘中的甜橙、蜜柚比温州蜜柑需水量要大。果树种类如果不同，其抗旱能力也有差别：桃、杏、枣、无花果、核桃、凤梨等属于抗旱能力强的果树，苹果、梨、柿、樱桃、李、梅、柑橘等为抗旱能力中等的果树，香蕉、枇杷、杨梅、猕猴桃等是抗旱能力弱的果树。果树在耐涝能力方面的差异表现为：椰子、枣、葡萄、梨、苹果等最耐涝，柑橘、李等中等耐涝，杏、桃、无花果和凤梨等最不耐涝。因此，在不同气候区种植果树，建议选择与气候区相适宜的果树种类。

（二）同一果树不同生育阶段和不同物候期的需水量不同

果树为多年生作物，树龄多达到数十年甚至上百年。果树都有生长、结果、更新、衰亡的过程。由于生物学特性不同，其不同的生育阶段和每一个年周期中的物候期对水分的需求有较大差异，如枝梢加粗生长和延长生长对水分干旱胁迫非常敏感，花芽形成和果实成熟阶段对水分干旱胁迫不敏感。因此在年周期中，一般果树生长前半期，水分需要供应充足，以利生长与结果；而后半期要控制水分，促进品质增加，保证枝梢及时停止生长，适时进入休眠期，做好越冬准备。

1. 发芽前后到开花期

春季萌芽前，树体需要一定的水分才能发芽，此期水分不足，常延迟萌芽期或萌芽不整齐，影响新梢生长；花期干旱或水分过多，常引起落花落果，降低坐果率。该时期要保证土壤中有充足水分，以利萌芽和新梢的生长，使开花和坐果正常，为当年丰产打下基础。

2. 新梢生长和幼果稳果期

此时果树的生理机能最旺盛，新梢生长期温度急剧上升，枝叶生长迅速旺盛，需水量最多，对缺水反应最敏感，若水分不足，则叶片夺取幼果的水分，使幼果皱缩而脱落，该时期常称为果树的需水临界期。如严重干旱时，叶片还将从根组织内部夺取水分，影响根的吸收作用正常进行，从而导致生长减弱，产量显著下降。不过此时若水分过多，促进枝梢过量生长，会与幼果争夺营养，导致大量落果。

3. 果实迅速膨大期

果实迅速膨大期也需要充足的水分，以促进果实细胞膨大；多数落叶果树也处在花芽分化期，适量灌溉可以促进花芽健壮分化，在提高产量的同时又形成大量有效花芽，为连年丰产创造条件。

4. 采果前后及休眠期

在秋冬干旱地区，此时灌水可使土壤中贮备足够的水分，有助于肥料的分解，从而促进果树翌春的生长发育。对南方柑橘而言，此时灌水结合施肥，有利于恢复树势，并促进花芽分化。不过临近采收期之前不宜灌水，以免降低品质或引起裂果。寒地果树在土壤结冻前灌一次封冻水，有利于果树越冬。

当然，果树需要水分并不是越多越好，有时果树适度的缺水还能促进果树根系深扎，提高其抵御后期干旱的能力，抑制果树的枝叶生长，减少剪枝量，并使果树尽早进入花芽分化阶段，使果树早结果，并提高果品的含糖量及品质等。

三、果树的需肥特点

果树作为多年生作物，其栽植后一般在一个地方定位生长几十年，每年都要生长大量的枝梢和果实，对土壤中的养分消耗很大。果树对肥料的需求量，一方面取决于果树自身的遗传特性，另一方面取决于果树自身的生理状况和生态因素。生产实践证明：果树需肥具有关键时期，根据不同生长发育阶段和物候期及时给果树施用必需的营养元素是提高果树产量和果实品质的重要措施。

（一）果树生命周期需肥特点

果树一生的生命活动经历生长、结果、衰老、更新和死亡的过程称为果树的生命周期（也称为果树年龄时期），不同树龄果树对养分的需求不同。

1. 幼树期

幼树期指从果树定植到第一次开花结果的时期，以营养生长为主。一年可以抽生3~6次新梢，需肥特点是重氮配磷钾，以尽快形成树冠骨架，初步形成根系骨架，为提早开花结果奠定良好的基础。

2. 初果期

初果期指从初次结果到大量结果的阶段，以促进营养生长向生殖生长转化为主。需肥特点是重磷配氮钾，以完成树冠骨架建造和增强根系生长，促进花芽分化和保果壮果为目的。在营养生长较强的果园，以磷肥为主，配施钾肥，少施氮肥；在营养生长较弱的果园，以磷肥为主，适当增施氮肥，配施钾肥。

3. 盛果期

盛果期指从开始大量结果到产量开始明显下降的时期，以平衡生产和结果的关系为主。需肥特点是氮磷钾配合且氮钾需求量大，以合理施肥确保连续丰产稳产，抑制衰老。果实生长发育期各生育阶段对氮、磷、钾的需求数量和比例不同，平衡供肥是保持树体营养的关键，需根据产量和树势适当调节氮磷钾比例，并注意微量元素及肥料的施用。

4. 衰老期

衰老期指从产量开始明显下降到枝梢开始枯死的时期，以老树更新为主。需肥特点是氮肥为主配合磷钾，以利用徒长枝更新复壮，恢复树势延长挂果期。当更新后的树冠再次衰老失去经济栽培价值时，应及时砍伐，补栽新树。

（二）果树年周期需肥特点

果树一年中随季节经历抽梢、长叶、开花、果实生长与成熟以及花芽分化等生长发育阶段（物候期）为果树年周期，具有一定的顺序性、重演性和重叠性。多数果树作物在上一年进行花芽分化，翌年春季开花结果；在果实生长发育过程中，果树还可能进行多次抽梢、长叶、长根等。

果树不同物候期对各种营养元素缺乏与过剩的敏感性有差异。如我国石灰性土壤中苹果、山楂、柑橘缺铁失绿症、缺锌小叶病等多在春梢、夏梢抽发期大面积发生；缺氮和硼多发生在开花期和生理落果期。因此果树不同的物候期（果树年周期）需肥特性因树种、品种及气候等不同而有所差异，表现出明显的营养阶段性，需要针对果树年周期中各物候期的需肥特性进行养分管理，特别注意调节营养生长与生殖生长的养分平衡。

一般来说，萌芽、开花、新梢生长需要较多的氮素，萌芽前后到开花期的土壤中如有充足的水分，可以促进春梢抽生和叶片生长，增强光合作用，并使开花和坐果正常；幼果期到膨果期需要充足的氮、磷、钾，尤其是氮和钾；果实采收后至落叶是树体积累营养时期，积累营养的多少对翌年萌芽开花影响较大。因此，新梢抽发期以施氮肥为主，花期、幼果期和花芽分化期以施氮、磷肥为主，并供应充足水分，以保证果树正常生长与结果；果实膨大期需配施较多的钾肥，果实成熟期则要适当控制水分，以提高果实品质，保证新梢及时停止生长，使果树适时进入休眠期。同时，在施肥过程中应注意根据树种、品种及气候等因素差异，施采果越冬肥，结合施肥灌水，有利于树势恢复、提高抗寒性、促进花芽分化，为来年开花结果储备营养，防止大小年现象。

针对果树周年的需肥特点，果树经常会在秋季施基肥、花前追肥、花后追肥、果实膨大期追肥、果实成熟期追肥（采后还阳肥）。

（三）不同种类果树的需肥特点

果树肥料的需求亦取决于自身的遗传特性，常绿果树无明显的落叶期和休眠期，年周期中均要求有不同量的养分供给；而落叶果树旺盛生长期较常绿果树短，生长前期对营养的需求量大，落叶后根系停止生长。因此，一般常绿果树（如南方热带和亚热带的荔枝、龙眼和柑橘等）的需肥量大于落叶果树（北方苹果、梨和桃等）。

不同种类的果树，其本身形态构造和生长特点均不相同，凡是生长期长、叶面积大、生长速度快、根系发达、产量高的果树，需肥量均较大；反之，需肥量较小。按需肥量多少，可将果树划分成三大类：柑橘、苹果、梨、葡萄等需肥量较大；桃、柿、杨梅、枇杷等需肥量中等；枣、栗、无花果、银杏等需肥量较小。同一果树种类不同品种间需肥量也有差别，如苹果中的红富士比小国光需肥量大，柑橘中的脐橙比蜜橘需肥量大。

（四）果树养分吸收的主要影响因素

果树养分的吸收主要受土壤温度、理化性质、土壤微生物和砧木等因素的影响。

1. 温度

在一定土壤温度范围内，随着温度增加，果树呼吸作用加强，吸收养分的能力也随着增加。在低温时，呼吸作用与代谢作用较缓慢，而在高温时又易引起体内酶的变性，影响养分的吸收，因而只有在适宜温度范围内且生长正常的果树吸收养分才较多。

2. 通气状况

土壤通气有利于有氧呼吸和肥料的吸收，因为有氧可以形成较多的 ATP 供阴、阳离子的吸收，因此果树生长在通气性较好的土壤中，吸收养分较多。反之，土壤排水不良，果树吸收养分少，甚至根部还有外渗，排水通气后才能恢复。

3. pH

土壤环境的 pH 影响植物养分的存在状态，进而影响果树根系对养分的吸收。Fe、Zn 在偏酸情况下处于离子易吸收状态，而多数矿质营养在 pH 5.5～8.0 处于易吸收状态。

4. 微生物

微生物作用不仅能够改善土壤的结构，同时能够将有机物转变成新的有机物或简单无机物（如 CO_2、H_2O 和 NH_3 等），提高养分的有效性。

5. 砧木

果树多为嫁接繁殖，水分和养分主要靠砧木根系吸收，而不同种类的砧木对土壤 pH、瘠薄、干旱、低温、病虫害等的抗性和不同养分的吸收能力差异较大。选择的砧木不同，树体吸收营养物质也存在很大差异；接穗品种不同，需肥情况也存在很大差异。因此，在施肥过程中一定要充分掌握接穗和砧木品种的营养特性，确保施肥效果。

第2节 果树水分和营养监测和诊断

快速准确监测和诊断果园土壤和树体中水分和养分的状况，是果园水肥智能化精准管理的基础和前提。

一、果园水分监测

果园水分监测是水分精准管理的前提，而植物水分吸收和散失的过程是植物本身不同的器官和它所在环境的相互作用和反馈影响的结果，受土壤—植物—大气连续体各个环节的综合作用。植物水分状态监测、评价主要包括以下 3 个方面。

（一）以土壤为对象

目前测定土壤含水量的方法主要有烘干法、张力计法、电阻法、中子水分仪法、时域反射仪法、时域传输仪法和频域反射仪法等，各方法优缺点见表 7-3，有着不同程度的应用。

烘干法采样及测定时间长，破坏土壤结构，较难实现定点连续监测土壤水分的动态变化，但烘干法是唯一校验仪器准确度的方法。张力计法是测量非饱和状态土壤中张力的仪器，用于测量作物从土壤中汲取水分所施加的力，通过电气改造，传感器可用于土壤水分自动测量。电阻法通过测定埋设于地下的多孔介质块如柱状石膏块两端的电阻实现土壤水分的测量，易受环境影响，仪器稳定性差，灵敏度低，目前应用较少。中子水分仪法适合人工便携式测量土壤墒情，采用中子水分仪定点监测土壤含水量时，每次埋设导管之前，都应以取土烘干法为基准对仪器进行标定，但由于辐射的原因会对人的健康造成伤害，所以目前基本被淘汰。

20世纪80年代以来,土壤水分测量技术得到了不断改进和广泛应用。其中时域反射仪(TDR)是通过测量土壤中的水分和其他介质介电常数之间的差异原理研制出来的仪器,可自动、快速、多方位地连续监测土壤水分状况。时域传输仪(TDT)也是基于土壤介电常数的差异性的一种土壤水分测量技术,基于TDT原理研制出的水分测定仪输出信号一般为模拟量,可以接入常规的数据采集器,形成自动测量系统,在部分土质不均匀土壤类型中具有推广应用潜力。频域反射仪(FDR)通过插入土壤中的电极与土壤(土壤被当作电介质)之间形成的电容反映土壤水分状况,FDR土壤水分监测传感器一般输出为直流电压量,容易接入常规的数据采集器实现连续、动态墒情监测,可组建墒情监测网络。

时域反射仪、时域传输仪和频域反射仪测定土壤含水量与烘干法等传统方法相比,具有更快速、更准确且可连续测定等优点,利于更全面地研究土壤特性的空间变异性,以确定田间土壤墒情监测的合理测点数目和位置,对提高灌溉决策精确度具有重要意义。

表 7-3　以土壤为对象的植物水分监测方法及主要优缺点

方法	描述	优点	缺点
烘干法	鲜土取样并称重,烘干后再称重,计算土壤含水量	成本低,简单易行,结果精确	耗时耗力、破坏性取样,不利于原位测定
张力计法	土壤水张力即土壤对水的吸力。土壤越湿,张力越小,反之则大	成本较低,操作简便,可原位检测,并可实现自动控制灌溉	受温度影响大,在土壤含水量低时易失效
电阻法	用石膏包裹两根电极,石膏本身形成一个电阻,当石膏吸水后自身阻值发生改变,并与石膏吸收水分含量呈现相关性	可连续自动检测,成本低	结果滞后,不适于移动测定和自动灌溉系统,且受土壤类型影响较大
中子水分仪法	通过记录快中子遇到与其质量相近的氢原子变为慢中子的数量来计算土壤含水量	快速,非破坏性,结果准确性较高	测定的慢中子数有赖于标准曲线转换成含水量,标定过程会带来误差,且有辐射危害
时域反射仪法、时域传输仪法和频域反射仪法	电磁波在土壤介质中的传播速度与土壤的介电常数呈对应关系	快速准确,可对原位土壤进行连续自动检测	结果需要校正,需多点布置,成本高

(二)以环境为对象

以环境为对象的监测方法主要是指采用数学模型与气象监测手段相结合来判断植物水分亏缺状况。一般采用温湿度、净辐射、大气压和风速等气象指标值作为蒸腾蒸发模型的输入变量,计算某一时段内的蒸腾蒸发量(蒸散量),当蒸散量累计到一定值时表明植物开始缺水,需要进行灌溉。因此,采用何种方法或模型计算蒸散量是影响气象指标判别法精度的关键问题。

在果园生态系统,根据植物生育期进程、植被覆盖率或叶面积指数,结合生产上的实际需要及气象要素采集仪器的精度、灵敏度，可采用能量平衡法、空气动力学法、能量平衡和空气动力学联合公式法、涡度相关法等模拟果树作物水分亏缺情况，其各有优缺点（表7-4）。其中前三种方法计算蒸散量，因果园冠层结构的复杂性，表现出下垫面的极不均一性，不能实现直接采用这三种经典的计算方法计算蒸散量。涡度相关法的物理理论最为完善和可靠，且精度高，但对仪器的精度与灵敏度要求很高，需昂贵的探头、数据采集及计算机系统。目前采用涡度相关法测算林木蒸散的研究工作至今极为少见。

未来有待发挥预报模型和实时监测技术的优势互补，提高调度的准确性和灵活性，将环境监测与预报有机结合起来，利用监测结果校正预报的累积误差，并利用预报方法大幅度减少监测的频率与成本，达到在保证精度的条件下降低成本的目的。

表7-4 以环境为对象的植物水分监测方法及主要优缺点

方法	描述	优点	缺点
能量平衡法	通过地表能量平衡方程和显热及潜热通量的垂直输送方程计算显热和潜热通量	实测参数少，计算方法简单，通常情况下精度较高，对大气层没有特别的要求和限制，并可以估算大面积（约1 000 m²）和小时间尺度（不足1 min）的潜热通量	只有在开阔、均一的下垫面情况下，才能保证较高的精度。在平流逆温条件下，结果会偏低。在非均匀的平流条件下，还会导致极大的误差。观测点附近还不能有垂直方向上的辐合区和辐散区。另外，仪器的安装高度要有足够的风浪区长度，一般认为风浪区长度应是仪器传感器的安装高度100倍以上
空气动力学法	利用近地边界层相似理论来计算显热和潜热通量	避免了湿度要素的测定，进而提高了计算精度	需要较多的气象要素高程观测点才可以建立起风速、温度的自相关回归函数，故观测数据量偏大。并且该方法对下垫面的粗糙度和大气的稳定度的要求极为严格，很难在实际工作中得到推广应用
能量平衡和空气动力学联合公式法	利用空气动力学方法得到显热交换，利用观测资料或计算公式求出净辐射，然后求出热量平衡方程式的余项-潜热交换，进而求出蒸散量	全面考虑影响蒸散的大气物理特性和植被的生理特性，具有很好的物理依据，能比较清楚地了解蒸散的变化过程及其影响机制，为非饱和下垫面蒸散的研究开辟了新的途径，因此得以广泛研究与应用	只能在地面完全覆盖、低矮植被条件下才能适用，且很难将植物蒸腾和土壤蒸发分开计算
涡度相关法	利用涡度相关技术测量温、湿、风的脉动值，从而计算显热和潜热通量	可直接测算下垫面显热和潜热的湍流脉动值，而求得植被蒸散量。相比其他方法，其物理理论最为完善和可靠，且精度很高	需要比较灵敏的仪器系数和较大量的数字处理。只是一种直接测定技术，不能解释蒸散的物理过程和影响机制。此外，涡度相关仪测量的是局地值，要获得面元上的观测值需要建立观测网

（三）以植物为对象

植物自身水分亏缺情况是合理灌溉的最直接依据，并且能够通过植物的生长状况和生理过程直接或间接反映出来。目前常用的能够指示果树水分亏缺的指标主要有叶片相对含水量、叶水势、液流量、气孔导度、冠层温度、冠层光谱植被指数、茎果径等（表7-5）。

叶片相对含水量是直接反映植物组织水分状况的重要指标，由叶片鲜重、叶片吸水饱和态鲜重和叶片烘干重计算求得，方法较为简单，但测量过程烦冗费时且属破坏性取样；叶水势是叶片细胞液中水分子的能量水平的标志，直接反映植株叶片水分的丰富度，因此，对植物缺水的反应较为敏感，但叶水势的实际测定结果往往因植物种类、采样部位、采样时间、叶片发育类型等条件的不同而存在较大差异。同时，由于叶片蒸腾耗水量可用木质部边材液流量表示，采用液流量来表征植物水分需求状况比测定蒸腾更简便易行且精度更高，可以定性地反映植物在短时间里的水分胁迫状况，但无法定量衡量植物体内贮存水的变化情况。

表 7-5　以植物为对象的植物水分监测方法及主要优缺点

方法	描述	优点	缺点
叶片相对含水量	直接测量叶水含量	观测设备较为简单	破坏性和耗时
叶水势	直接测量叶片含水量	应用较为广泛	效率低，破坏性取样，不适合强等水植物
液流量	通过热脉冲测量叶片蒸腾速率	对气孔关闭和缺水敏感，适用于灌溉系统的自动记录和控制	每棵树都需要校准，重复性差，且需要复杂的仪器和专业知识
气孔导度	通过测量气孔开口间接指示植物水分胁迫	对缺水反映更敏感、直观，且应用广泛	工作量大，不适合自动化和商业应用，不适合非等水植物
冠层温度	测量冠层温度以量化植株水分胁迫	无损、可靠性高	观测范围较为局限，未考虑土壤和作物的异质性
冠层光谱植被指数	测量冠层可见光和近红外光谱范围内的反射指数，以指示水分胁迫引起的冠层变化	快速无损，具有高时间和光谱分辨率	观测结果的分析难度较大，且观测尺度有限
茎果径	测量茎和果实直径的波动以响应含水量的变化	对缺水灵敏度高，可连续无损监测	不适用于控制高频灌溉系统

需要注意的是，水信号并非水分胁迫下植物体内唯一的信息传递方式。有研究指出，即使叶片的水分状况保持不变，叶片气孔导度仍会因土壤的干旱而下降，这是因为气孔导度对土壤水分亏缺非常敏感，水分胁迫往往导致植株气孔关闭，引发叶温升高，叶片或冠层温度的变化同时也被用于植株冠层温度测量仪器（红外测温仪）的开发，以检测植物缺水胁迫。其中，气孔导度的测量往往需要大量取样以获得可靠数据，工作量较大、不适于自动化，并且对一些非等水植物（叶片气孔属于非等水调节行为的植物）并不适用。冠层温度的观测则要求一个水分供应充足区作为对照，对照区树体的长势需要与试验区的基本一致，而果树植株的个体差异性一般较大，选择理想的对照园地难度较大。因此，这种方法应用于果树水分的诊断时，其测试精度难免会降低。

冠层光谱植被指数则是通过测量冠层可见光和近红外光谱范围内的反射指数，指示由于水分胁迫引起的冠层变化。可用于叶片含水量的快速无损检测，该方法还可以解释由于水分胁迫引起的叶片光合色素变化的生理变化，但其观测结果的数据分析工作量和难度较大。

此外，植物茎和果实在缺水时的微收缩现象也可反映植物的水分胁迫和灌溉指标。这种方法的优点是提供了一种无损、持续地监测植物与水分关系的方法，因此能够进行一些具体的测量，比如最大、最小收缩量和收缩期长度等。但常规的测量茎果径微变化的方法主要是采用线性变化传感器和传感调节器等，由于采用接触式方法，测量范围较窄，针对不同种类的植物必须更换不同量程的传感器，操作复杂，成本较高，而利用机器视觉技术代替接触式传感器进行无损检测在未来将具有较大应用潜力。

二、果园养分监测

果园（土壤和树体）养分的监测诊断是科学施肥管理的重要基础。探索高效、实时、轻简的果园养分监测诊断技术对提高果树肥料利用率、合理利用资源、提高果实产量、改善果实品质，以及保护生态环境均具有重要意义。

（一）土壤 EC 值监测

1. 土壤 EC 值概念

土壤 EC 值也称为土壤溶液电导率，用来衡量土壤溶液中可溶性盐离子的浓度，也可以用来衡量液体肥料的可溶性离子浓度，单位是 mS/cm（或 mmhos/cm），测量温度通常为 25℃。正常的 EC 值在 1 ~ 4 mS/cm。如果种植基质中可溶性盐含量（EC 值）过高，可能会形成反渗透压，将根系中的水分置换出来，使根尖变褐或者干枯，根系损伤严重，无法吸收水分和营养，导致植株出现萎蔫、黄化、组织坏死或植株矮小等症状。

2. EC 值测定原理

一般采用电导法测定土壤 EC 值，其原理是因为土壤水溶性盐是强电解质，水溶液具有导电作用。在一定浓度范围内，溶液的含盐量与电导率呈正相关，因此通过测定待测溶液的电导率高低即可测出土壤水溶性盐含量的高低。

3. 果树生长对 EC 值的要求

不同果树适宜生长的 EC 值范围不一样，如苹果适宜生长的土壤 EC 值 0.2 ~ 0.6 mS/cm、杏为 0.26 ~ 0.56 mS/cm、葡萄为 0.28 ~ 0.64 mS/cm、柑橘为 0.27 ~ 0.63 mS/cm、桃为 0.27 ~ 0.59 mS/cm、梨为 0.20 ~ 0.60 mS/cm；同一品种的不同发育时期的 EC 值要求也不一样，如草莓苗期的最适 EC 值为 0.3 ~ 0.5 mS/cm、果实膨大期为 0.5 ~ 1.0 mS/cm。另外，不同品种的耐盐性也不一样（表 7–6），其中椰枣的耐盐性最高，在 $EC_e = 4.0$ 时还能 100% 正常生长，而在 $EC_e > 2.5$ 时，就有一半的草莓不能正常生长。

4. EC 值监测优缺点

（1）监测快速方便

EC 值高低反映了土壤中盐浓度（不能反映土壤中尿素等非离子形成存在的养分含量）。由于目前测定 EC 值的传感器是一个比较成熟的设备，因此只要在土壤适当深度

表 7-6　部分果树的耐盐性

果实类型	100%		90%		75%		50%		0% 临界值	
	ECₑ	EC_w	ECₑ	EC_w	ECₑ	EC_w	ECₑ	EC_w	ECₑ	EC_w
椰枣	4.0	2.7	6.8	4.5	11.0	7.3	18.0	12.0	32.0	21.0
葡萄柚	1.8	1.2	2.4	1.6	3.4	2.2	4.9	3.3	8.0	5.4
柑和橙	1.7	1.1	2.3	1.6	3.3	2.2	4.8	3.2	8.0	5.3
桃	1.7	1.1	2.2	1.5	2.9	1.9	4.1	2.7	6.5	4.3
葡萄	1.5	1.0	2.5	1.7	4.1	2.7	6.7	4.5	12.0	7.9
草莓	1.0	0.7	1.3	0.9	1.8	1.2	2.5	1.7	/	/
核桃	1.5	1.0	2.0	1.4	2.8	1.9	4.1	2.8	6.8	4.5

备注：百分数代表果树生长的程度；EC_e 为土壤饱和溶液电导率，EC_w 为灌溉水的电导率，单位 mS/cm。

（一般是主要根系位置）预埋质量可靠的 EC 值传感器，就可以适时快速监测出土壤中可溶性离子浓度。

（2）不能反映目标离子的浓度高低

根据测定原理可知，土壤 EC 值反映的是土壤中全部水溶性盐的导电性能，而全部的水溶性盐离子包括八大离子（K^+、Na^+、Ca^{2+}、Mg^{2+}、CO_3^{2-}、HCO_3^-、SO_4^{2-}、Cl^-）、H^+、OH^-、NO_3^-、NH_4^+、Al^{3+}，以及其他重金属离子，等等。因此 EC 值只是反映土壤中混合可溶性离子的浓度，不能反映目标离子如 K^+ 浓度的高低。

（3）EC 值影响因素复杂

土壤的 EC 值由多种离子构成，离子类型不一样，那么植物生长最适 EC 值范围就会发生变化；土壤胶体、有机质，以及含水量均对 EC 值有影响。正因为如此，EC 值的变化和施肥量之间的关系与不同区域，甚至不同土层之间都存在差异，在指导精准养分管理时更多时候只能作为一种参考。

（二）叶片氮含量快速监测技术

氮素是叶绿素组成成分的重要部分，氮素的丰缺直接影响叶绿素代谢。自 20 世纪 60 年代日本发明了便携式叶绿素仪以来，叶绿素仪已广泛应用于绿色植物叶绿素的测定与氮肥施肥推荐。

目前，在植物营养诊断方面应用比较广泛的手持式光谱仪是日本生产的 SPAD-502 型叶绿素测定仪（图 7-1A），SPAD 值（叶绿素相对含量）可以间接反映叶片氮素含量。该仪器利用两个 LED 光源发射两种光，一种是红光（峰波长 650 nm，对光有较高的吸收且不受胡萝卜素影响），一种是红外线（940 nm，对光的吸收极低），通过测量叶片对两个波长段的吸收率，可以评估测定叶片中叶绿素的相对含量。该仪器国产化后（图 7-1B），在功能方面有所拓展，可以同时测定叶面温湿度、叶绿素和含氮量。但在实际应用中，不同生态环境和品种叶片叶绿素含量与叶片氮含量的关系模型存在显著差异。因此，需要根据检测对象不同，构建分生态区域分品种的果树叶片氮养分快速检测估算模型。

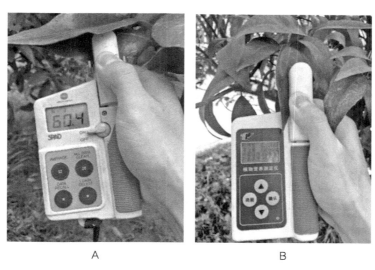

图 7-1　日本美能达 SPAD-502 型叶绿素测定仪（A）和国产拓普 TYS-
4N 型植物营养测定仪（B）（刘文欢摄）

（三）光谱遥感技术

物体表面特性及其内部化学组成成分不同，因而对不同波长电磁波的吸收和反射也不相同，即物质的光谱特异性。利用矿质元素的光谱特性，借助冠层反射仪、多光谱成像仪、高光谱成像仪、可见－近红外地物光谱仪、傅立叶变换红外－近红外光谱仪、紫外－可见光便携式荧光仪等不同类型的光谱设备，采集土壤、植株冠层与不同器官组织（叶片、花朵、果实）的光谱信息，通过建立矿质营养指标与光谱信息的关系模型，进而预测未知样品的化学成分及含量水平实现营养监测诊断，以及与现代光谱技术与低空遥感相结合，能够灵活、快速、有针对性地获取多尺度、多时相的地面多光谱数据，高时效，低成本。

植株养分状况的不同往往导致叶片在形状、色泽、组织结构和生化组分等方面的差异，可以采用无人机搭载多光谱阵列相机获取苹果园、橘园等果园的植株冠层遥感信息，实现快速、高效地诊断大规模果园的整体养分状况和开展养分管理。例如，刘雪峰等（2015）采用多旋翼无人机获取距地表 100 m 高度的哈姆林甜橙春季冠层近地遥感信息，并通过对获取数据的标准正态变量（SNV）光谱预处理和多元线性回归（MLR）建模，实现了对柑橘植株冠层全氮及叶绿素 a、叶绿素 b 和类胡萝卜素含量的较好估算，为大规模柑橘园植株冠层营养状况的精准和高效监测提供了新的途径（图 7-2）。

通过地物光谱仪近距离观测记录单株果树的冠层光谱信息，分析划分养分元素的特定敏感波长，也可以实现对植株冠层养分元素的快速无损估测，观测尺度虽不及无人机遥感，但其灵活性和估测精度都要优于后者。冯海宽等（2018）利用 ASD 地物光谱仪测定苹果树冠层高光谱反射率，建立了以 553 mm 和 722 nm 的反射率以及 546 mm 和 521 nm、553 mm 和 518 nm 组合的归一化差值指数和 543 mm 和 525 nm、1 394 mm 和 718 nm 组合的比值指数为自变量的最优权重组合模型，实现了对苹果冠层叶片全磷含量更高精度的高光谱估算；李丙智等（2010）通过分析不同苹果品种冠层全氮含量与地物光谱仪所获取冠层的原始光谱反射率、一阶微分光谱、高光谱参数之间的关系，最终筛选在 723 nm 处

图 7-2　无人机高光谱观测系统（A）及柑橘园 RGB 遥感图像（B）（刘雪峰摄）

的光谱反射率一阶微分值所构建的指数模型作为苹果冠层叶片全氮含量的预测模型最为
理想。

　　但是上述方法都存在设备价格昂贵、操作难度较大、观测环境（光照、温度、湿度
等）较为复杂且估测精度略低等缺点，在一定程度上限制了其实际推广和应用。

三、果树营养诊断方法

　　植物营养诊断是以矿质营养原理为理论依据，主要采用化学方法对植物及其根际土壤
进行营养元素分析测定，确认植物营养元素含量、各元素间的含量比例等，指导果农因地
因树合理施肥。及时对果树进行营养诊断有利于改善果树营养和生长发育状况，充分利用
光能和地力，最大限度提高单产和果品质量。

　　常用的营养诊断方法有形态诊断法、土壤诊断法和组织分析诊断法三种。各种方法均
有利弊，实际生产中必须结合具体情况，综合应用几种诊断方法，及时进行叶片等组织分
析、土壤分析或生理生化指标的分析，可以从不同角度对果树营养状况和土壤营养状况做
出客观判断，得出正确的诊断结果，为精准施肥提供支撑。

（一）形态诊断法

　　形态诊断法是果树营养诊断速度最快的一种方式。果树作物缺乏某种元素时，一般都
在形态上表现特有的症状，即所谓的缺素症，如失绿、现斑、畸形等。由于不同元素的生
理功能不同，症状出现的部位和形态常有其特点和规律（表 7-7）。各类型的缺素或营养
失调症一般首先表现在叶片上，或失绿黄化，或呈暗绿、暗褐色，或叶脉间失绿，或出现
坏死斑等。但在生产中土壤和树体营养状况较为复杂，可能存在几种元素都不同程度地缺
乏或过量，在缺乏某种元素时可能并不表现以上的描述症状或者症状不典型。因此，在判
断缺素症时，除症状观察比较之外，还需结合组织化学分析诊断。

（二）土壤诊断法

　　土壤诊断法是通过土壤化学分析与符合果树最佳生长条件时土壤环境的营养元素含
量（表 7-8）对比，了解果树生长过程中土壤中矿质营养是否充足，明确土壤的实际营养

表 7-7 果树主要元素缺素症状汇总

缺素	症状
氮	幼叶小，老叶黄化易脱落；枝梢易枯死，枝叶稀疏瘦弱；花小、果小果色质量差，落果重
磷	老叶暗红，叶柄紫色，有红色斑块；新梢细短，基部芽发育不良，展叶开花延迟，花芽分化不良；果实小，果皮厚而粗糙，色泽不鲜艳，果肉发绿，味酸，含糖量低
钾	老叶卷缩和畸形，叶尖和叶缘失绿，开花期大量落叶和枯梢；新梢变细、变小、变短；果实小、果皮光滑，易落果和裂果
钙	新叶从叶缘开始失绿或死斑，向下卷曲，不能伸展呈线状，易脱落；根系发育不良，植株矮化；严重缺钙时，果树叶尖黏化，叶缘发黄，逐渐枯死；老叶枯死，根系变短，易裂果
镁	老叶基部脉间开始失绿，呈现绿斑或灰绿斑点，易脱落；叶片脱落严重时，果实不能正常成熟，果小，味不佳
硫	幼叶褪色呈黄绿色乃至黄白色，叶片渐趋皱缩
铁	叶脉保持绿色，而叶肉褪色呈淡黄色，呈清晰的网纹状；果小、味淡、低产
铜	幼叶褪绿、坏死、畸形和叶尖枯死；易发生顶枯、树皮开裂胶状物流出（郁汁病或枝枯病）；果实小，果肉僵硬，有时开裂
硼	花器官发育不良，易落花落果；老叶肥厚质脆、叶脉爆裂；幼叶较小，有半透明水渍状斑点，簇生；果实小且畸形、色淡、味苦
锰	新叶脉间失绿，黄绿界限不明显，叶面褪绿，叶面常有黄褐色、褐色斑点
锌	新梢、嫩茎节间短，小叶丛生，叶片脉间失绿，黄斑
钼	老叶脉间黄化或出现黄斑，间有杂色斑点，叶缘上卷，有的仅中肋附近有残留叶肉

情况。基于上述检测结果，最后设计出科学性、针对性较高的施肥计划。该方法更具针对性，在当前的果树栽培过程中应用广泛，实效性强，对提高果树栽培的整体质量意义重大。

然而，土壤营养分析结果除了与果树营养状况有一定的相关性外，还与外界环境有关，有时会出现土壤养分含量与植物生长状况不一致的现象。因此，土壤分析并不能完全解决施肥量的问题，只有同其他分析方法相结合，才能起到应有的作用。

表 7-8 果园土壤有效养分分级标准（以苹果为例）

项目	高	适宜	中等	低	极低
有机质 /%	>2	1.5~2.0	1.0~1.5	0.6~1.0	<0.6
碱解氮 / (mg·kg^{-1})	>100	85~100	70~85	50~70	<50
速效磷 / (mg·kg^{-1})	>50	40~50	20~40	10~20	<10
速效钾 / (mg·kg^{-1})	>200	150~200	100~150	50~100	<50

（三）组织分析诊断法

利用正常和非正常果树的发育和营养情况有明显差别的特性，从花、果实和叶着手，通过化学分析方法可以科学准确地对非正常果树各器官营养是否达标进行诊断，制订科学的营养补充方案并进行合理施肥，以保证果树能够良好地生长发育。其中，叶作为果树树体光合作用和储存养分的主要器官，已成为最有代表性和最成熟的营养诊断部位。用叶进行分析时，一定要选取刚达到成熟阶段、健康的叶，此时的叶有着最活跃的同化代谢功能，养分供应变化在叶上反映比较明显。20世纪30年代以来，采用化学检验–临界值法分析果树叶片的矿质元素含量及比例关系，对果树潜在的营养缺乏、适量或过量进行诊断，是目前采用较多、较成熟的养分推荐施肥技术，但其专业性强、费用高、比较费时。近年来，植物快速营养监测诊断技术方面的迅速发展为提高果树精准施肥水平、实现果园养分智能化管理提供了新的思路和方法。

（四）果树营养数据模型诊断

随着叶片分析诊断技术的日益成熟，出现了一系列营养诊断综合推荐施肥方法，如营养诊断与施肥建议综合法（diagnosis and recommendation integrated system，DRIS）、标准适宜含量偏差百分数法（deviation from optimum percentage，DOP）。

1. DRIS法

DRIS法以高低产果树叶片作为测试样本，测定其矿质元素含量，计算DRIS平均养分不平衡指数，进行需肥顺序判断。指数越接近零，表明该元素基本平衡；负指数越大，植物需此养分的强度越大；正指数越大，对此养分的需求度越小。具体计算过程如下：

$A/B > a/b$ 时：$\qquad f(A/B) = [(A/B)/(a/b) - 1] \times 1\,000/cv \qquad$ （7-1）

$A/B = a/b$ 时：$\qquad\qquad f(A/B) = 0 \qquad\qquad$ （7-2）

$A/B < a/b$ 时：$\qquad f(A/B) = [1 - (a/b)/(A/B)] \times 1\,000/cv \qquad$ （7-3）

以上式中，A/B 表示实测两元素含量之比，a/b 表示丰产或优质小区的两元素比值的平均值，cv 为 a/b 的变异系数。重要参数（如 N/P 或 P/N）的选择是诊断过程的重要步骤之一，目前常用的选择重要参数的方法为 F 值法，选择方法如下：

方差比值 $F = V_H/V_L$（如 V_H 表示同参数丰产和低产小区中方差较大的值；V_L 表示同参数丰产和低产小区中方差较小的值），如果 $F(N/P) > F(P/N)$，诊断分析中参数选择N/P，反之则选择P/N，重要参数的最后筛选则依据 F 值表，若 $F \geqslant F_{表}$，表明两组数据存在显著差异，则该参数可用于进一步分析；反之则表明两组数据没有显著差异，该参数不满足使用。

$$各营养元素 X 不平衡指数 I_X = [f(A/B) + f(A/C) + \cdots$$
$$-f(B/A) - f(C/A) - \cdots] / (n-1) \qquad （7-4）$$

式中，各营养元素 X 不平衡指数公式中若 $X = A$ 时，则 $f(A/B)$ 取 $f(A/B)$，$f(B/A)$ 取 $-f(B/A)$。

DRIS平均养分不平衡指数以 NBIm 值表示，表示各个诊断元素的不平衡指数的绝对值之和的平均值，其计算公式如下：

$$NBI = \sum |I_X|, \quad NBIm = NBI/n \qquad （7-5）$$

其中，n 为被诊断元素的个数。

2. DOP法

DOP法较DRIS法的计算步骤更简化、更容易操作，还克服了DRIS法不能诊断养分平衡水平高低的缺点。在实际应用中，DOP 法在对营养元素的丰缺情况进行诊断的同时还可以给出需肥顺序，并对诊断失衡元素的含量偏差直接测量，有助于实现后续推荐施肥方案的自动生成和建立果园养分智能化诊断推荐施肥专家系统。

该方法的具体步骤如下：

DOP 诊断指数以各营养元素实测值相对于最适宜值的百分比偏差表示，计算公式为：

$$\text{DOP 指数}(I_X) = [(C \times 100)/\text{CCV}] - 100 \tag{7-6}$$

式中，C 为被诊断样品某元素的含量，CCV 是该元素的叶养分标准值，叶养分标准值由 CND 拐点值法划分出的丰产果园或优质果园的养分含量均值确定。

DOP 营养不平衡指数以 NBIm 值表示，反映各个元素诊断不平衡指数绝对值之和的平均值。计算公式如下：

$$\text{NBI} = \sum |I_X|; \quad \text{NBIm} = \text{NBI}/n \tag{7-7}$$

式中，n 为被诊断元素的个数。

利用以上两种新的营养诊断方法，可以研发出柑橘树体营养诊断算法模块，实现当地生态环境条件下的各物候期果园高产优质改善树体营养不平衡指数和限制因子自动分析，为实现果园智能化营养管理决策奠定基础。

第3节　水肥需求模型构建和智能化管理

果园的智能化水肥管理主要是依据建立的水肥需求模型，利用水肥一体化设备和系统通过可控管道将水肥直送作物根系附近，进行自动合理灌水和施肥，在减少水分的下渗和蒸发、提高水肥利用率的同时，还能够实现定时、定量、定向的水肥管理，精准满足果树生长发育需要，实现果园丰产优质，其中水肥需求模型是核心，可靠的设备和系统是应用的保障。

一、水肥需求模型构建依据

水肥需求模型是指依据作物种类在不同物候期的栽培目标，建立果树各器官或组织不同时间段的生长发育与需水量和（或）需肥量的函数关系，用于指导水肥精准管理。需水量是指每生产 1 g 干物质所消耗水分的质量（单位：g），即在生长期或某物候期所生产的干物质总和与同一时期消耗的水分总量的比值；养分需求量是指每生产一定生物量的物质，如 1 g 干物质、1 t 果实或 1 根标准的枝梢所消耗的 N、P、K 等主要元素的质量（单位：g）。构建果树的水肥需求模型的目的是在果实的器官和组织不同发育时期提供相应的水分或养分含量；水肥模型的构建需要考虑栽培管理目标、生长发育与水肥指标的关系、环境状况和果园树体规范性等因素。果树的水肥需求模型构建目前还在探索阶段。

（一）需水量的确定

需水量的计算主要在大田作物方面研究较多，果树方面还处于萌芽阶段。果树需水量是指生长在果园中的健康果树在土壤肥力与水分适宜时，在给定的生长环境内能够获得丰产优质潜力的条件下为满足株间蒸发和植株蒸腾（生态需水），以及构成植株体所需要的水量（生理需水）。株间蒸发和植株蒸腾之和称为蒸散量（ETc）。与 ETc 相比，生理需水的水量可以忽略不计，因此常用 ETc 来代表果树需水量，单位为 mm 或 m^3/hm^2。果树的需水量由植株蒸腾和株间蒸发两部分构成，容易受到气象条件、作物特性、土壤质地和农业技术等因素的影响，除了通过在田间进行试验直接测量的方式得到果树的需水量外，目前预测果树不同发育时期的 ETc 主要是两种方法：直接计算法和通过计算参照作物的需水量来计算果树需水量的间接计算法。

1. 直接计算法

一般选取影响需水量的主要因素，通过试验所测资料分析这些主要因素与 ETc 之间存在的相关关系，然后归纳为某种形式的经验公式。

（1）蒸发皿法

试验观测研究得出，水面蒸发量与 ETc 之间有较为密切的相关关系，可用水面蒸发量这一因素来计算果树需水量 ETc 值，计算公式一般为 $ETc = Kp \times E_{皿}$ 或 $ETc = Kp \times E_{皿} + b$。$Kp$ 和 b 均为经验系数，$E_{皿}$ 为蒸发皿的蒸发量，单位为 mm/d，表示所考虑周期的平均日值。

蒸发皿可以提供在辐射、风、温度和湿度条件下对特定开放水面的蒸发的综合效应的测量。该方法在国内外水稻地区大量使用，应用时需要注意水面蒸发皿的规格及非气象条件对 Kp 值的影响，切实注意测量场地及测量技术的规范化，否则会使计算产生较大误差。

（2）K 值法

K 值法又称为以产量为参数的需水系数法。作物需水量在一定的气象条件和范围下，是随着产量的增加而增加的。作物总需水量的计算公式为 $ETc = KY$ 或 $ETc = KY^n + c$。ETc 为作物需水量，单位为 m^3/hm^2；Y 为作物单位面积产量，单位为 kg/hm^2；K 为以产量为指标的需水系数，n 和 c 分别为经验指数和常数。K、n、c 可通过试验确定，简便快捷，只需要确定计划产量即可计算出 ETc 值。对于旱作物土壤水分不足时，产量越大则需水量越大，此法计算较为精确。对于土壤里水分充足的，此法计算误差较大。

2. 间接计算法

间接计算法主要是通过计算参考作物的需水量（ET_0）与作物系数（Kc）的乘积来计算实际作物需水量。ET_0 是指高度一致、生长旺盛、完全覆盖地面而不缺水的绿色草地（8~15 cm）的蒸发蒸腾量；Kc 是指作物的 ETc 与实测的或估算的 ET_0 的比值。参考作物的 ET_0 可综合反映作物环境中各类大气因素，结合不同作物对应的修正系数 Kc，即可得某一作物的实际需水量（ETc）。

ET_0 的计算主要包括涡动相关法与能量平衡法。这里主要介绍基于能量平衡原理的彭曼（Penman）公式。彭曼公式有很多改进版本，其中比较著名的有 Penman-Monteith（PM）公式和联合国粮农组织（FAO）推荐的彭曼公式（MP）。

（1）PM 公式

PM 公式是对植物的蒸腾速率所对应的条件进行了完善，假定了叶面冠层，定义了更为严谨的阻力层和反射率，并将原来 8～15 cm 修正为更精确的 12 cm。其 ET_0 值的计算公式为：

$$ET_0 = \frac{0.408\Delta(R_n - G) + \gamma \times \dfrac{900}{T+273} \times W_2(e_a - e_d)}{\Delta + \gamma(1 + 0.34U_2)}$$

式中，G 为土壤热流，W_2 为高 2 m 处的风速，T 为高 2 m 处的平均温度，e_a 和 e_d 分别为饱和水气压强和当地实际水气压强，R_n 为假定植株冠层所受到的辐射，Δ 为饱和水汽压强随气温的变化率（平均气温条件下）。PM 公式无须测量修正风速系数，计算时只需要常见的气候资料即可，包含最高、最低和平均温度、湿度，以及风速、净辐射等。

（2）FAO 彭曼公式

最初的彭曼公式仅是综合多方面大气因素的影响而提出的半经验理论公式。后来 Doorenbos 和 Pruitt 将土壤水含量充足、覆盖地面全面、在长和宽均大于 200 m 的地面上，高于 8～15 cm 的发育正常的整齐苜蓿草作为参照物，将半经验理论彭曼公式的参数进行修正，得到了 MP 公式，FAO 将其作为计算 ET_0 的推荐公式。其 ET_0 的计算公式如下：

$$ET_0 = \frac{\dfrac{P_0}{P} \times \dfrac{\Delta}{P} \times R_n + E_a}{\dfrac{P_0}{P} \times \dfrac{\Delta}{P} + 1}$$

式中，$\dfrac{\Delta}{P}$ 为标准大气压下的温度函数，$\dfrac{P_0}{P}$ 为受海拔高度影响温度函数的改正系数，R_n 为太阳净辐射，单位为 mm/d；E_a 为干燥力，单位为 mm/d。MP 公式综合考虑了多方面的因素，按照此方法计算得到的结果和实际需水量相差不大，但是由于所需测量困难的参数太多且参考作物不具有普适性，因此无法推广并形成标准。

3. 灌水量

果树在生长发育过程中的需水量都是通过根系从土壤中吸收得到的。果园要合理灌溉，必须计算果树的需水量和耗水量。果树需水量主要代表果树某个发育阶段或整个生长发育时期的所需要消耗的水量，在果树发育需水时期，理论上灌水量是在保证土壤最佳含水量状态下，单位时间的灌水量满足单位时间的水分消耗量。果园里除了果树蒸腾量和土壤蒸发量之外，还可能有土壤深层渗漏、侧向渗漏等输出，这些共同构成作物的田间耗水量。制订果园灌溉计划时要综合考虑果树的田间耗水量、降水量和地下水补给量。不过实际需水时期的灌水量是多少，主要是指灌溉使土壤保持 60%～80% 田间持水量时的需水量，与灌溉面积、土壤浸润深度、土壤容重及灌溉前土壤的含水量（湿度）有关，具体公式如下：

灌水量 = 灌溉面积 × 土壤浸润深度 × 土壤容重 ×（田间持水量 − 灌溉前土壤湿度）

一旦土壤田间持水量低于 60% 或更低阈值，就启动灌溉；高于 80% 的阈值，就停止灌溉，直到满足果树该阶段的水分需求。

（二）养分含量的确定

经过大量的田间试验和果树在不同生态环境下对养分的反应，目前已经形成经验法、田间肥料试验法和养分平衡施肥法三种确定施肥量的方法。

1. 经验法

在长期的生产实践中，不同水果产区果农积累和总结出许多适合当地果树生产的宝贵施肥经验。通过对当地果园的施肥种类、数量和配比进行广泛调查，对不同种类果树的树势、产量和品质等与施肥的关系进行综合分析，确定出既能保证树势，又能获得高产、稳产、优质的施肥量，并在生产实践中结合树体生长结果情况，不断进行调整，最终确定出更符合果树要求的最佳施肥量。这一方法简单易行，切合实际，用以指导生产能收到较好的效果。例如，山东和河南省曾分别提出的"每 kg 果需 1 kg 有机肥"和"每 kg 果需 2 kg 有机肥"等经验施肥指标。

2. 田间肥料试验法

此是按不同水果产区对不同树种、品种、树龄果树进行田间肥料试验确定施肥量的一种方法，需要有多年的试验结果才能得出比较实用的最佳施肥量。

3. 养分平衡施肥法

此法是以"养分归还学说"为理论依据，根据作物计划产量需肥量与土壤供肥量之差估算施肥量，是施肥量确定中最重要的方法。1960 年，美国土壤化学家、测土施肥科学的创始人之一 Truog 在第七次国际土壤学会上首次提出，后为 Stanford 所发展，创立了养分平衡施肥法（又称目标产量施肥法）计算施肥量的公式为：

$$施肥量 = \frac{计划产量所需养分总量 - 土壤供肥量}{肥料中养分含量 \times 肥料中该养分利用率}$$

其核心内容是农作物在生长过程中所需要的养分是由土壤和肥料两个方面提供的，通过施肥补足土壤供应不能满足农作物的需要的那部分养分，达到养分的供需平衡，作物才能达到理想的产量。该方法提出后先后传入印度、苏联、东欧、东南亚等地，我国是在 20 世纪 70 年代末引进推广的，目前已在我国得到广泛的应用和发展。养分平衡法根据计算土壤供肥量的方法又区分为地力差减法和土壤有效养分校正系数法两种。

（1）地力差减法

此是根据作物目标产量与基础产量之差，求得实现目标产量所需养分量的一种方法。不施肥条件下的作物产量称为基础产量（或空白产量），构成基础产量的养分全部来自土壤，它反映了土壤能够提供的该种养分的数量。目标产量减去基础产量为增产量（通过施肥实现）。地力差减法确定施肥量计算公式为：

$$施肥量 = \frac{单位经济产量所需养分量 \times（目标产量 - 基础产量）}{肥料中养分含量 \times 肥料利用率}$$

其中，基础产量的确定方法生产中经常用到的有空白法、田间试验法，以及用单位肥料的增产量推算基础产量的方法。目标产量是实际生产中预计达到的作物产量，即计划产量，是确定施肥量最基本的依据。目标产量应该是一个非常客观的重要参数，需要根据产区的气候、品种、栽培技术和土壤肥力来确定。

单位经济产量所需养分量（又称养分系数）是农作物在其生育周期中形成一定的经济

产量所需要从介质中吸收各种养分的数量，该系数受产量水平、气候条件、土壤肥料和肥料种类的影响。表 7-9 中是常见果树的 100 kg 经济产量的养分吸收量。

表 7-9　不同品种果树的养分吸收量

树种	100 kg 经济产量所需养分 /kg		
	氮（N）	磷（P_2O_5）	钾（K_2O）
柑橘（温州蜜柑）	0.60	0.11	0.40
梨（二十世纪）	0.47	0.23	0.48
葡萄（玫瑰露）	0.60	0.30	0.72
柿（富有）	0.59	0.14	0.54
苹果（国光）	0.30	0.08	0.32
桃（白风）	0.48	0.20	0.76

肥料利用率是指当季作物从所施肥料中吸收的养分占施入肥料养分总量的百分比。国内外无数试验和生产实践结果表明，肥料利用率因作物种类、土壤肥力、气候条件和农艺措施而异，在很大程度上取决于产量水平、肥料种类及施用时期，测定肥料利用率的方法有示踪法和田间差减法两种。

肥料中有效养分含量是个基础参数，与其他参数相比较，它是比较容易得到的。因为现时各种成品化肥的有效成分都是按原化学工业部部颁标准生产的，都有定值，而且标明在肥料的包装物上，用时查有关标准即可。

（2）土壤有效养分校正系数法

此法是基于农作物营养元素的土壤化学原理，选择最适浸提剂，测定土壤有效养分，计算土壤供肥量，进而计算施肥量的一种方法。其原理仍是 Stanford 公式，土壤供肥量是通过测定土壤中有效养分含量来估算，以耕层（0~20 cm）2.25×10^6 kg·hm^{-2} 土壤计算，土壤有效养分含量用 mg·kg^{-1} 表示，在每公顷耕层（0~20 cm）土壤中所含的有效养分为 $225\ 000 \times 1/1\ 000\ 000 = 2.25$ kg。习惯上，把 2.25 看作为常数，称为土壤养分换算系数。例如某田块土壤有效磷含量为 10 mg·kg^{-1}（Olsen 法），则这块地土壤含有效磷量为 $10 \times 2.25 = 22.5$ kg。但因土壤具有缓冲性能，测定土壤有效养分不可能被作物全部吸收，只代表有效养分的相对含量。Truog 将"土壤有效养分利用率"这一系数（土壤有效养分校正系数）引入，土壤有效养分测定值乘"土壤有效养分校正系数"，以表达土壤"真实"的供肥量。这样一来，利用土壤有效养分校正系数计算养分平衡法的施肥量公式为：

$$施肥量（kg·hm^{-2}）= \frac{目标产量所需养分总量 - 土测值 \times 2.25 \times 有效养分矫正系数}{肥料中养分含量 \times 肥料利用率}$$

上述公式中，除土壤有效养分校正系数外，其他参数上文已讨论过。土壤有效养分校正系数是植株吸收的养分量占土壤有效养分测定值的比例，可通过查询当地土壤类型的土壤有效养分校正系数换算表获得。

（三）水肥模型构建考虑因素

1. 栽培管理目标

在果树种植过程中，果树的不同生命阶段及年周期不同生长季节（物候期）的栽培管理目标是不一样的，因此对水肥的需求也不一样。比如柑橘幼年阶段的春、夏、秋季主要目的是新梢生长，同时抑制晚秋梢或冬梢的抽生；在树体基本达到目标高度后，主要是促进春梢正常生长和春季正常开花坐果，抑制夏梢甚至秋梢生长，调整果树营养生长和生殖生长平衡，满足果实生长发育，保证丰产优质。因此水肥需求模型需要依据栽培管理目标进行构建，即首先确定果园的产量或其他生物量目标，再列出不同阶段的栽培管理目标，比如不同时期新梢生物量、坐果数、果实生长生物量等，进而推算出不同阶段的水分和养分的需求量，这样的水肥需求模型才具有实用性和可操作性。

2. 生长发育与水肥指标关系

果树任何器官或组织的生长发育对水分和养分的需求都有最低、最适和最高标准，即生长发育三基点。虽然过去已经有一些土壤养分标准（表7-8）和水分标准，如土壤相对含水量在60%~80%，根系具有很好的吸收水分能力，但是由于品种不同、土壤和气象环境条件的不同，果树对水肥需求存在显著差异，过去的一些标准很多时候只能做参考。因此，在构建水肥需求模型过程中，需要选择1~2个合适的监测指标，建立指标值变化与果树器官或组织的生长发育或果实品质之间的关系，确定相关标准。如土壤水势或茎水势是多少、土壤养分含量是多少（EC值是多少）的时候，新梢会大量萌发、生长最快；养分是多少的时候果实能够正常生长而新梢停止生长等。

目前许多标准主要是一个总标准（表7-10），而不同器官或组织在不同阶段的生长量不一样，所需要的水分和养分量也不相同，确定各器官或组织不同阶段达到最佳状态所需要的水分和养分量或需求标准是建立合适模型时需要考虑的重要参数。

表7-10　部分果树品种丰产优质叶片矿质元素含量标准

元素	富士苹果高产优质园	纽荷尔脐橙		不知火杂柑	
		高产园	优质园	高产园	优质园
N/%	2.5~2.9	1.9~2.1	2.2~2.5	1.6~1.9	2.3~3.2
P/%	0.17~0.25	0.14~0.20	0.15~0.23	0.09~0.11	0.08~0.15
K/%	0.95~1.29	0.82~1.23	1.02~1.50	0.41~0.86	0.49~1.28
Ca/%	0.95~1.75	3.37~4.20	2.73~3.77	3.60~6.37	3.07~6.22
Mg/%	0.28~0.52	0.15~0.23	0.17~0.24	0.10~0.17	0.16~0.21
Fe/ (mg·kg^{-1})	113.9~176.3	68.0~122.9	56.5~87.0	27.0~53.0	32.0~96.0
Mn/ (mg·kg^{-1})	60.4~216.5	29.6~50.2	19.9~39.5	123.0~238.0	116.0~150.0
Cu/ (mg·kg^{-1})	4.2~19.8	3.3~5.2	3.0~5.1	34.0~63.0	30.0~65.0
Zn/ (mg·kg^{-1})	24.6~49.1	7.7~13.6	5.0~8.8	48.0~65.0	106.0~214.0

土壤含水量的高低决定了土壤中养分有效性和果树根系活力的高低。虽然测定水分含量有针对土壤、环境和植物等方面多种手段，但目前衡量水分多少用于指导水分灌溉的指标主要有土壤含水量、土壤水势、叶含水量、叶水势。与土壤含水量、叶含水量和水势相比，土壤水势测定相对比较简单快速。但是土壤水势测定仅是代表局部土壤的含水量，并不能真正反映植物自身水分亏缺情况。近年来，随着植物茎水势传感设备的研发和应用，茎水势逐渐被认为是最能准确反映作物需水状况的参数。如以色列的 Saturas 茎水势传感器是一种可以嵌入在树干、藤蔓中的微型茎水势传感器，与 Saturas 的决策支持系统相结合，可以适时、自动、连续获得植物茎水势的精确数据，与气象数据、土壤数据和果树生长发育数据等进行综合处理，通过人工智能技术对积累的大数据进行分析，可以提供最优适时灌溉方案，提高用水效率，提升果园的产量与果实品质。

　　养分监测很重要，目前也有很先进的手段，如 N 含量快速监测技术、光谱遥感技术等。但是由于相关技术的复杂性和精准、快速程度不够等原因，目前都不能应用于田间现场养分适时监测、指导水肥精准管理，而实时监测土壤 EC 值和 pH、结合实验室分析土壤和叶片营养状况，是目前指导养分精准管理的主要手段。其中实验室主要分析的是 N、P、K、Ca 和 Mg 等大量元素，根据需要也会分析相关微量元素。

3. 环境状况

　　所构建模型的适用性如何与环境状况密切相关。环境状况主要包括果树根系土壤环境和果园气象因素等方面。不同土壤的质地不同，对应的土壤持水量、萎蔫系数和容量存在明显差别（表 7-11），相应的土壤供水能力、水分渗透力也不相同。另外，同一果园过去如果是采用人工进行树体的土壤管理和肥水管理，那么每一棵树的根系土壤质地就可能不一致，其根系范围内的土壤水肥特性就会存在差异，从而限制所构建的水肥模型的高效率利用。因此在实际果园建设或管理过程中，需要对果树种植沟的土壤进行均一化处理，以保证所构建的水肥模型高效利用。

表 7-11　不同土壤持水量、萎蔫系数及容量

土壤种类	饱和持水量 /%	田间持水量 /%	田间持水量 /（60%~80%）	萎蔫系数 /%	容重 /（g·cm⁻³）
粉砂土	28.8	19	11.4~15.2	2.7	1.36
砂壤土	36.7	25	15.0~20.0	5.4	1.32
壤土	52.3	26	15.6~20.8	10.8	1.25
黏壤土	60.2	28	16.8~22.4	13.5	1.28
黏土	71.2	30	18.0~24.0	17.3	1.30

　　在露天情况下，由于气象条件的不可控，会导致模型的有效性大大下降，其中降水频率和降水量会影响土壤养分的下渗，或者导致根系发生涝害等；太阳辐射、空气湿度、温度和风力会严重影响果园的 ETc。而设施果园由于土壤的一致性较好、气象环境相对稳定，是设施水肥精准管理水平较高的重要原因。

4. 其他因素

利用水肥一体化系统高效地对果树进行水肥精准管理，合适的模型是关键，但同时还需要有灵敏可靠的硬件设备，尤其是感知水分、养分含量的传感设备。另外，树体大小和状态一致性也是确保所构建水肥模型高效利用所需要考虑的重要因素，如果果树的树体大小和状态（树势强弱、结果多少）差别较大，就意味着每一棵树所需水分和养分量不一样，以单棵树为对象的水肥精准管理模型，即使在技术上可行，但是在经济上不可取。露天果园果树根系环境的可控与否也是能否确保水肥高效精准管理的重要因素。露天条件下，灌水多少相对而言比较好执行，但是由于自然降水的影响，要做到及时控水却不容易实现。虽然目前采用了微起垄建园和垄上覆盖园艺地布或避雨薄膜等技术措施，但是要轻松对果树根系土壤环境进行有效控制，目前还是比较困难。

二、果树水肥智能化管理

果树水肥一体智能化管理除必要的设施外（第 3 章有叙述），还需要相应的系统。这些系统主要包含智能化灌溉网络和果园养分智能化诊断推荐施肥专家系统。

（一）果园智能化灌溉网络系统

水分自动管理是利用水分监测系统与供水系统有机结合，实现灌区土壤湿度达到预设下限时电磁阀自动开启，当灌区土壤湿度达到预设上限或预设灌水定额时自动关闭电磁阀系统，实现灌溉智能化控制；亦可根据时间段远程调度整个灌区电磁阀的轮流自动或现场手动管理。不过手动模式适用于在灌溉情况较复杂和有一定专业技术知识的果农。

1. 系统构成

系统需要根据果树不同发育期的水分需求规律，结合果园滴灌网络的铺设，实现基于物联网的果园智能化灌溉管理。该系统主要包括服务器专家系统、数据库、通信模块和节点信息采集系统等。节点定时通过土壤水分传感器采集土壤中含水量信息后通过局域网和GPRS 上传到服务器，服务器把数据存放到数据库中。专家系统根据相关策略进行灌溉调节。用户可通过浏览器访问专家系统并进行相关查询。

智能化灌溉网络系统的硬件主要包括处理器、电源模块、GPRS 模块、定位模块、ZigBee 模块、电磁阀、灌溉控制模块和各传感器模块等。各个节点的传感器模块采集到环境信息后，通过 ZigBee 模块组成的树型局域网传到网关，网关通过 GPRS 模块传到服务器端（图 7–3）。

环境信息包括土壤温湿度、空气温湿度、光照强度、降水量等，通过相应传感器进行信号感知和传输。信息数据库的主要记录内容包括：①果园信息表，此表存储着果园的基础信息，如省份、城市、面积、经纬度等信息；②果园各节点的实时环境信息表，包括节点 ID 号、土壤温湿度、空气温湿度、光照强度等；③果园雨量信息表，包括当地几天内的降水预测以及实际降水量信息。专家知识库的主要调用信息包含：①果树需水量表，包括不同生长期的需水量情况、土壤含水量阈值；②灌溉策略规则表，包括根据果树生长期、果园实时环境信息、雨量预测及校准信息等多变量因素组成的灌溉策略规则；③果树相关疾病信息表，包括果树常见疾病生理特征、预防措施、解决措施等相关信息；④果树

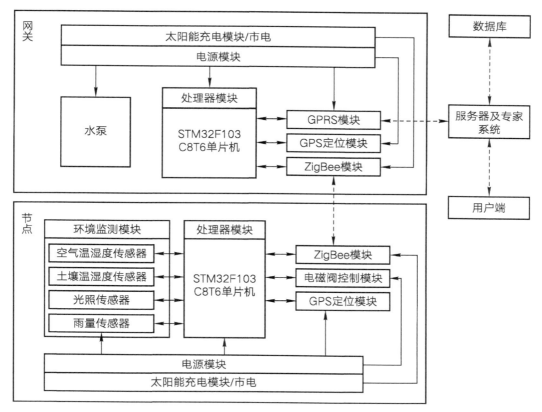

图 7-3 智能灌溉系统网管及节点框图

管理信息表，包括果树相关的灌溉、施肥、剪枝等相关护理的注意事项等。

2. 功能实现模块

果树水肥一体智能化管理系统主要可分为果园环境实时检测监控和果园水分精准管理决策两大模块。

（1）果园环境实时检测监控模块

该模块主要用作实时显示果园的环境信息，包括当地降水预测情况、土壤温湿度、空气温湿度、光照强度、降水量情况、植株氮养分状况等。其中，植株氮养分状况可由手持便携式植株氮素测定仪获取，上述数据信息经果园局域网或 GPRS 上传至服务器后，用于后台智能化灌溉施肥专家系统的最终分析决策。

目前果园水分监测主要通过土壤墒值检测系统、传感器直接监测和自动气象站环境监测辅助实现。用户根据监测需要在土壤不同深度安装土壤水分传感器，通过测量土壤的介电常数实现分层土壤墒情的长时间连续监测；同时，结合自动气象站对风向、风速、降水量、气温、相对湿度、气压、太阳辐射等多个气象要素进行全天候现场监测，以判断是否需要灌水。自动气象站亦可以通过多种通信方法（有线、数传电台、GPRS 移动通信等）与气象中心直接进行通信，将气象环境数据传输到气象中心计算机气象数据库中，用于统计分析和处理。

（2）果园水分精准管理决策模块

该模块是整个系统的关键模块，主要是根据理论模型、专家经验及其他各种变量因素，制定出合理的灌溉施肥策略，从而进行科学有效、有针对性的果园灌溉和施肥。

首先是要考虑相应果树品种不同生长期需要的适宜土壤湿度。例如测定某一柑橘试验园发现，2—4月为柑橘的抽梢开花期，土壤含水量适宜区间为19%～24%；5—6月为柑橘的落果及夏梢抽生期，土壤含水量的适宜区间为21%～24%；7—10月为柑橘果实生长膨大期，其中7—8月土壤含水量应为20%～25%，9—10月土壤含水量应为21%～26%；11月—次年1月为果实着色成熟期，土壤含水量应为20%～24%。因此若设置固定的灌溉阈值，供应相对固定的水量，明显不符合柑橘的生长需求，系统必须根据柑橘果树不同的生长期进行动态设置灌溉的上下限阈值。

其次是果园实时环境参数情况。无线传感器网络把果园实时环境参数上传到服务器后，专家系统将其与果树生长所需的参数进行对比，作为触发灌溉指令的前置条件。

最后是果园降水预测及校正。将果园未来几天的降水情况作为果园灌溉的重要影响因素之一。灌溉系统根据土壤含水量阈值比较，进行灌溉操作后，可能会适逢降水。这样既造成果树土壤短期内积水过多不利于生长，同时也不符合水资源合理利用的需求。因而，把果园未来几天的降水情况作为灌溉操作决策的因素很有必要。常见的降水有小雨（<10 mm）、中雨（10.0～24.9 mm）、大雨（25.0～49.9 mm）、暴雨（50.0～99.9 mm）和大暴雨（50.0～99.9 mm），可以设定对应的降水程度系数 a 分别为0.1、0.2、0.6、0.8和1.0。则在观测窗口的降水程度为：

$$P = \frac{\sum_{t=1}^{r} a_t}{T}$$

式中，T 为降水预报观测天数。当灌溉指令触发的前置条件触发，并且未来 T 天的降水程度 $P \leqslant 0.2$ 时，进行正常的灌溉操作；若未来 T 天的降水程度 $0.2 < P \leqslant 0.5$ 时，则灌溉至临时上限阈值，临时上限阈值如下式所示：

$$\mathrm{Th_{tem-max}} = \mathrm{Th_{min}} + \frac{\mathrm{Th_{max}} - \mathrm{Th_{min}}}{2}$$

式中，$\mathrm{Th_{tem-max}}$ 为临时灌溉阈值上限，$\mathrm{Th_{max}}$ 为原灌溉阈值上限，$\mathrm{Th_{min}}$ 为灌溉阈值下限。通过调节灌溉阈值适当减少灌溉供给，并以雨水进行补充。若降水程度 $P > 0.5$，说明果园将有较大的降水，则暂不做出灌溉指令。

由于降水预报有时可能出现偏差，会影响到果树的水分供给。因而对降水预报进行相应的修正是准确实施灌溉的重要保证。其中，降水预报修正需要考虑当前观察窗口和下一个观察窗口的情况。降水预报修正主要通过调整临时灌溉下限阈值实现。调整方式如下式所示。

$$\mathrm{Th_{tem-min}} = \mathrm{Th_{min}} + \left[w_1 (P_{pre} - P_{true}) - w_2 (P_{pre-next}) \right] (\mathrm{Th_{max}} - \mathrm{Th_{min}})$$

式中，P_{pre} 为当前观察窗口的降水预测等级，P_{true} 为当前观察窗口的实际降水等级，$P_{pre-next}$ 为下一观察窗口的降水预测等级；w_1 和 w_2 分别为对应两个观察窗口的权重系数（根据实验观测，w_1 和 w_2 分别设为0.6和0.4取得较好效果）；$\mathrm{Th_{min}}$ 为原灌溉阈值下限，$\mathrm{Th_{tem-min}}$ 为临时灌溉阈值下限。

与此同时，需要根据果树不同物候期的需肥特点，分时期按系统推荐的最佳养分配比将果树所需矿质养分以水溶肥的形式与果园适时灌溉的开展有机地结合起来，通过水肥耦合提高灌溉水和肥料的利用效率，达到以水促肥，以肥调水，增加果树产量和改善果实品质的目的。

（二）果园智能化养分管理

1. 养分智能化管理内涵

养分智能化管理是根据不同果树的种类与生理时期需肥量、施肥时期与浓度，通过定时定量的水肥一体化灌溉系统的肥料溶液混合系统控制，实现养分管理施肥浓度与施肥量自动化控制或手动控制。目前水肥一体化灌溉施肥系统主要根据土壤 EC 与 pH 传感器监测结果，通过 lora 模块传送至客户端或控制肥料搅拌系统中搅拌器与补水通道的阀门，达到控制肥水浓度的目的，而灌溉量由肥水一体机内置的流量传感器实现定量控制。

由于传感设备精确度不高、人才缺乏和农机农艺不配套等原因，养分智能化管理目前仅处在半自动施肥阶段。

2. 施肥智慧决策方法

近年来基于叶片与土壤营养诊断进行的配方施肥应用较多，但是其操作过程复杂、效率低且化学试剂使用污染严重。针对我国以农户为主要经营单元的小农业生产体系，很难要求果农逐家逐户进行土壤或叶片营养分析，指导推荐施肥。如何根据果园地块相关信息建立施肥决策支持系统，更快、更好、更高效地服务果农，同步提升果品质量与土壤肥力，实现化肥零增长甚至减量施肥，是当前相关科研与管理工作者需要迫切解决的重要课题。以下是施肥决策系统的简单介绍。

（1）测土配方施肥技术

我国果树种植区域范围广阔，果树大多种植于山地丘陵地区，土壤和肥力的空间变异巨大，加之果树之间产量的较大差异，使得不同果园地块、不同品种、同一品种不同单株之间的施肥需求存在较大差异，通过大尺度土壤与叶片营养分析诊断的果树施肥针对性差、分析工作量大，也难以适应当前果树规模化集约化发展的果园施肥。传统的测土配方施肥技术是通过设计"3414"田间试验，即氮、磷、钾 3 个因素、4 个水平、14 个处理肥效田间试验来建立推荐施肥各项指标，进而指导合理施肥。针对立地条件复杂、土壤肥力差异大的柑橘作物而言，该方法存在一定的局限性，仍按大田粮食作物进行大尺度采样，其样品的代表性与针对性较差，难以表征不同果园地块的土壤养分水平，同时微量元素的测定易受采集手段、工具的影响，且评价指标是基于 20 世纪 80 年代的生产力水平条件下建立的，相对经过几十年土壤肥力水平、肥水资源投入及耕作措施等的变化，指标体系显然落后。

（2）肥料效应函数施肥

建立关于不同的肥料使用量与产量的函数模型，根据模型获得最佳肥料使用量，可以确定最大施肥量和经济施肥量，以及可以评价肥料间的相互作用。通过 N、P、K 等元素平衡法，以其中一个元素肥料的量，计算其他元素肥料的用量，其表达式为：

$$Y = a + bX + cX^2$$

式中，Y 为作物产量，X 为某种肥料用量，a、b、c 为系数。但其试验周期长，年份间重复性差，容易出现"马鞍型"曲线，且试验工作量大，无法对果园管理造成的影响做出精确评估，预测施肥量误差偏大。故有学者在肥料效应函数的基础上提出生态平衡施肥模型，其表达式为：

$$W_{input} = -a + b_1 X - cX^2 + 2.25 \times (T_n - T_{n+m})$$

式中，W_{input} 可分别表示为最大、经济和生态施肥量，X 代表产量，T_n 为某地块土壤有效养分实测值，T_{n+m} 为达到目标产量所需土壤有效养分适宜含量的下限（mg·kg^{-1}），2.25 为将土测值换算为 kg·hm^{-2} 的平均乘数，这里每公顷 20 cm 耕层按 2.25×10^6 kg·hm^{-2} 土壤计算，$-a$ 是产量为 0 时，保持土壤养分平衡条件下所需要的施肥量，b_1 为随产量增加施肥量线性增加系数，$-c$ 为随产量增加施肥量加大系数（符合报酬递减规律），$2.25 \times (T_n - T_{n+m})$ 为土壤有效养分含量变化项。该方法在小麦、玉米等作物上应用较多，柑橘等果树方面的报道较少，有待研究。

（3）目标产量法

目标产量法属于平衡模型，其表达式如下：

$$W_{input} = (W_{output} - 2.25 \times K_{soil} \times T_n)/K_{ker}$$

式中，W_{input} 为施肥量（kg·hm^{-2}）；W_{output} 为作物产量带走的养分量（kg·hm^{-2}）；K_{soil} 为土壤有效养分表观利用率（%）；T_n 为土壤有效养分测定值（mg·kg^{-1}）；K_{ker} 为肥料养分当季利用率（%）；2.25 为将土测值换算为 kg·hm^{-2} 的平均系数，即 20 cm 耕层按 2.25×10^6 kg·hm^{-2} 土壤计算。K_{soil} 和 K_{ker} 通过相应田间试验计算获得：K_{soil} =（缺素或空白区作物吸收某养分总量 / 季前耕层土壤某有效养分总量）×100%；K_{ker} =［（施肥区作物吸收某养分总量 – 缺素或空白区作物吸收某养分总量）/ 施肥区施入某养分总量］×100%。

虽然上述平衡模型在构造上无可争议，但很多参数在实际应用上存在一定的问题。据研究，土壤有效养分表观利用率与肥料养分利用率互相影响，两者皆非常数，且土壤有效养分的测定值与其利用率、当季肥料利用率呈显著负相关。这两个参数是基于施肥区与缺素区吸收养分量而得，但施肥区通过肥料施入土壤后具有激发效应，导致土壤养分的有效供应量与缺素区有显著差异，造成试验误差。

（4）基于产量反应与农学效率推荐施肥

2012 年何萍等提出基于产量反应和农学效率的推荐施肥方法，在水稻、小麦上进行了大量试验与验证，其推荐施肥主要依据作物产量反应和农学效率（施氮量=施氮的产量反应 / 氮素农学效率，施氮的产量反应由施氮和不施氮小区的产量差求得）；对于磷、钾养分推荐，主要基于产量反应和一定目标产量下作物养分移走量给出施肥量（施磷或施钾量=作物产量反应施磷或施钾量 + 作物收获物移走量）；作物养分移走量主要依据QUEFTS 模型求算的养分最佳吸收量；中、微量元素通过土壤养分测试数据为依据作为补充。且根据已建立的推荐施肥模型与数据库，针对水稻、小麦等粮食作物基于语义技术开发集合形成以计算机软件形式面向科研人员和农业科技推广人员的养分专家系统。该方法是一种简便易行的增产增收、提高肥料利用率和保护环境的养分管理和推荐施肥方法，其推荐施肥系统已成为菲律宾和印度尼西亚农业部推荐施肥的官方推荐方法。在印度的水稻、小麦和玉米种植区已经开展相应的田间验证工作，并已被一些种子公司和肥料企业推荐施肥所采纳，该方法不仅适合于以家庭为主要经营单元的小农户生产体系，而且适合区域和大规模经营农业生产体系。但基于果树产量反应的推荐施肥技术研究甚少，果树除特殊修剪处理外，果实是树体养分携出的唯一器官，因此通过确定果实中养分携出量和相应农学效率进行补充施肥，即基于果树产量反应的养分推荐施肥方法（以果定肥法）可望成为今后一段时间内柑橘等果树施肥养分推荐的重要方法手段。

（5）其他

基于上述分析，近年来西南大学郑永强团队研发出基于"以果定量、以氮定肥"和"DOP诊断结果矫治施肥"的施肥推荐策略的柑橘施肥智慧决策模块，实现柑橘高产优质推荐施肥矫治方案、水肥一体化和固体肥农资肥料库配方方案推送。

其中，"以果定量"即以目标果实产量确定总施肥量，属于前文所提到的"养分平衡施肥法"，该方法的计算逻辑较为简单，便于自动化实现；"以氮定肥"即以果树氮养分水平确定具体施肥次数，氮素作为果树生长发育和产量形成的最关键元素，在果园基肥和追肥中的作用尤为明显，并且便于实时跟踪监测，对于及时了解果园养分水平，调整施肥方案具有重要意义；"DOP诊断结果矫治施肥"主要是根据分时期的低产果园和低品质果园养分诊断结果的元素失衡偏差程度，实现对应时期失衡养分矫治施用量的自动化定量计算，有助于最终推荐施肥矫治方案的智能生成。其中，根据DOP法营养诊断结果指导施肥调整公式为：

$$P = P_0 \times (1 \pm p)$$

式中，P为该养分元素经矫治后的用肥量，P_0为该养分元素标准用肥量；p为该元素检测含量与标准含量的DOP偏差程度（%），缺乏为"−"，过量则为"+"。

数字课程学习

▶ 教学课件　　　✏ 自测题　　　⬇ 知识拓展

第8章
树体和花果的智能化管理

树体和花果管理是实现果树丰产优质的重要措施。树体管理主要包括树形培育（整形）、修剪和枝梢控制；花果管理主要包括促成花、花期调控、保花保果和提高果实品质等方面。目前这两方面的管理都需要投入大量劳动力，是果园管理生产成本增加的重要原因。因此，迫切需要研发和应用轻简化的管理技术，以实现果园管理降本增效。

第1节 树体管理

果园数字化、智能化管理必须有一定的农艺基础，如大小相对一致的树体和合适的树形。

一、果园智能化管理对树体的要求

智能化管理的果园，树体大小没有硬性规定。一般是根据相应大小的树体研发和应用配套的智能化装备，或根据相应的智能化装备采用相应大小的树体。不过从经济和管理效率角度考虑，智能化管理果园中不宜采用高大树形，树体高度宜控制在 3 m 以下，冠径控制在 2 m 以内。

传统的果树种植过程中，由于缺少适宜的矮化砧木资源、现代经营管理理念和栽培管理技术，多数情况下主张自然生长，采用高大树体；同时主要依靠人工或机械辅助进行树体管理。随着劳动力不足及劳动成本的逐步增加，果园的管理逐渐由以人工为主转向以机械为主，现代化管理的果园对树体的要求如下。

1. 树冠变矮、变小、变扁

传统的木本果树树体一般超过 3 m，如苹果、梨、柿、枣、板栗、荔枝等果树的树体高度一般超过 5 m，甚至超过 10 m，冠径 3~6 m（图 8-1）。

现代化管理的果园，不仅要降低劳动投入、提高人工劳动效率，还要提高智能化管理机械等的工作效率。过高、过大的果树对机械要求较高，会大大降低其管理效率；同时树冠较大影响机械喷药对树冠内膛的病虫害防治效果。因此，现代化管理要求树体变矮（高 1.5~3 m）、变小（冠径 1~2 m）、变扁（行间方向冠径 1~1.5 m）。

图 8-1　传统荔枝园中的高大树体

2. 树体骨干枝少、结构简单

传统的树体结构至少包括主枝、侧枝、结果枝组等。现代化管理果园，由于采用机械进行树体管理，就需要结构简单的树体，一般树体的骨干枝不超过 3 个，直接在上面分布中小型结果枝组。这种简单的树体结构，不仅方便应用机械，而且如果是人工管理，也可以大大提高树体管理效率。

3. 树形

智能化管理的果园通常是以一行为管理对象，要求果树株间相连，使整行成为一个整体。考虑到人工或智能机械病虫害防治、树体管理的方便性，树形变化总的趋势是由高、大、圆形树冠向矮、小、扁形树冠方向发展。树形以小冠圆头形、高纺锤形或圆柱形和 Y 形为宜。高纺锤形或圆柱形树形若整行株间相连，则形成篱壁形式，小冠圆头树形经过机械修剪后会变成小冠梯形。

果树不仅种类繁多，而且同一种类中不同品种生长结果的特性差别很大，需要根据果树种类或品种选择适应智能化管理的丰产优质树形。一般而言，主干不明显的柑橘、枇杷、荔枝、龙眼、芒果等常绿果树可以采用小冠自然圆头形，经过精心培育也可以选择圆柱形；葡萄和猕猴桃等藤本果树宜选定 Y 形棚架或篱壁架式；桃树等喜光性强的果树宜用 Y 形树形；苹果、梨和山楂等乔化树种，宜在选择适当砧木的基础上采用高纺锤树形。此外，树形的选择还要考虑气候、土壤、栽植密度、砧穗组合、技术管理水平、劳动力资源、经济实力和生产习惯等诸多因素。最终以是否方便机械管理、降低劳动投入，是否有利于实现丰产优质作为衡量树形优劣的标准。

二、适宜智能化管理的树形培育

由于劳动力不足和劳动力成本上升的原因，适宜智能化管理果园的树形培育也要求简单化。本部分主要介绍小冠圆头形、Y 形和高纺锤形或圆柱树形培育。

（一）小冠圆头形树形培育

1. 苗木选择

为了确保果园中苗木生长高度的一致性，苗木宜选择粗度基本一致的单干无病毒容器苗或带小土球的大、壮苗。对于苹果、梨和桃等品种，可以采用无毒裸根的大、壮苗。

2. 定干扶直

根据立地环境降水量多少，在主干40～70 cm处的壮芽上方进行短截。一般降水量少、干旱地区留干40 cm左右短截，降水量充沛、湿度较大的地方留干70 cm左右短截，并在主干旁边立一根支柱，将主干绑直在支柱上（图8-2A）；主干顶部预留20 cm不处理，抹除其他部分的分枝或套上防抽生萌蘖的黑色皮管、塑料筒或防水纸筒等（图8-2B）。

3. 除萌和促进新梢生长

苗木定植后当年生长季节，及时去除主干上的萌蘖，原则上不对所抽生的新梢进行摘心或短截处理，让其自然生长。

每批新梢生长过程中，应科学进行养分管理。一般前期以高氮养分为主，以促进生长；后期以高钾养分为主，以促进枝梢老熟。当树体高度达到1.5 m以上时，需要及时控水、控氮，并保护好叶片，以促进枝梢上部分芽能完成花芽分化，使果树第2年开始适量结果。

A   B

图8-2 幼苗定植后定干绑直（A）和主干套防水纸筒（B）

4. 冬春轻度修剪

冬季温暖的地方，可以在果实采收1个月之后进行轻度修剪；冬季存在低温危害风险的地方，则在翌年春季萌芽前进行轻度修剪。主要采用疏枝手法去掉强旺徒长枝、病虫枝和枯枝、过密枝，采用回缩手法对少量非骨干大枝进行回缩。

至此，小冠树形基本培育完成。以后每年要在稳定产量的基础上，利用肥水精准管理控制新梢生长，并结合冬春的简易修剪平衡营养生长和生殖生长，维护树形和树冠大小。

（二）木本果树Y形树形培育

1. 苗木选择

与小冠圆头树形培育要求相似，宜选择粗度基本一致的单干健康的大、壮苗。

2. 定干

按株距0.8～1.2 m定植后，根据立地环境在主干40～70 cm处进行短截，去掉除主干上整形区（主干最上部分的20 cm）外的分枝和芽。

3. 选留和培育主干

待整形区的芽萌发后，每株在东西向各选择一个壮梢作为主干培养，其他枝梢不断摘心或扭梢，以缓和生长。作为主干的枝梢通过拉枝或绑缚使其与地面成60°角。

4. 冬季修剪

冬季修剪时，在主干枝延长头的适当壮芽位置进行短截，以促进主干翌年继续延长生长，直至离地面高度接近2 m，疏除或重剪主干上强旺直立枝，回缩主干上大的枝组，维持树体呈Y形（图8-3）。

（三）葡萄 Y 形棚架整枝

葡萄的 Y 形架式需要依靠 Y 形支架。它结合了传统棚架和篱架的优点，具有管理简单、省工和方便机械管理等特点。

1. Y 形架式结构

根据葡萄 Y 形架栽培模式的特点设计葡萄 Y 形支架。首先沿葡萄定植沟的中心线，每隔 6 m 立 1 根 2.4 m 的水泥柱，地下埋 0.6 m，地上部分为 1.8 m。一般在水泥柱距地面 0.9 m 处预留一个牵铁丝的孔，在 1.0 m 处固定一对弧形撑杆、

图 8-3　桃树 Y 形架式结构

1.7 m 处固定一根长 2.5 ~ 3.0 m 的横梁，方向与行向垂直，横梁两端预留牵铁丝的小孔。弧形撑杆与横梁相连，每个弧形撑竿上预留 2 个牵铁丝的小孔（图 8-4A）。或者在水泥柱距地面 0.9 m 处预留一个牵铁丝的孔，1.25 m、1.70 m 处分别固定一横梁，方向与行向垂直，长度分别为 1.0 m 和 2.5 ~ 3.0 m（图 8-4B）。不同地方根据当地实际情况，Y 形架式结构会有些不同。多数情况下，还会在顶部安装一个弧形拱棚，用于覆膜或覆网。立好 Y 形支架后要及时拉上铁丝。

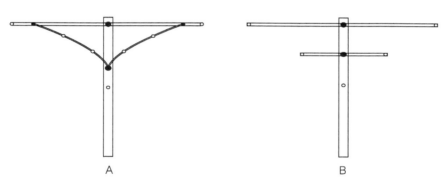

A　　　　　　　　　　　　　　　　B

图 8-4　两种葡萄 Y 形架式示意图
注：●表示固定点，○表示预留的牵铁丝的小孔

2. 苗木选择

宜选择根系新鲜、枝条成熟、芽眼饱满、无检疫性病毒及病虫害的苗木。根系至少 5 根以上，要求长度 ≥ 20 cm，分布均匀、舒展，有较多小侧根或须根；当年嫁接枝条基部 5 cm 处直径 > 0.6 cm，有 3 ~ 5 个饱满芽眼。

3. 苗木定植

Y 形架式葡萄建议株行距采用（1.0 ~ 1.5）m ×（2.5 ~ 3.0）m，每亩 148 ~ 266 株。定植前根据行距挖深 50 cm、宽 80 cm 的定植沟，用 5 000 kg/ 亩左右腐熟的有机肥（如兔粪、羊粪、牛粪、玉米秸秆、小麦秸秆等），以及 100 kg/ 亩左右的钙镁磷肥与种植沟的土壤充分混匀，然后回填。填好的沟回填沉实后要高出地面 10 ~ 20 cm。

苗木定植在春季当地葡萄萌芽前 20 d 左右为宜。栽苗时根系在定植穴内要自然平展，充分接触土壤；苗木定植时不施用肥料防止烧根，不能掩埋嫁接口。苗木用湿布盖严保

湿，随栽随取；栽植后及时浇透水。

4. 苗木整枝

定植后在苗木旁边立一根小支柱，留约 3 个壮芽进行短截。苗木萌芽后留 1 根壮梢绑缚在支柱上，作为主干培养，其他新梢不停摘心控制生长。主干新梢长至 Y 形架式第 1 层铁丝下 30 cm 处摘心，待长出新的副梢后，顶端选择留 2 条副梢作主蔓，其他主干上的副梢留 2 片叶及时摘心。随着主蔓生长，将主蔓绑缚固定在第一层铁丝上，在铁丝上延长至 0.75 ~ 1.0 m 时摘心；主蔓副梢长至 40 ~ 50 cm 时第一次摘心，然后顶部副梢长 20 cm 左右摘心，并将其固定在第 2、第 3 层等铁丝上，其他萌发的副梢留 2 片叶及时摘心。在葡萄生长期间一定要做好病虫害防控工作，通过绑缚和不停摘心，在合理的水肥管理下，当年即可培育成 Y 形架式，主蔓上副梢基部冬芽饱满、完成花芽分化。

冬季对基部径粗 ≥0.9 cm 的主蔓副梢留 2 个壮芽短截，其他留 1 个壮芽短截或疏除。

由于某些原因，Y 形架式培养当年不能完成，可以在定植第 2 年继续进行。其后通过定产、合适的肥水管理和树体管理，保证架式稳定、稳产优质。

（四）苹果高纺锤树形培育

1. 苗木选择

苹果等果树的高纺锤形树形培育技术因所采用的苗木不同存在差异。在高标准高效建园要求下，宜采用矮化自根苗嫁接的壮苗。理想苗木的直径 ≥16 mm、有 10 ~ 15 个分布合理的分枝，最下部的分枝距离地面 ≥80 mm。这样可以确保苗木在定植生长 1 年后，第 2 年可以少量结果，果园提早获得效益。

2. 苗木定植与修剪

矮化自根苗嫁接植株的定植株行距以（0.75 ~ 1.2）m×（3.5 ~ 4）m 较好；定植后在植株旁边立一根较粗（直径 >2 cm）的支柱，将中心干绑缚在支柱上。

如果枝条顶端没有发生损伤或枯水现象，定植以后不对主干和其上的分枝进行短截，采用斜剪法（图 8-5）疏除主干竞争的枝条或夹角很小的分枝；对于多分枝（10 ~ 15 个）大苗，剪去直径超过 1/2 主干直径的分枝；对于分枝很少且较粗的大苗，剪去直径超过 2/3 主干直径的分枝。

3. 拉枝和刻芽

定植后 2 个月内，所有长度超过 30 cm 的分枝通过绑缚拉枝或撑枝器（图 8-5）压到水平线或以下来促进结果。正常情况下，苹果树结果后的枝条不需进行绑扎和下压，基本上可以通过果实自身把枝条压弯；但是如果长势过强，枝条未被坐果压弯，就需要将长势较旺的枝条绑缚或下压，直到树势稳定，开始大量结果为止。

定植后，对于中央干上分枝不好的部分可以通过刻芽和涂抹 6-BA 等促进侧芽萌发分枝。一般中央干顶部 20 ~ 30 cm 和距离地面 50 cm 以下的主干部位不刻芽，其他需要的部位则每隔 5 ~ 6 cm 刻一个芽，刻芽部位为芽上方 0.5 ~ 1.0 cm 处，深达木质部即可。

4. 第 2 年树体管理

苹果等果树的高纺锤形树形高度以 2.5 ~ 3.5 m 为宜。在第 2 年树体如果未达到目标高度，一是要控制坐果量，对于结果大小年不明显的品种（如嘎拉），第 2 年控制 15 ~ 20 果 / 株、第 3 年控制 50 ~ 60 果 / 株、第 4 年控制 100 ~ 120 果 / 株为宜；对于生长弱且大小年趋势强的品种，第 2 年控制 15 ~ 20 果 / 株、第 3 年控制 25 ~ 40 果 / 株、第 4 年控制 50 ~ 70 果 / 株为宜。二是第 2 生长季节仍然要对中央干顶部进行抹芽定主干新梢、对主干新梢附近的新梢进行摘心处理，以保持主干优势。三是采用斜剪法（冬季修剪时）去掉直径大于主干 1/2 直径的分枝。

（五）柑橘单干圆柱形树形培育

柑橘的单干圆柱形是一个新近研发的树形，与苹果等的高纺锤形树形大体相似，都是一个中央主干，在其上直接培育结果枝组。苗木选择与柑橘小冠圆头形树形培育要求一致。春季萌芽前定植后，同样需要立支柱，当年一般是通过合理的肥水管理和及时绑缚扶直，尽量让苗木长到目标高度（2.5 m 左右）；第 2 年春季萌芽前通过疏除中央干、刻芽或其他激素处理措施促使中央干上叶腋下的侧芽萌发。可以结合夏季短截修剪整齐促发早秋梢、培育翌年的结果母枝（图 8-6）。正常情况下，第 3 年可以结果。柑橘单干圆柱树形培育不需要对枝梢采取拉枝等开张角度的措施。

图 8-5　苹果枝条斜剪
（马少锋供图）

图 8-6　柑橘单干圆柱树形
培育

三、智能化管理果园的修剪技术

（一）果园基本修剪技术

1. 短截

短截是指将一年生新梢剪去一部分的修剪方法，又称为短剪。一般将剪去 1/3 以内的枝梢称为轻度短截，轻度短截的留芽数多、养分分散，可促进其抽发较多的短小枝；剪去 1/2 左右的枝梢称为中度短截，中度短截刺激枝梢剪口下的芽萌发和抽生旺盛的枝梢；剪去 2/3 左右的枝梢称为重度短截，重度短截弱枝，将刺激抽生强壮的新梢，对恢复树势有直接的作用；而剪去所有枝梢，仅留下 0.5 ~ 1.0 cm 的桩称为极重度短截，极重度短截时，由于枝梢基部芽的质量较差，抽生的新梢质量较差，将削弱枝条的生长势。

2. 疏剪

疏剪是将一年或多年生枝从基部剪除（不留残桩）的修剪方法，又称为疏枝。合理疏剪可以使树冠通风透光，促进树冠内膛结果母枝的花芽分化、立体结果和改善品质。需要注意的是，疏剪过多、伤口过大，将削弱疏剪部位乃至全树的生长势。疏剪常用于生长旺、分枝多、树冠紧密的树。

3. 回缩

回缩是在有合适替代枝的节位处对多年生枝进行短截的一种方法。回缩的修剪量大于短截，刺激较重，对剪口下面的枝梢有促进作用，多用于树体和枝组的更新复壮、避免结果部位外移等；同时也用于改善树冠通风透光状况、控制树冠和提高果实品质等。

4. 缓放

缓放是指对一年生枝梢不进行修剪，又称为甩放、长放，一般用在次年拟结果的结果母枝上。缓放可缓和枝梢的生长势，不抽枝或抽发一些中小枝。斜生缓放的枝梢易于花芽分化，促进从营养生长转向生殖生长，多用于幼树和强旺树。

5. 抹芽

抹芽是指在萌芽后至新梢抽生到 1~2 cm 时，抹除不符合生长需要的嫩芽、嫩梢。通过抹芽，可以集中树体营养，保证留下来的芽得到充足的营养，更好地生长发育。

6. 摘心

摘心是指用手指或剪刀摘去正在生长嫩梢先端的幼嫩部分。摘心的效果因时间不同而不同，柑橘幼树通过对夏梢留 8~10 片叶摘心，可以促发秋梢，增加分枝，提早形成树冠；对果树骨干枝延长枝的新梢伸长至 50~60 cm 时进行摘心，可限制枝梢徒长，促进分枝；生长过长春梢及时摘心可促进坐果；对生长势较强的柑橘品种，夏梢抽生 20 cm 时摘心可抑制夏梢，促发早秋梢；而秋梢停止生长前摘心，可促进有机营养积累，及时完成花芽分化。

7. 弯枝

弯枝是指将直立枝拉平或拉斜的手法，通常在枝梢较软的生长季进行。通过弯枝可起到打开树体光路、缓和枝梢生长势和促进由营养生长向生殖生长转化的作用。常用的弯枝手法有撑、拉、吊、曲枝、别枝等。

8. 环剥 / 环割

环剥是去掉主干、骨干枝或大枝的一圈皮层，环状剥皮的宽度通常为该枝干直径的 1/10~1/8；环割是指沿着树的主干、骨干枝或大枝的基部用刀环切一圈，割断树皮或韧皮部，但并不除去其组织。环剥 / 环割主要是截断光合作用形成的糖类向下输送的通道，使之更多积累在环剥或环割的上部分。环剥 / 环割主要针对生长势较强的树体，不同时期环剥 / 环割的作用不同。花期处理有提高坐果率的作用，柑橘 10~12 月处理有促进花芽分化的作用，果实成熟阶段处理有增加果实糖分的作用。

（二）智能化管理果园的修剪技术要求

果树修剪对控制树冠、维持树形、改善光照条件、平衡营养生长和生殖生长具有重要的作用，根据修剪时期可以分为冬季修剪（休眠期修剪）和生长季节（夏季修剪）两种。冬季修剪主要包括缓放、短截、回缩和疏枝 4 个手法，而生长季节修剪主要包括抹芽、除萌、摘心、剪梢、撑枝、拉枝、拿枝、别枝、圈枝、环剥和环割等手法。但是因品种特性、树龄树势和环境条件差异，以及栽培目标等不同，果树的修剪是一个非常灵活的操作。一个成功的传统修剪案例是修剪人员高度智慧的结晶，常规智能机器还很难做到。

果园修剪是果园管理过程中不可缺少的一个环节，果园从业人员不足和劳动力成本增加使传统的修剪模式不能在规模化种植的果园中有效应用。在树体管理方面，即使采用传统的修剪手法，智能化管理的果园在改变传统树形基础上对修剪技术也提出了要求，以方便应用智能机械。

1. 修剪简化

智能化管理的果园，即使仍然利用人工修剪，也需要想办法将修剪"傻瓜化"，以提高修剪效率。如在高纺锤形苹果园中，采用回缩方式控制树高和树冠，采用斜剪法疏除过密枝、强旺枝和直径≥1/2主干直径的枝组即可。在柑橘小冠圆头树形或单干圆柱树形果园中，利用"掐头、去尾、缩冠、疏枝"8字口诀进行修剪，可以极大提高园区的修剪速度，解决果园树体高大、不通风透光的问题。掐头是指在中下部分枝位置去除高度超过2.0或2.5 m的大枝；去尾是指疏除骨干枝上离地面高度50 cm以下的分枝；缩冠是指逐步回缩过长、下垂的枝梢，将树冠行间冠径控制在2 m以内；疏枝是指疏除过密的弱枝组、强旺枝、病虫枝和枯枝等。

2. 机械修剪

修剪操作除利用电动修剪工具以减轻劳动强度外，还可以利用大中型修剪机械进行修剪。机械修剪是一种非选择性修剪方式，又称为"蓠剪"。生产中蓠剪主要有"屋脊式蓠剪"和"梯形蓠剪"两种方式（图8-7）。当蓠剪面与垂直夹角在15°时，需要在顶部与水平夹角30°左右进行一次蓠剪，形成一个屋脊式蓠剪（图8-7A），可以保证阳光进入树冠中下部；当蓠剪面与垂直夹角在25°时，可以在顶部进行水平顶剪，形成梯形式蓠剪（图8-7B）。

机械修剪会剪去大量的优良结果母枝，同时还会促发大量新梢，因此会影响当年甚至翌年的产量，因此不是所有的果树均能采用。苹果和梨等品种如果在春季进行蓠剪，当年形成的新梢需要经过第2年的长放，萌发在短枝上的顶芽才有可能完成花芽分化，至第3年才能开花结果，因此一般不能采用机械进行非选择性的修剪。柑橘、芒果等品种可以在春季或夏季进行机械修剪，只要管理合适，整齐抽生的新梢可以完成花芽分化，翌年可以大量开花坐果。由于机械修剪后大量结果的果实偏小，因此采用机械修剪的果园主要是用于生产加工的果实。

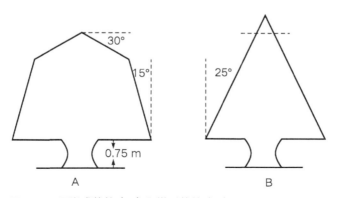

图8-7　屋脊式蓠剪（A）和梯形蓠剪（B）

3. 化控修剪

化控修剪是指应用植物生长调节剂调节植株枝梢的生长和发育，使其朝着预期方向发生变化的树体调控技术。植物生长调节剂是指人工合成的或从微生物中提取、具有天然植物激素相似生长发育调节作用的非营养有机化合物，主要分为生长促进剂、生长抑制剂和生长延缓剂三大类型。目前用于化控修剪的生长促进剂主要有赤霉素、激动素、6-BA（6-苄氨基腺嘌呤）、CPPU（氯吡苯脲）等，生长抑制剂主要有三碘苯甲酸（TIBA）、青鲜素等，生长延缓剂主要有多效唑（PP_{333}）、矮壮素（CCC）、烯效唑等。

四、果树枝梢控制技术

（一）枝梢调控的重要性

果树的枝梢正常生长是幼树迅速扩大树冠、及时进入结果期的重要保证，也是成年果树维持营养生长和生殖生长平衡、保证树体丰产稳产的需求。不同果树枝梢的生长特性不同，有的果树枝梢上的芽正常情况下一年只萌芽一次，即只抽一次新梢，如梨等；有的果树，如柑橘、枇杷等，只要条件合适一年可以多次抽梢，根据抽生时期分别称为春梢、夏梢、秋梢和冬梢。

新梢生长需要不断消耗糖类和矿质营养。一方面，新梢生长旺盛阶段会与开花坐果或果实发育和成熟等竞争糖类和其他养分，容易引发梢果矛盾，导致大量落花落果、产量降低，或减少糖类向果实积累、品质变劣。另一方面，嫩芽或新梢是害虫和病害的主要危害对象，新梢大量无序抽生将增加病虫害防控难度，影响果品安全和品质。

因此根据管理目标调控枝梢生长是果园管理的一个重要目标，对树形培育、树冠控制，丰产稳产优质和病虫害绿色防控具有重要的意义。

（二）枝梢调控技术

目前枝梢调控技术主要包括以下几个方面。

1. 人工或机械处理

对于一些不需要的枝梢，可以人工或利用特制的小型机械直接进行疏除，或通过摘心、剪梢等措施控制新梢的生长或促进分枝等。

2. 养分调控

枝梢生长发育需要消耗养分。如果需要刺激或促进新梢生长，一般要提供足够的营养条件。养分缺乏的情况下，树体难抽生出新梢。正常情况下腋芽萌发和枝梢生长初期，需要提供高氮养分；枝梢生长后期一般提供高钾养分，以促进新梢及时老熟。

3. 化学调控

利用植物生长调节剂调控果树枝梢生长发育的案例非常多。新梢生长时适时叶面喷施生长延缓剂 PP_{333} 可以有效抑制苹果、核桃、桃、樱桃等果树的营养生长，使节间变短、树体矮化；柑橘夏梢抽生之前喷施 1 000 mg/L 青鲜素能推迟夏梢抽生，并减少夏梢发生数量和长度；而在夏梢抽生 1 cm 左右时喷施 1 次 50 mg/L 赤霉素，能显著促进夏梢生长，迅速扩大幼树的树冠；温州蜜柑在 9 月喷施 1 次 4 000 mg/L 矮壮素能有效抑制晚秋梢生长；

叶面喷施一定浓度的 6-BA 或腋芽涂抹 6-BA 可以促进腋芽萌发、促进分枝。

化学调控虽然是一项省力有效的枝梢控制技术，但是在实际应用过程中，其使用效果与使用浓度、品种、树体状态和环境条件等因素有关。正确使用可以达到事半功倍的效果，使用不当则会引起严重的副作用，因此生产实践中要谨慎使用。

4. 产量水肥综合调控

"以果压梢" 和 "无水不成梢" 等是在果园生产实践中总结出来有效经验。在产量一定的情况，是可以通过精准养分和水分供应控制新梢的抽生。不过，目前在果树露天种植、水肥不可控的条件下，大面积实现产量水肥综合调控新梢抽生及生长发育还有一定难度。

 # 第 2 节　花果管理

果树种植的主要目的是生产果实，在满足人们需求的同时获得收益。果实是由花器官发育而来，如柑橘、葡萄、桃、李等的果实是由花的子房发育而来，苹果、梨、枇杷等的果实是由子房和花托发育而来，在果实生长发育过程中逐渐形成特有的品质。果树是否成花主要取决于是否能完成花芽分化，能否开花和开花长短取决于气候是否合适，能否坐果取决于是否完成授粉受精、环境条件是否合适，坐果率高低取决于品种特性、气候与营养状况等。根据花果形成和发育的生物学基础，花果管理包括成花调控、花期调控、保花保果和果实提质等技术。因此能否科学运用花果管理调控技术，是果树可否连年丰产优产的主要决定因素。

一、成花调控

果树能否坐果，首先看是否成花，即果树枝梢上的芽能否及时完成花芽分化；每年有数量足够和品质好的花芽形成，对果树丰产具有重要的意义。因此调控芽生长点向花芽方向转化，是花果管理首先要考虑的问题。能否成功调控花芽分化，取决于调控时期和调控措施两个方面。调控时期与花芽分化临界期有关，调控措施与花芽分化机制有关。

（一）成花调控时期

根据第 2 章叙述的概念，果树花芽分化包括生理分化和形态分化两个阶段，其中生理分化阶段的芽生长点处于极不稳定状态、代谢方向易于改变，是花芽分化临界期。芽的生长点一旦完成生理分化，进入花发端阶段，就具有不可逆性，直接进入花芽的形态分化阶段。因此，花芽分化临界期是调控枝梢上的芽进行花芽分化的关键时期，即要调控枝梢上芽的生长点进行花芽分化，必须在花芽分化临界期及之前一段时间内。

不同果树的花芽分化的时间和类型不同，因此花芽分化调控的时间也不相同。果树的花芽分化一般可以分为五种类型，分别是夏春间断型、夏秋连续型、冬春连续型、一年多次分化型和随时分化型。夏春间断型果树，包括多数落叶果树如苹果、梨和桃等，其花芽分化开始一般在新梢生长停止后不久，或在迅速生长之后芽的生长点处于活跃状态时期，若树体内外条件适宜便开始花芽分化，一般在 6 月中下旬至 7 月之间，10 月前后大部分花器原基基本形成，此后随着气温降低，花芽分化暂停，直至翌年气温回升后再继续完成分化，随后气温合适时候开花。夏秋连续型果树，如枇杷、杨梅和香榧等，花芽分化需要较高的夏秋季温度，枇杷一般在夏梢停止生长约 2 周开始进入花芽分化临界期，虽然因为气候条件、营养差异等原因，不同枝条开始形态分化的时间不同，但多数情况下在 10 月下旬之前会完成花芽分化。冬春连续型果树，包括亚热带的柑橘（甜橙、宽皮柑橘、柚）、荔枝、龙眼、橄榄、黄皮和热带的芒果等，需要一定的低温；柑橘的花芽分化一般在 11 月开始，直到翌年 3 月中旬前完成，荔枝的花芽分化一般在 10 月上旬至翌年 3 月中下旬之间，芒果的花芽分化主要集中在 11 月中旬至翌年 3 月之间。一年多次分化型果树，包括一些亚热带果树，如金柑、柠檬、四季橘、无花果、四季草莓等，花芽分化对温度无严格要求，可能与水分胁迫有关。随时分化型果树，包括香蕉、菠萝等草本热带果树，花芽分化主要取决于其营养生长的累积程度，达到一定大小和叶片数，在温度适宜情况下，一年中随时都可以进行花芽分化。

对于不太清楚花芽生理分化期的果树，可以通过摘果摘叶、喷施激素等处理措施或显微镜法确定果树的花芽分化临界期。果实抑制花芽分化，摘果促进成花，因此可以根据不同时期摘果后的花芽数量大概确定花芽生理分化始期；花芽生理分化期间摘除叶片几乎可以阻止所有树种的花芽分化，根据不同时期摘叶后的花芽数量可以判断花芽生理分化末期（图 8-8）。另外，许多研究表明赤霉素对多年生果树的花芽分化具有抑制作用，而细胞分裂素则与赤霉素的作用相反。因此可以设计间隔时间对新梢（一般是最后一批新梢）老熟后叶面喷施赤霉素或细胞分裂素，然后观察翌年花芽形成及开花情况，就可以大致确定该果树品种的花芽分化临界期。至于显微镜法，直接观察不同时期芽生长点的形态即可。

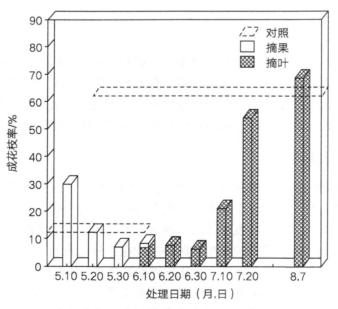

图 8-8　不同时期摘叶摘果处理对红富士苹果花芽形成的影响

（二）成花调控措施

成花调控措施的选择基础是成花机制。至今比较成熟的花芽分化学说有 C/N 比学说、临界节位学说、激素平衡学说、成花素学说、成花多因子控制学说等，其中 C/N 比学说和激素平衡学说已通过广泛验证。C/N 比学说认为果树体内糖分的积累是花芽分化的物质基础，用碳氮比来表示，当碳氮比高时，有利于花芽分化。激素平衡学说认为激素对花芽分化的顺利进行起着重要的调节作用，花芽分化是否顺利完成取决于促进成花和抑制成花两类激素的平衡；其中成熟叶片和根系产生的 ABA、CTK 具有促进成花的作用，而幼叶、种子产生的 GA 和茎尖产生的 IAA 具有抑制成花的作用；果树花芽分化的各个时期都是激素平衡调控的结果，其中 CTK/GA 比值与成花密切相关。

根据以上花芽分化调控学说，成花调控的措施主要包括调控枝梢碳水化合物积累和喷施生长调节剂两个方面。促进枝梢糖类积累的措施有：改善树体透光条件、提高光合效率，疏花疏果，枝梢长放或拉枝，适当干旱处理，减少氮肥增加钾肥施用量等措施，以缓和树势、对骨干枝和主干进行环割或环剥处理、断根处理、选择弱势或矮化砧木等。应用植物生长调节剂的措施主要有：在新梢生长中后期及时喷施一定浓度的丁酰肼（B_9）、多效唑（PP_{333}）等有利于促进花芽分化，而在花芽分化临界期喷施一定的细胞分裂素或赤霉素等则会抑制花芽分化、减少花量（表 8–1）。

表 8–1　植物生长调节剂对部分果树的成花效应和处理方法

生长调节剂	果树名称	效果	处理方法
B_9+ 乙烯利	苹果	促进成花	盛花后 3 周喷 500 mg/L B_9 + 250 mg/L 乙烯利 2 次
多效唑或 B_9	苹果	促进成花	盛花后 3 周喷 600 mg/L PP_{333} 或 2 000 mg/L B_9
多效唑	柑橘	促进成花	花芽分化之前喷 2 000 mg/L PP_{333}
赤霉素	柑橘	抑制成花	在花芽分化分化期叶面喷施 100 mg/L 赤霉素
细胞分裂素	枇杷	抑制成花	在花芽分化临界期喷施 6–BA
多效唑	桃	促进成花	7 月中旬—8 月下旬分 3 次喷施 150～200 倍的 15%PP_{333}，可促进露天种植的桃花芽形成
萘乙酸盐	桃、梨等	延迟成花	6—7 月喷施 200～800 mg/L 的 NAA–K
萘乙酸或 2,4–D	菠萝	促进成花	在植株营养生长完成后，从株心处注入 30 mL 萘乙酸（15 mg/L）或 2,4–D（5～10 mg/L）
赤霉素	草莓	促进成花	花芽分化前 2 周喷施 25～50 mg/L 赤霉素

另外一些果树花芽分化需要一定的低温和短日照，通过人为低温或短日照处理，可以促进花芽分化。如秋季对健壮的草莓苗进行低温处理，如从每天下午 4 点 30 分到次日上午 8 点 30 分放入 10～15℃冷藏库处理，白天从库中取出接受阳光照射，每天光照时间以 8 h 为宜，处理约 20 d，可使花芽分化比常规育苗方法提早 2 周以上。

二、花期调控

果树生产过程中会根据市场情况改变果树的开花时间，即调控花期，以使果实提早或延迟上市，从而得较大效益。果树的花期调控主要是利用物理和化学方法等栽培管理措施进行调控。

（一）物理调控

物理调控主要是利用温度和光照处理对花期进行调节。

1. 温度处理

是指通过人工控制温度，调节果树的休眠期和成花诱导的时间或开花时间来调控果树的开花期。凡是利用增温措施促进果树提早开花坐果称为促成栽培，如浙江台州的温州蜜柑通过增温措施，温州蜜柑 5~7 月即可成熟上市。

果树增温促成栽培处理，一般有一套严格的栽培技术措施。如温州蜜柑增温之前需要加强田间管理，培育高质量夏梢或早秋梢，然后确认多数结果母枝已完成花芽分化，再根据萌芽、开花等对温度、湿度的要求进行变温处理：加温从夜间开始，首选以 14~15℃ 预加温 1~2 晚，然后设定夜温 20℃ 开始正式加温，每晚上升 2℃ 到 24℃，3~4 晚后，再用 5 d 时间将夜温逐步降至 15℃；昼温从 26℃ 开始加温 2 d 后上升到 28℃，维持 2 d 后，再用 5 d 时间将昼温逐步下降至 21℃。加温 10 d 后，出现萌芽、现蕾。

对于一些品种如草莓，花芽形成时期的适当低温有利于花芽分化，但是花芽形成后低温会延迟开花，高温会提早开花。

2. 光照处理

光照处理主要是利用光周期诱导而调控花期，与草本花卉植物相比，果树的补光应用比较少。近年来为了错峰上市，火龙果的种植采用了 LED 补光技术。火龙果是典型的喜光耐阴果树，需要强烈的光照才能开花坐果。进入冬季由于光照时数和强度不能满足火龙果开花坐果需求，因此一般进入 12 月以后火龙果就很少开花坐果。为了促使火龙果反季节开花坐果，就可以进行冬季补光（图 8-9），促进光合作用，打破休眠催花。补光时间和长度要根据当地的气候温度条件决定，一般 2~4 h。补光最多可增加 5 批次果（冬季 2 批、

图 8-9　广西火龙果补光场景

春季 3 批）。由于补光促花打破了植物生长的自然规律，因此需要加强栽培管理，提前让树体或枝梢储备足够的营养。

另外，设施种植果树时，由于覆盖经常会导致设施内光照不足，为了丰产和生产高品质果实，经常也会进行补光处理。

（二）化学调控

化学调控主要是应用植物生长调节剂处理，优点是用量小、成本低；缺点是应用效果不太稳定，对浓度、时期和次数有要求。化学调控花期在草本花卉方面应用得比较多，在果树方面主要在葡萄、草莓等少量果树中有应用。如葡萄花前 15 d 分别用 100 mg/L 的赤霉素蘸花穗，可提前 3 d 左右开花。另外果树方面也有促进枝梢提早老熟、完成花芽分化，进而提早开花的报道。如对芒果的研究表明，在 9 月、10 月和 11 月分别对 4、5.5、10 月龄的新梢喷施 10~160 g/L 硝酸钾，可以 20 d 后开花，且以 11 月对 10 月龄新梢喷施 10 g/L 硝酸钾的处理效果最好，喷施后 7 d 便诱导芒果开花。

三、保花保果

花果发育过程中，由于生理和外界环境胁迫等原因会导致落花落果。落花与花芽品质差、营养供应不足、逆境胁迫（如低温、高温、干旱胁迫）和授粉条件不良有关，落果主要与授粉受精不良、营养供应不足和环境胁迫等有关，一般分为第 1 次生理落果（带果梗脱落）、第 2 次生理落果和采前胁迫落果 3 种。果树要保花保果，一方面是要加强管理，提高树体营养；另一方面要创造良好的授粉条件和生长环境。

（一）加强管理

1. 加强肥水管理
花芽分化、花的发育及开花坐果主要依赖于贮藏营养，贮藏营养水平的高低直接影响果树花芽形成质量的高低、胚囊寿命及有效授粉期的长短等。因此在花芽分化前需要加强肥水管理，提高果树树体贮藏营养水平。如秋季促使树体及时停止生长，尽量延长秋叶寿命和光合时间等，都有利于提高树体营养，促进果树枝梢成花；花期摘心、环剥等措施，均能使养分分配向有利于坐果的方面转化，对提高坐果率具有显著的效果；早春增施速效肥，如在花期开沟追施一定的平衡肥，或喷施尿素、硼酸、磷酸二氢钾等，是提高坐果率的有效措施。

2. 合理树体管理
通过培育合理的高光效树形，如高纺锤形、开心形等，采取合理的修剪措施平衡树体的营养生长和生殖生长，改善通风透光条件，可以保持树体健康、减轻环境胁迫发生，以及促进光合产物积累，有利于成花和提高坐果率。

3. 疏花疏果
疏花疏果是调节果树花果数量和果实分布的一项花果管理措施。疏花疏果主要是疏除小果、畸形果、病虫果，根据合理负载量疏除过密果。通过疏花疏果可以减少养分的无效损耗，节省养分，确保保留的果实正常生长发育，提高果实品质，维护树体健康，实现果树稳产。

合理的负载量与品种、树龄、栽培管理水平、树势和气候条件等有密切关系。确定果园或树体的合理负载量一般需要考虑三个方面：一是保证当年产量、品质和效益；二是当年树体健壮并贮藏有充足的养分；三是不影响翌年成花。确定果实负载量的方法主要有：

（1）叶果比法

每一个果实的正常发育需要一定数量的健康叶片。不过不同品种的叶果比差异很大，如温州蜜橘的叶果比标准为（20~25）∶1，脐橙的叶果比标准为50∶1，乔砧红富士苹果的叶果比标准为（50~60）∶1，矮化砧红富士苹果叶果比标准为（30~40）∶1。

（2）枝果比

按照枝梢强弱留果的方法，如葡萄壮枝留2个果穗、中庸枝留1个果穗、弱枝不留；枇杷一个花序一般大果型留1~2个，小果型留3~4个等。

（3）间距法

根据果实距离留果的方法。该方法判断简单，目前生产中普遍采用此法进行疏果，比如苹果、梨等多数品种一般是20~25 cm留一个果实。

疏花疏果主要包括人工疏花疏果、化学疏花疏果和机械疏花3种。人工疏花疏果效果好，缺点是费工费时，面积较大和劳动力紧缺时的果园很难及时完成疏除任务。化学疏花疏果是喷施化学药剂（表8-2）进行疏花疏果的方法，具有省工、省力、效率高的优点，但是其效果与品种及其生长势、时期、用药量和气候条件等密切相关。机械疏花是直接振动或抽打花枝等物理方法疏除过量的花。采用机械疏花虽然速度较快，但是效果不好控制，不同品种对速度、频率的要求不一样，且受到树形限制，易对树体枝梢产生伤害。

4. 防止环境胁迫

根据天气预报，及时灌溉或排水、保持土壤墒情，及时防低温或高温伤害等，维持树体花果的环境稳定，使其处于适宜状态，减少落花落果。

表8-2 常用化学疏花疏果药剂作用特点及处理方式

化学药剂名称	作用特点	案例品种	处理方式
二硝基邻苯酚	破坏柱头和落在柱头上的花粉管，阻止授粉受精的进行，只影响尚未受精和正在开放的花朵	苹果	中心花盛开后喷施0.8~2 g/L二硝基邻苯酚
石硫合剂		椪柑	盛花及盛花后期叶面喷施1~2波美度
含钙化合物		苹果	盛花期和谢花后10 d喷施10 g/L有机钙制剂
西维因	作用果实的维管束组织，阻碍果柄离层中的营养和代谢产物向果实运输，使部分幼果生长缺乏足够的营养物质供给而逐渐脱落	苹果	盛花后2周喷施1.5~2.0 g/L西维因
		鸭梨	盛花后2周喷施2.5 g/L西维因
6-BA	抑制光反应，促进暗反应，使大量的营养物质被消耗，造成树体缺乏营养而诱导果实脱落。	苹果	花后25~29 d叶面喷施0.1~0.2 g/L 6-BA
苯嗪草酮	光系统Ⅱ抑制类除草剂，降低光合作用，通过嫩叶和幼果之间争夺养分，造成幼果饥饿脱落	苹果	在幼果直径为6~8 mm进行第1次喷施，12~14 mm进行第2次喷施，浓度为350 mg/L

化学药剂名称	作用特点	案例品种	处理方式
萘乙酸	促进乙烯含量增加，生长素运输受到影响	椪柑	盛花后 1~2 周叶面喷施，浓度为 200~600 mg/L
		苹果	盛花后 10~20 d 叶面喷施，浓度为 5~20 mg/L
萘乙酸酰胺		苹果	盛花后 10~20 d 叶面喷施，浓度为 25~50 mg/L
乙烯利	促进乙烯增加	椪柑	盛花期至盛花后 2 周叶面喷施，浓度为 50~150 mg/L
		苹果	盛花期至盛花后期 10d 喷施，浓度为 300 mg/L

5. 其他管理措施

花期摘心去副梢等有助于提高葡萄的坐果率和品种；花期壮树环剥或环割、喷施保花保果剂或叶面肥等均可以提高多数果树的坐果率。

（二）创造良好的授粉条件

1. 合理配置授粉树

对于异花授粉的品种在定植建园时，按照一定比例配置合适的授粉树，一般每隔 4~8 行定植一行授粉树即可。授粉树的选择注意花期相同、可以互相授粉，同时也具有较好的经济价值。

2. 人工授粉

针对花期气候不良、授粉品种缺乏的状况，可以采用人工授粉的方式来提高坐果率。

（1）花粉采集

人工授粉首先需要选择合适的授粉品种。在健壮的植株上采集含苞待放的花朵，带回室内进行处理，收集花药。花药薄薄地摊在油光纸上，放在干燥通风的室内阴干，不定时翻动以加速花药开裂散出花粉。室内温度在 20~25℃、相对湿度在 50%~70% 为宜。如果花粉不能立即使用，最好迅速放到广口瓶或密封袋内，0~5℃低温干燥短期保存或 -20℃左右长期保存。

（2）授粉

花粉收集后，可与 3~4 倍的滑石粉或淀粉充分混匀，装入小瓶，用毛笔或软橡皮蘸粉点授于初开花的柱头上，每蘸一次可以授 7~10 朵花。人工授粉可节约花粉、准确可靠，但是费时费工，必要时可采用机械授粉。机械授粉包括机械喷粉和液体授粉两种。机械喷粉时，花粉添加 50~200 倍的填充剂（滑石粉或淀粉），用农用喷粉器进行喷粉；液体授粉时，可以按照水：砂糖：尿素：花粉 = 10 kg：1 kg：30 g：50 mg 的比例配制花粉液，使用前添加 10 g 硼酸，用喷雾器喷洒在花朵上即可。花粉液配制好后尽量在 2 h 内喷完，时期宜在盛花期。机械授粉省力省时，方便进行智能化操作。

3. 花期放蜂

多数果树属于虫媒花，尤其在设施条件下，花期放蜂对提高坐果率具有明显作用。生产上目前主要是利用壁蜂和蜜蜂，且以角额壁蜂和凹唇壁蜂为主。一般在开花前 5~10 d 释放，每亩（666.7 m²）放蜂 80~100 头壁蜂或 300~400 头蜜蜂。温度以 21℃左右、无风晴天为宜。放蜂期间忌喷施农药。

四、果实提质

除果实丰产稳产外，提高果实品质或生产出优质果品是果树种植的另一个终极目标，果实提质主要涉及大小、着色、增糖降酸和无核化等方面。

（一）果实大小

果实大小已成为重要的品质因素，一方面消费者更多倾向于较大果实，从而导致大小果实的销售价格差异明显；另一方面小果实的采摘成本也比较高，因此生产者也倾向于生产大果实的品种。

果实大小由果实的细胞数目和细胞大小来决定，主要受到遗传、营养和内源激素等因素调控。一切有利于细胞分裂和增加细胞大小的措施均有利于果实增大。生产实践中首先要加强树体营养供给，通过合理施肥、灌溉、授粉、修剪和病虫害防治等，以调整果实生长所需要的养分来调控果实的大小。除此之外，可以采用人工或化学疏果、应用激素等技术来促进果实增大。如椪柑适当疏花疏果可以显著增加 70 mm 以上的大果实比率；猕猴桃花后 5~60 d 内用一定浓度（10~20 mg/kg）的 N-（2-氯-4-吡啶）-N'-苯基脲（KT-30 或 CPPU）蘸果，均能明显增大果实。需要指出的是，有些增大果实的措施会降低果实的其他品质。如增施氮肥有明显增大果实的效果，但是容易导致粗皮大果、果面着色不良、口感不佳和贮藏性能下降等问题。

（二）果实着色

果实色泽是重要的外观品质指标，也是最受消费者重视的一项感观指标。果实色泽形成受色泽种类、光照、温度、树体养分和果实内的糖分积累等因素的影响。

1. 果实色泽的色素组成

决定果实色泽的色素主要有叶绿素、类胡萝卜素和花青素。不同果实的着色差异与相应色素种类及其含量不同有关。叶绿素存在叶绿体中，其形成需要光和必要的矿质元素，如 Mg 和 Fe；叶绿素的形成还受某些激素的影响，如生长素可以使柑橘果蒂保持绿色，赤霉素和细胞分裂素可使柑橘果皮保持绿色，乙烯却能够破坏叶绿素使果皮退绿呈现黄色。类胡萝卜素是一类不溶于水、呈现为橙色至红色的色素，存在于质体内，包括胡萝卜素、番茄红素、玉米黄素和隐黄素等。花青素是指一类呈现红蓝紫等色的水溶性色素，主要存在于细胞质或液泡中，pH 低时呈红色，中性时为浅紫色，碱性时呈蓝色，与金属离子结合则呈现出各种颜色。不同果实着色时所包含的主要色素类型不一样，如普通的柑橘果实含有 α-胡萝卜素、β-胡萝卜素和 γ-胡萝卜素，玉米黄素和隐黄素；红肉脐橙果肉则主要含有番茄红素；血橙果肉中主含有花青素；黄肉桃、杏和柿有黄到红色变化主要与番茄红素积累有关。

2. 影响果实着色的外在因素

除遗传因素以外，影响果实着色的因素主要有以下几个方面。

（1）可溶性固形物积累量

积累糖分有利于果实着色，尤其是以花青素为主的着红色的品种。如玫瑰露葡萄的可溶性固形物达不到17.5%以上，果皮着色不良。

（2）光

光的作用不仅与糖类合成有关，而且自身也可以诱导花青素合成，其中紫外线更有利于果实的着色。

（3）矿质营养

部分矿质营养可以影响果实着色，如氮素过多会影响果实着红色，缺钾地区增施钾肥有利于果实着红色。

（4）水分

适度干旱可促使不溶性糖转为可溶性糖，有利于着色。

（5）温度

适当低温能加速叶绿素的分解和增加花青素、类胡萝卜素的合成。昼夜温差大有利于果实积累糖类，可使蛋白质合成减弱，促进色素的形成，有利于果实着色。

（6）植物生长调节剂

不同植物生长调节剂对果实着色有影响。如萘乙酸和2,4,5-三氯丙酸可以促进果实成熟，间接促进果实着色；乙烯利可以破坏叶绿素使柑橘果实变黄，或促进花青素积累，使果实变红。

3. 调控着色的栽培措施

（1）合理的肥水管理

果实发育中后期增施磷钾肥、减少氮肥的施用，以及土壤适度干旱，有利于果实着色。

（2）合理修剪，改善群体或个体光照条件

树体结构合理、光照条件良好，有利于果实着色。在合理留枝量的前提下，骨干枝宜少且角度要开张，各类结果枝组的数量和配置要适当，树势保持中庸健壮等，均有利于果实着色。反之，树势过强或过弱都不利于糖分的积累，因而也不利于果实着色。

（3）果实套袋

应用果实套袋技术是改进果实着色的重要技术。套袋增色效果与套袋前的处理、套袋时间、袋的类型、摘袋时间等密切相关。套袋需要大量劳动力，如果技术不到位，不仅增加成本，而且会出现果实风味变淡等现象。

（4）摘叶、转果和铺设反光膜

这三个措施都是通过改善果面光照条件来促进果实着色，对以花青素着色类型的果实，如苹果比较有效。摘叶、转果一般都是在果实摘袋后进行，铺反光膜则是在果实着色前期或摘袋前后进行。

（三）增糖降酸

糖酸含量是决定果实风味的重要指标，因此无论是科研工作者还是生产者都很重视糖酸调控方面的研究和应用。近些年在调控糖酸方面的应用主要包括以下几个方面。

1. 树体管理

合理修剪可以改善树冠内部的光照条件，提高光合性能，促进糖分积累，同时能够降低果实中有机酸含量。另外，果实成熟期摘心控梢生长、除副梢、环剥或环割等措施均能够促进果实中糖类的积累。

2. 合理水肥

果实膨大期或成熟期适当控水，可以有效促进果实糖分的积累；但如果控水过度，也会促进果实有机酸的含量增加。施肥对果实品质有明显的影响。氮、磷、钾是果实生长发育所需的重要元素。在一定范围内，果园产量随着氮的用量增加而增加；但是氮过量会降低果实的糖分含量，增加果实的有机酸含量。磷是核蛋白、卵磷脂和一些酶的重要成分，合理施磷肥有降低果实有机酸含量的作用。钾被称为"品质元素"，合理施钾肥有利于提高果实的含糖量；但钾过量则会促进果实有机酸含量增加。另外，有研究表明，适当施镁、锌和铁等，可以促进果实糖分增加、有机酸含量下降。

3. 铺反光膜

地面铺设反光膜通过改善树冠下面的光照和增大果实周围的昼夜温差，进而提高光合效能，促进果实糖分积累。另外，在柑橘方面，通过地面严实铺设反光膜，还可以起到控水的作用，促进果实糖分积累。

4. 其他

砧木对果实的糖酸积累有明显作用。对柑橘的研究表明，嫁接在酸橙上的柑橘可溶性固形物含量显著下降，而嫁接在飞龙枳上的柑橘可溶性固形物含量最高。不同砧木组合，如'西府海棠'×'珠美海棠''西府海棠'×'P22''西府海棠'×'S19'杂交后代和'八棱海棠'实生后代嫁接'红富士'苹果，发现同一杂交组合后代上嫁接的'红富士'苹果果实糖酸含量有较大分离，不同组合后代上嫁接的'红富士'苹果果实可溶性固形物、苹果酸含量等存在显著差异。

叶面喷施化学调节剂对果实糖酸含量也有显著影响。如柑橘果实发育早期叶面喷施 5 mmol/L 的柠苹酸，可以显著提高果实柠檬酸的含量；而喷施砷化物，如砷化铅、砷化钙、亚砷酸钠盐等，都能够显著降低果实有机酸含量。葡萄花前 5 d、花后 3 d 及花后 10 d 对果穗均匀喷施一次 GA_3、6-BA、GA_3+6-BA 和玉米素，发现均能提高果实的含糖量和降低有机酸的含量。

（四）果实无核化

果实无核化在葡萄生产中应用较多，如葡萄花前 10 d，使用 100 mg/L GA_3 浸花（果）穗，可使玫瑰露无核，而阳光玫瑰在盛花后第 1 d（开花后 1~3 d）用 25 mg/L GA_3 + 2 mg/L 氯吡脲 + 200 mg/L SM（链霉素）浸穗，间隔 10~15 d 后再用 25 mg/L GA_3 处理一次，可以实现无核率 100%。

第3节 树体花果智能化管理技术

树体和花果管理技术含量高，灵活性强。目前仅一些具体操作步骤采用了一些机械辅助措施，而智能化管理仅在探索阶段，要完全应用还任重道远。本节主要提供树体花果智能化管理的一些思路。

一、果树树体智能化管理

树体管理主要包括树形培育（整形）、修剪和枝梢控制3个方面，完成这3方面的树体管理内容，一方面要对树体生长发育、树冠或根际区域进行智能监控，另一方面需要智能装备进行操作。因此树体的智能管控可以依据如下思路进行：首先需要结合物联网，利用巡园机器人、固定摄像机或遥感装备等对树体生长发育进行自动监控；然后根据监控结果将相关信息传送到数据处理中心，结合相关算法模型进行智慧决策；最后再通过农机装备定位和调度技术发布指令，让智能装备（包括机器人）进行操作。

智能化树体管理属于植物生长发育智能化调控的一部分，离不开物联网、大数据、人工智能等技术的支撑。一个智能化树体管理系统至少包括以下几个方面。

（一）数据采集和处理系统

需要利用巡园机器人或固定的摄像头等对果树树体，以及枝梢或叶片等按照设定好的时间间隔进行实时拍照，然后通过相应处理，建立属于特定果树树体生长发育的信息数据库。数据采集设备的可靠性和精准度，以及建立树体生长发育相关信息数据库是关键。

（二）信息传递系统

信息传递系统是将数据信息传递至后台进行处理的系统，一般借助物联网完成。

（三）后台分析和管理系统

后台分析和管理系统对信息传递系统传来的信息进行分析，依据相关模型预测下一周期的生长状况，并结合果树树冠大小、产量和果品质量的要求制订相关树体管理计划。根据目标建立相关模型是核心。

（四）指令发布系统

接收后台处理的结果和指令，并发布到相关智能装备进行相应树体管理操作。相关智能装备的研发，以及适合应用智能装备的果园标准、树体标准的构建是核心。

二、花果智能化管理

（一）智能化促花芽分化

果树的花芽分化发生条件因果树种类不同而有差异。在营养条件满足的情况下，有的需要一定低温，有的需要一定干旱条件，还有的需要一定的生长量等。因此，要实现智能化促花芽分化，可从以下几个方面考虑。

1. 建立花芽分化发生模型

花芽分化发生的模型因果树种类甚至品种不同而存在差异；同一个品种的花芽分化时间也因所处的区域不同而有差异。在明确影响某一果树品种花芽分化发生因素的基础上，需要确定合适的衡量指标，所选择的指标监测要经济和精准，如土壤含水量、土壤水势或茎水势、温度或枝梢叶片数量等。随着研究的深入，未来也许会有一些更容易监测和更精确的指标。随后确立指标数据的变化与花芽分化的关系，明确花芽分化发生和结束的阈值等，建立相应的数学模型。

2. 采用合适的传感和调控设备

要实现果树花芽分化的智能调控，必须安装合适的传感设备，不仅要及时精准感知衡量指标数值的变化，而且还需要经久耐用。当感知的信号传输到控制平台后，可以根据已建立的模型发出指令，调度相关设备进行操作管理。目前能够应用于果树花芽分化调控的设备主要是水肥一体化设施或叶面喷施智能装备，通过控制土壤水分、树体养分或喷施相关植物生长调节剂等措施来调节果树的花芽分化。

3. 构建智能化控制平台

智能化控制平台是花芽分化智能化调控的大脑，一般与整个果园可视化管理平台整合在一起，通过花芽分化发生模型、传感和智能化调控设备等，实现花芽分化的智能化调控。

（二）智能化疏花疏果

要实现疏花疏果的自动化或智能化，首先必须培育适宜的符合智能机械管理的树形；其次需要建立包括识别花和不同时期幼果，以及疏花或疏果标准的专家系统；最后是能够进行花果疏除的智能化装备。

适宜智能化疏花疏果管理的树形应该是一个开放型小冠树形，郁闭的树形不方便花果识别，而高大树形则不利于智能化装备的疏花疏果操作。花果识别主要涉及目标智能识别算法技术研究，目前已经对果实识别模型进行了有效探索（见第3章）；在传统管理过程中，虽然不同果树有一些简单的疏花疏果标准，但是如何根据现实情况进行数据化则是一个比较复杂的问题。花果识别任务一般由巡园机器人承担，然后将信息传给果园智能化管理平台的数据处理中心。数据处理中心在获知花果信息后，将根据已有标准进行决策、依据结果发布指令，调度智能化装备进行疏花疏果操作。根据处理方式不同，这些智能装备可以是智能喷雾装置、疏花机械和疏花疏果机器人。

（三）智能化果实生长管理

随时监控果实生长发育情况进行水肥管理和病虫害防治，是果实生长管理的核心内容。过去主要通过有经验的管理者通过现场判别做出决策，而在智能化管理过程中，可以利用巡园机器人定时巡园或网络枪型摄像机固定观测（图8-10）。

图 8-10　网络枪型摄像机观测草莓

（四）智能化测产

早期水果产量准确预测对于果树种植者和果品营销者具有很好的指导意义。传统的产量预测主要是通过果农或管理人员从几棵树中的抽样计数获取，但是准确性比较低。近年来随着计算机技术、网络技术等的发展，逐步形成应用计算机视觉算法和高光谱图像的自动计数来估计水果数量和大小。如以色列的 FruitSpec 开发了一套水果早期产量人工智能预测系统，在试验果园中的早期产量预测率达到95%。

智能化测产效果好坏与果园的布局及树形密切相关。果园布局不合理、树体高大郁密，以及测产机器人价格昂贵等是限制果园智能化测产广泛应用的重要原因。

三、果实生产管理溯源系统

（一）果实生产管理溯源系统的定义和内涵

果实生产管理溯源系统是指在果实生产供应的整过程中对各环节栽培管理信息进行记录存贮的质量保证系统。果实生产管理溯源离不开智能化技术的应用，是果园生产管理智能化的结晶。

果实生产管理溯源系统可以确保果实特征，以及生产过程中管理信息可追溯；当产品质量出现问题时，不仅能够快速召回问题果实，而且可以及时有效地查询问题的原因和环节，必要时实施有针对性的惩罚措施，做到责任可追究，由此提高果实品质管理水平，保证消费安全。

（二）果实生产管理溯源系统的构成和关键技术

果实生产管理溯源系统由信息采集、控制、传送、信息的智能处理，以及界面展示功能组成。其中对果实及其属性和参与方的信息进行有效标识是基础，对相关信息的获取、传输及管理是成功开展溯源的关键。有效的追溯需要果实生产各环节中的每个参与者对其产品进行唯一的标识、目的地位置、产品的进入与输出之间的连接都应记录在数据库中，信息记录要求可靠、快速、精准，一旦输入，具有不可更改特性。

果实生产管理溯源主要涉及标识技术、物联网技术和云计算技术三个方面。

1. 标识技术

标识是实现溯源的基础。目前大多数溯源系统中，根据场景和功能，可以采用条形码标识技术或 RFID（Radio Frequency Identification，射频识别）识读技术。选择何种标识技术需要综合考虑成本、实现形式、便利性、数据容量、耐久性和使用环境等因素。对于果实产品而言，一般采用条形码标识技术即可。由于很难针对单个果实进行溯源，因此通常采用单元盒式，即将具有相同追溯性的果实产品放在一个单元盒，然后给这个单元盒绑定标识。

2. 物联网技术

通过使用各种类型的物联网终端设备，如各种传感器、RFID 识读设备和条形码识读设备，主要负责溯源系统中的信息采集，然后通过各种有线、无线通信技术传送至本地或远程数据处理中心存取，供溯源和监管时查询。

3. 云计算技术

主要实现计算资源和存储资源的虚拟化和按需使用。在果实生产管理溯源系统中，各个管理环节的数据是系统最重要的资源，也是保证整个溯源系统成功实施的核心和基础。如果由相关单位自购计算和存储设备，不仅对相关维护人员的信息化水平要求较高，而且稳定性和数据安全性很难得到保障。随着云计算技术和运营模式的发展，溯源系统中引入云计算和云存储则是成功实现果品生产可追溯的重要保障。

第 4 节　果实智能化识别技术研究应用

随着农业机械化与信息化的兴起，计算机视觉及神经网络技术的不断突破，农业从劳动密集型产业逐渐转变为机械化和电力密集型产业。在果园智能化管理领域，尤其是果实识别、机器人自动采摘、果实产量预测等成为近年来的研究热点。自然环境下果园的复杂性和水果的非结构化特征，给果园智能化管理带来了巨大挑战。在智慧果园的研究领域，研究人员希望能够通过对果实的识别来实现对果树的精细化管理；此外，柑橘产量预测首先需要实现对大规模且复杂环境下果实的准确识别，柑橘采摘机器人作业首先也需要实现对柑橘果实进行实时识别和定位。因此，自然环境下如何对果实进行快速、准确且无损的识别将是智慧果园生产管理中重要的基础和应用技术。

一、果园管理目标智能识别算法技术

（一）卷积神经网络算法

卷积神经网络（Convolutional Neural Network）算法是深度学习中最具代表性的模型，能够利用自然信号的三个基本属性，即平移不变性、局部连接性和层次结构。典型的卷积神经网络具有层次结构，由多层组成，可学习具有多个抽象级别的数据表示，主要包括输入层、卷积层、池化层、全连接层、BN（Batch Normalization）层及输出层。卷积神经网络通过卷积层、池化层进行特征提取，池化对应于特征图的下采样、上采样。卷积神经网络可划分为特征提取器和分类器两个部分：特征提取器由输入层、卷积层和池化层构成，分类器由全连接层和输出层构成。分层结构可用于学习具有多个抽象级别数据的表示形式，具有学习非常复杂功能的能力，以及自动以最少的领域知识从数据中学习特征的功能。特别是具有大规模标记数据集和具有非常高的计算能力的 GPU 的情况下适合用卷积神经网络。但卷积神经网络仍然存在已知的缺陷，特别是迫切需要标记的训练数据和昂贵的计算资源，并且仍需要相当多的技能和经验来选择合适的学习参数和网络架构，训练好的网络难以解释，缺乏降级的鲁棒性，这些缺点都限制了卷积神经网络在实际应用中的使用。

（二）YOLO 系列算法

Redmon 等研究学者在 2016 年提出了 YOLO（You Only Look Once）目标检测算法，这是一种端到端的一步检测系统，并且经历了从 v1 到 v5 的版本更新，逐渐成为目标检测的主流框架。YOLO 系列目标检测目前已经被广泛地应用于许多现实世界的场景中，如自动驾驶、机器人视觉、视频监控等领域。

1. YOLOv1 算法

YOLOv1 算法是通过卷积神经网络直接在一张完整的图像中实现对目标类别概率和边界框回归的预测，其网络结构基于 GoogLeNet 网络模型，算法识别流程如图 8-11 所示。首先，将输入图像固定统一尺寸为 448×448 像素，输入的图像划分为 S×S 个网格，每个网格负责检测一个目标中心落在其上的目标，并预测该目标的置信度、类别及位置。其次，利用卷积神经网络对输入图像提取特征并进行目标检测。最后，通过非极大值抑制处理边界框得到最优结果。YOLO 划分的每个网格检测一个目标，并将检测边界框转化为回归问题，以使该构架可以直接从输入图像中提取特征来预测目标边界框和类别概率。YOLOv1 的优点是背景误检率低、通用性强，对于艺术类作品中的目标检测同样适用；缺点是由于输出层为全连接层，因此在检测时，训练模型只支持与训练图像相同的输入分辨率。虽然每个格子可以预测多个边界框，但是最终只选择 IoU 最高的边界框作为目标检测输出，即每个格子最多只预测出一个目标。

2. YOLOv2 算法

2017 年，Redmon 提出了 YOLOv2 算法。相比于 YOLOv1 算法，YOLOv2 算法在继续保持处理速度的基础上，从预测精度、速度和识别目标数目等方面进行了改进。YOLOv2

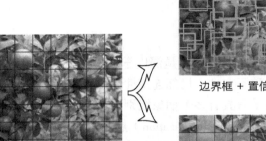

边界框 + 置信度

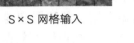

S×S 网格输入

类别概率图

最终检测

图 8-11　YOLO 算法识别流程

算法在识别对象方面可以扩展到 9 000 种不同类型目标，因此也称为 YOLO9000。YOLOv2
算法提出了新的训练方法，即联合训练算法，把两种不同的数据集混合起来，用巨量分类
数据集数据来扩充检测数据集，对目标进行分类。联合训练算法的基本思路是：同时在检
测数据集和分类数据集上训练目标检测器，用检测数据集的数据学习目标的准确位置，用
分类数据集的数据来增加分类的类别量，并提升鲁棒性。YOLOv2 算法采用更简单的特征
提取网络 DarkNet19 来取代 GoogLeNet 网络模型。首先，引入了批量归一化层来加强网络
的收敛速度，增强网络的泛化能力。批量归一化有助于解决反向传播过程中的梯度消失和
梯度爆炸问题，降低对一些超参数，比如学习率、网络参数的大小范围，激活函数的选择
的敏感性，并且每个批量分别进行归一化的时候，起到了一定的正则化效果，从而能够
获得更好的收敛速度和收敛效果。其次，训练高分辨率分类器以适应更高分辨率的图像。
YOLOv2 算法在采用 224×224 像素的图像进行分类模型预训练后，再采用 448×448 像素
的高分辨率样本对分类模型进行微调，使网络特征逐渐适应 448×448 像素的分辨率。然
后再使用 448×448 像素的检测样本进行训练，降低了分辨率突然切换造成的影响。最后，
YOLOv2 算法采用了先验框。在每个网格预先设定一组不同大小和宽高比的边框来覆盖整
个图像的不同位置和多种尺度，这些先验框作为预定义的候选区在神经网络中将检测其
中是否存在对象，以及微调边框的位置。此外，YOLOv2 算法还有采用多尺度图像训练方
法、高分辨率图像的对象检测和分层分类等改进方法。

3. YOLOv3 算法

2018 年，Redmon 提出了 YOLOv3 算法。YOLOv3 算法的核心思想是用 3 种不同的网
格来划分原始图像。其中 13×13 的网格划分的每一块最大，用于预测大目标；26×26 的
网格划分的每一块中等大小，用于预测中等目标；52×52 的网格划分的每一块最小，用
于预测小目标。YOLOv3 算法继承了 YOLOv1 和 YOLOv2 的思想，实现了检测速度和检测

精度的平衡。该算法对 DarkNet19 加以改进设计出了 DarkNet53 网络，其灵感来自残差网络，在网络中加入直连通道，允许输入的信息直接传到后面的层，同时引入了特征金字塔来实现多尺度预测，通过这种新的特征连接方式能有效提高小目标的检测能力。YOLOv3 算法引入残差结构并通过卷积层来实现特征图尺寸的修改。简言之，YOLOv3 算法的先验检测系统将分类器或定位器重新用于执行检测任务，将模型应用于图像的多个位置和尺度，评分较高的区域将被视为检测结果。此外，相对于其他目标检测方法，YOLOv3 算法使用了完全不同的方法。将一个单神经网络应用于整张图像，该网络将图像划分为不同的区域，因而预测每一块区域的边界框和概率，这些边界框会通过预测的概率加权。

4. YOLOv4 算法

2020 年 4 月，YOLO 系列开发者在 YOLOv3 的基础上做了各方面改进，并提出了新的高效检测目标的 YOLOv4 算法，其特点主要在于使用了新的数据增强方法 Mosaic 法和自对抗训练法，提出了改进的 SAM（Self-Adversarial Training，SAT）和 PAN 及交叉小批量标准化（cmBN）。YOLOv4 算法分为 4 部分，主要包括输入端、骨干网络、颈部网络和预测部分。其中，输入端主要包括 Mosaic、cmBN 和 SAT；骨干网络包括 CSPDarknet53 网络、Mish 激活函数、Dropblock 26；颈部网络部分包括 SPP 模块、FPN+PAN 结构；预测部分主要为改进的损失函数 CIOU_Loss，以及边界框筛选的 nms 变为 DIOU_nms。YOLOv4 算法的贡献包括：提出了高效而强大的目标检测模型，技术人员只需使用 1080 Ti 或 2080 Ti GPU 即可训练超快速和准确的目标检测器；在检测器训练期间，验证了 SOTA 的 Bag-of-Freebies 和 Bag-of-Specials 方法的影响；改进了 SOTA 的方法，使其更适合单 GPU 训练。

5. YOLOv5 算法

YOLOv2 之后时隔 2 个月，Jocher 等学者推出了 YOLOv5 算法。YOLOv5 算法在检测准确度指标上与 YOLOv4 算法相当，但检测速度上远超 YOLOv4 算法。相比于 YOLOv4 模型尺寸（245 MB），YOLOv5 模型仅为 27 MB，因此在模型部署上有较强优势。YOLOv5 算法的输入端采用了 Mosaic 数据增强、自适应锚框计算、自适应图片缩放等方法；算法框架包括 Focus 结构、CSP 结构的 Backbone 和 FPN 结构。作为当前最新的目标识别检测算法，YOLOv5 性能评价还有待进一步完善验证。通过 YOLO 系列算法和 RCNN 系列算法比较可知，相对于 RCNN 系列的候选框的提取与分类，YOLO 实现了"只需看一眼即可实现"；另外，YOLO 将检测统一为一个回归问题，而 RCNN 将检测结果划分为目标类别和目标位置两部分进行求解。

二、基于轻量级神经网络的柑橘果实识别应用研究

针对自然环境下果实快速、准确且无损的识别需求，研究了基于改进 YOLOv3-LITE 轻量级神经网络的柑橘识别方法。实验结果表明，在自然环境下模型检测的 F_1 和 AP（Average Precision）值分别达到 93.69% 和 91.13%。使用 GIoU 的边框回归损失函数替代传统损失函数边框回归的 MSE 均方误差部分，平均 IoU 高达 87.32%，为柑橘采摘机器人定位提供良好的技术支持。本模型占用内存为 28 MB，单张 416×416 像素的图片在 GPU 上的推断速度可以达到 16.9 ms、检测速度可以达到 80.9 ms，可用于移植到嵌入式及手机终端。另外，为验证提出方法的优越性和可行性，以检测精度、计算速度等为判别依据，

与 SSD 和 Faster-RCNN 不同模型进行对比实验，F_1 值和 AP 值比 SSD 分别高出 3.94% 和 3.49%，而比 Faster-RCNN 分别高出 3.8% 和 3.26%；单张 416×416 像素的图片的检测速度是 246 帧 /s，比 SSD 检测速度提升近 4 倍，比 Faster-RCNN 提升了近 20 倍。

（一）材料与方法

1. 实验数据的采集

柑橘图像的采集地为广东省梅州市柑橘果园，使用数码相机、高清手机等多种设备，拍摄距离 1 m 左右的自然光照下的柑橘树冠图像，拍摄角度朝东、南、西、北 4 个方向，并采集树冠下方含阴影的果实，共采集原始图片 500 张，图像包括阴天、晴天、雨天，涵盖顺光、逆光等所有光照情况。为保证柑橘图像数据的多样性，通过网络爬虫获取 200 张柑橘照片，挑选出 120 张，所得数据集为 620 张。

2. 数据增强

使用 Matlab 工具对原始数据集进行数据扩增，对原始图像进行旋转，旋转角度随机取 −30°、−15°、15°、30°；对原始图像随机进行镜像翻转、水平翻转、垂直翻转；通过裁剪、缩放等方式进行数据集扩展；通过调整饱和度和色调、直方图均衡化、中值滤波等图像处理技术对数据进行增强。考虑到数据增强会导致图片中图像形状变化及质量变化较为严重，对每张图片随机采用以上一种方式进行扩增，得到 1 240 张，筛选出符合实验的数据作为最终的数据集，最终数据集为 1 130 张。

3. 数据集准备

将上述数据集使用 labelImg 工具对检测目标进行标记。考虑标签和数据的对应关系以及确保数据集分布统一，使用 Matlab 工具将数据集按照 70%、10%、20% 的比例随机拆分为训练集、验证集、测试集，其中训练集含边框标注样本为 7 148 个，验证集含边框标注样本为 1 006 个，测试集含边框标注样本为 2 243 个。将最终数据集按照 PASCAL VOC 数据集的格式存储，再将测试集分为两部分，目标平均遮挡小于 30%（轻度遮挡，用 A 表示）的数据集、目标平均遮挡程度大于 30% 且较密集（重度遮挡，用 B 表示），其中测试集 A 包含标注样本 682 个，测试集 B 包含标注样本 1 561 个，最终数据集如表 8-3 所示。

表 8-3　数据集组成及相应数量

数据集	训练集	验证集	测试集 A	测试集 B	总数量
图片个数	791	113	131	95	1 130
轻度遮挡样本个数	2 253	317	682	0	3 252
严重遮挡样本个数	4 895	689	0	1 561	7 145

（二）改进的 YOLOv3-LITE 轻量级神经网络的模型设计

1. 基于 GIoU 的边框回归损失函数

IoU 为预测框与原来图片中标记框的重合程度，目标检测领域常使用边框回归 IoU 值作为评价指标。但是，大部分检测框架没有结合该值优化损失函数，IoU 可以被反向传播，它可以直接作为目标函数去优化。考虑到优化度量本身与使用替代的损失函数之间的选择，最佳选择是优化度量本身。作为损失函数，传统 IoU 有两个缺点：如果两个对象不重叠，IoU 值将为零，则其梯度将为零，无法优化；两个物体在多个不同方向上重叠，且交叉点水平相同，其 IoU 将完全相等，IoU 无法精确地反映两者的重合度大小。如图 8-12 所示，3 种不同的方法重叠两个矩形具有完全相同的 IOU 值，但它们的重合度是不同的，图 8-12A 回归的效果最好，图 8-12C 的回归效果最差，其中图 8-12C 预测边框为旋转候选边框。因此，IoU 函数的值并不能反映两个对象之间如何发生重叠。在柑橘采摘机器人的果实识别中，回归框位置的精确度直接决定了机械手采摘的成功率。基于此，提出通过引入 GIoU 来克服 IoU 的缺点。IoU 取值 [0, 1]，而 GIoU 有对称区间，取值范围 [-1, 1]，在两者重合的时候取最大值 1，在两者无交集且无限远的时候取最小值 -1。因此，GIoU 是一个非常好的距离度量指标，与 IoU 只关注重叠区域不同，GIoU 不仅关注重叠区域，还关注其他的非重合区域，能更好地反映两者的重合度。GIoU 损失可以替换掉大多数目标检测算法中边框回归的损失函数，如式（8-1）~式（8-4）所示。

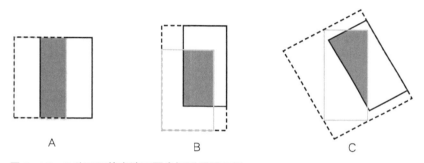

图 8-12　3 种不同的方法下两个矩形重叠示例

注：黑色矩形代表预测的边界框，灰色矩形代表原始标记的边界框

$$\text{IoU} = \frac{|A \cap B|}{|A \cup B|} \tag{8-1}$$

$$\text{GIoU} = \text{IoU} - \frac{|C(A \cap B)|}{|C|} \tag{8-2}$$

$$L_{\text{GIoU}} = 1 - \text{GIoU} \tag{8-3}$$

$$\text{GIoU Loss} = \lambda coord \sum_{i=0}^{s^2} \sum_{j=0}^{B} l_{ij}^{obj} \left(1 - \text{GIoU} \right) +$$

$$\sum_{i=0}^{s^2} \sum_{j=0}^{B} l_{ij}^{obj} \left[C_i \log \hat{C}_i + \left(1 - C_i \right) \log \left(1 - \hat{C}_i \right) \right] +$$

$$\lambda noobj \sum_{i=0}^{s^2} \sum_{j=0}^{B} l_{ij}^{nobj} \left(C_i - \hat{C}_i \right)^2 + \sum_{i=0}^{s^2} l_i^{obj} \sum_{C \in Class} \left[p_i \left(C \right) - \hat{p}_i \left(C \right) \right]^2 \tag{8-4}$$

式中，A 和 B 为任意两个矩形框，C 为包围 A、B 矩形框的最小外接矩形，S 为 A 和 B 所在空间，A 和 $B \subseteq S \in R^n$。

2. YOLOv3-LITE 网络模型设计

传统 YOLOv3 采用自定义骨干网络 DarkNet-53，模型计算复杂，对存储空间要求较高，在 GPU 上一张 416×416 像素的图片推断速度为 30 ms，在 CPU 上推断速度为 255.8 ms。本节提出一种实时目标检测的轻量级神经网络模型，在传统 YOLOv3 网络的基础上，设计了 YOLOv3-LITE 网络，在 GPU 上的推断速度可达 16.9 ms，在 CPU 上推断速度可达 80.9 ms。MobileNet 是一种基于移动端的轻量级神经网络，使用 MobileNet-v2 轻量级神经网络作为 YOLOv3-LITE 的骨干网络，MobileNet-v2 网络模型采用反残差模块与深度可分离卷积结合，首先通过 1×1 卷积先提升通道数，再通过 3×3 卷积进行深度卷积，再用 1×1 卷积降低维度。MobileNet-v1 使用 ReLU6 替换 ReLU 激活函数，控制线性增长部分。而 MobileNet-v2 将非线性激活函数 ReLU6 去掉，即不使用激活函数，直接线性输出，减少了信息丢失。其中深度可分离卷积块具体结构如图 8-13 所示，图中输入的是 RGB 三通道图片，MobileNet-v2 在深度卷积之前添加一层升通道卷积层，添加了这一层升通道卷积之后，深度卷积的 Filter 数量取决于升通道卷积之后的通道数，而这个通道数是可以任意指定的，因此解除了 3×3 卷积核个数的限制。将普通卷积用深度可分离卷积代替，使得计算量大大降低，同时可以通过增加通道数来提升模型的精度，对速度和精度有较好地提升，且便于迁移到嵌入式及移动设备等较小系统上。YOLOv3-LITE 最突出的特点是其可以在三种不同的尺度上进行检测，从 75 到 105 层为 YOLO 网络的特征交互层，分为三个尺度，每个尺度内通过卷积核的方式实现局部的特征交互，作用类似于全连接层。为避免采用 MobileNet-v2 网络时小目标检测精度降低，将特征图融合改为在 19、34 层做深度连接，对于输入为 416×416 的图像，卷积网络在 53 层后，经过卷积得到 13×13 的特征图，这里的特征图感受野较大，适合检测尺寸比较大的对象，即第一次预测输出；为实现细粒度的检测，卷积层 53 层的特征图往右开始上采样，得到与 34 层相同分辨率的特征图，经过残差模块然后与 34 层特征图融合，故 65 层经卷积后得到 26×26 的特征图，具有中等尺寸的感受野，适合检测中等尺寸的对象；最后 65 层特征图再次上采样，得到与 19 层相同分辨率的特征图，经过残差模块然后与 19 层特征图融合，最后得到相对输入图像 8 倍下采样得到 52×52 的特征图，此时感受野较小，适合检测小尺寸的对象，具体结构如图 8-14。

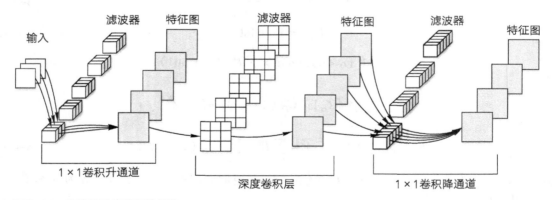

图 8-13　深度可分离卷积块结构

注：图中卷积可分离块结构如图 8-14 所示

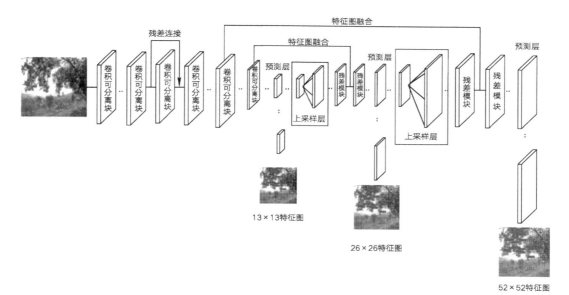

图 8-14　YOLOv3-LITE 网络结构

3. 混合训练与迁移学习相结合的预训练方式

在自然环境下，柑橘目标遮挡情况严重，且由于样本集数据涵盖的场景有限，只识别单一类别的柑橘将使得模型泛化能力受限。本节使用一种为训练目标检测网络而设计的视觉相干图像混合方法（Visually Coherent Image Mixup），可以有效提升模型的泛化能力，减少过拟合问题。该方法是指将 2 张输入图像按照一定权重合并成一张图像，基于这种合成图像进行训练的模型更加鲁棒，可以达到目标遮挡的效果，能够有效降低图像之间差异性的影响，如图 8-15 所示。迁移学习（Transfer Learning）是把已训练好的模型学习到的知识迁移到新的模型来帮助新模型训练，通过迁移学习实验可视化已证明底层的卷积神经网络能够学习到物体的通用特征，例如几何变化、边缘、色彩变化等，而高层网络则能够学

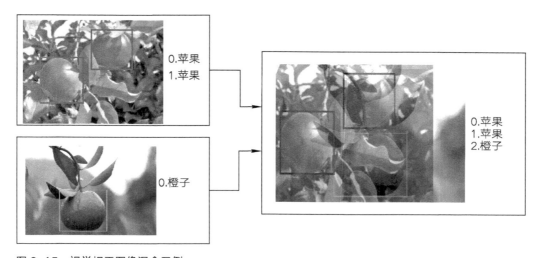

图 8-15　视觉相干图像混合示例

习更复杂的特征。小数据集通过迁移学习也能够达到较好的训练效果。本节采用混合训练的方式对 COCO 数据集进行预训练，通过迁移学习将模型从 COCO 数据集学习到的知识迁移到柑橘图像识别中，通过冻结部分卷积层，使得在反向传播修正模型参数时只对部分卷积层进行修正模型参数。使用迁移学习与混合训练结合的方式，降低了模型训练的时间，节省了内存消耗，柑橘目标识别效果提升明显。

（三）模型训练与测试

1. 实验平台

研究训练采用的操作系统为 Ubuntu 18.04，测试的框架为 Tensorflow、Darknet，处理器为 E5-2620 V4@2.10GHz，8 核，16GBRAM，显卡为 Nvidia GeForce RTX 2080TI，使用 CUDA 10.0 版本并行计算框架配合 CUDNN 7.3 版本的深度神经网络加速库。

2. 柑橘果实识别网络训练

柑橘目标检测网络训练的流程如 8-16 所示。该研究采用对比实验的方式，使用网络模型 Faster-RCNN、SSD、YOLOv3 以 及 GIoU+YOLOv3-LITE（即 改 进 的 YOLOv3-LITE）进行对比实验，并在不同的数据集上验证模型效果。首先，将采集到的数据分为重度遮挡（目标平均遮挡程度大于 30%）与轻度遮挡（目标平均遮挡程度小于 30%）的两部分数据集，通过数据增强对图像进行扩充，对样本进行标注，以 PASCAL VOC 的格式进行存储。其次，分别采用混合训练与迁移学习结合的预训练方式、单独使用迁移学习的预训练方式、不采用预训练方式三种方法来训练网络模型，并分别结合反向传播算法修正模型参

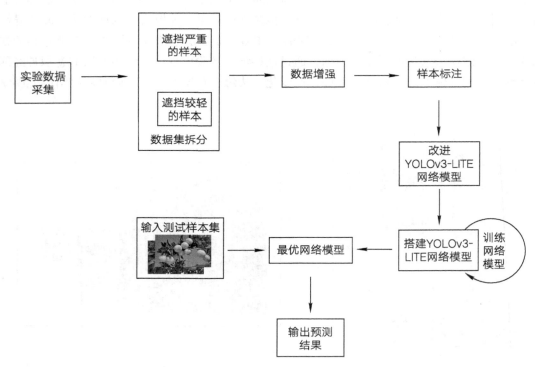

图 8-16　柑橘目标检测网络流程图

数，使损失函数不断减小，当平均损失小于 0.01，且多次迭代损失函数不再减少时，停止训练。

模型超参数设置为每批量样本数为 32，动量因子为 0.9，初始学习率为 0.001，每过5 000 次迭代训练，将学习率减小 10 倍，模型每训练 100 次保存一次权重。

3. 模型测试

使用 F_1 值、AP 值来评价损失函数训练出来的模型，其中 F_1 值计算公式如式（8-7）所示，AP 值计算公式如式（8-8）所示。

$$P = \frac{TP}{TP + FP} \quad\quad\quad (8\text{--}5)$$

$$R = \frac{TP}{TP + FN} \quad\quad\quad (8\text{--}6)$$

$$F_1 = \frac{2PR}{P + R} \quad\quad\quad (8\text{--}7)$$

$$AP = \int_0^1 P\,(R)\,dR \quad\quad\quad (8\text{--}8)$$

式中，P 为准确率，R 为召回率，TP 为真实的正样本数量，FP 为虚假的正样本数量，FN为虚假的负样本数量。

分别使用 GIoU 损失函数与原始 YOLO 损失函数训练 YOLOv3-LITE 网络模型，训练时间分别为 10.6 h 与 12.8 h，其中采用训练的损失曲线图如图 8-17 所示，图中损失值即损失函数的值，损失函数包含分类损失、置信度损失、边框回归损失三部分。采用 YOLO损失的模型在训练集上迭代的损失曲线如图 8-17 中曲线 YOLO loss-train 所示，在验证集上面迭代的损失曲线如图 8-17 中曲线 YOLO loss-val 所示。采用 GIoU 损失函数的模型在训练集上迭代的损失曲线如图 8-17 中曲线 GIoU loss-train 所示，在验证集上面迭代的损失曲线如图 8-18 中曲线 GIoU loss-val 所示。训练的平均 IOU 曲线如图 8-18 所示。

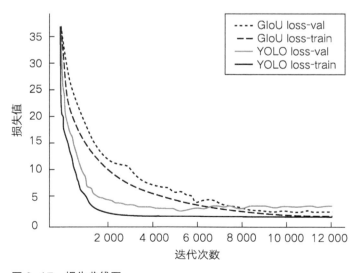

图 8-17　损失曲线图

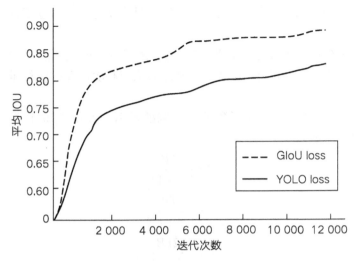

图 8-18　平均 IOU 曲线图

根据图 8-18 所示，采用 GIoU Loss 训练的模型在验证集上面的拟合程度要优于传统 YOLO 损失，并且平均 IoU 值要明显高于 YOLO 损失，采用 YOLO 损失的模型在 3 000 次之后渐渐稳定，而采用 GIoU 损失的模型在 9 000 次之后逐渐稳定。采用验证集去验证模型的优劣，并且通过对比验证集与训练集的损失曲线去调节模型的超参数，图 8-17 为不断调参过程中选择出来最佳的超参数训练所迭代的损失曲线图。每迭代 100 次保存一次权重，对训练出来的模型进行测试和评估。本节通过每 100 次训练保存的权重，使用客观的评价标准（F_1 值、AP 值以及平均 IoU 值）进行评估模型的优劣。

（四）结果与分析

为了验证提出方法在柑橘目标检测中的优越性，对提出的策略进行单个验证，对比使用混合训练与迁移学习以及不同骨干网络在柑橘目标检测中的精度与速度，之后对比采用新型损失函数对模型检测精度的影响。采用网络模型 SSD、YOLOv2、YOLOv3、Faster-RCNN，以及改进的 YOLOv3-LITE 进行对比实验，比较模型在不同的数据集的优劣程度，重点分析模型对遮挡果实识别的准确率。

1. 使用混合训练与迁移学习的检测结果

以 YOLOv3-LITE 网络为基础网络，传统方法为不使用预训练模型，用训练集从头开始对所有参数进行训练；迁移学习的方法是使用 COCO 数据集的预训练模型对模型进行部分层参数的训练；使用混合训练与迁移学习结合的预训练模型进行模型的微调。三种方法检测的结果在测试集 A+B 如表 8-4 所示，对比结果如表 8-5 所示。相对于传统方法，使用迁移学习对模型提升效果明显，使用混合训练与迁移学习结合，模型的 F_1 值上升 3.79%，AP 值上升 2.75%，平均 IoU 值上升 2.74%。

2. 不同骨干网络检测结果对比

为了证明模型在 YOLO 网络框架下改进的优越性，通过对比不同的网络框架及不同骨干网络进行对比，在测试集 A+B 的检测结果如表 8-5 所示。其中，采用 DarkNet-53 为骨干网络的传统 YOLOv3 模型相对于 YOLOv2 模型由于网络模型更复杂，使得检测速度略低

表 8-4　不同训练方式检测结果的比较

训练方式	F_1/%	AP/%	平均 IoU/%
传统	88.97	87.63	80.47
迁移学习	91.61	89.49	82.78
混合训练 + 迁移学习	92.76	90.38	83.21

表 8-5　不同骨干网络检测结果对比

网络模型	骨干网络	F_1/%	AP/%	权重大小	检测速度 /(帧·s^{-1})
YOLOv2	DarkNet-19	85.75	82.34	195 MB	70
YOLOv3	DarkNet-53	91.92	88.70	236 MB	62
YOLOv3-Tiny	Tiny	78.67	77.21	34 MB	220
YOLOv3	MobileNet-v1	88.37	86.49	23 MB	270
YOLOv3	MobileNet-v2	92.76	90.38	28 MB	246

于 YOLOv2，但模型 F_1 值提升了 5.45%，AP 值提升了 6.36%，识别准确率提升明显。从表 8-5 中可以看到 YOLOv3-Tiny 减少了模型的层数，检测速度与模型大小都取得了很好的提升，但检测精度下降明显。采用 MobileNet-v1 作为 YOLOv3 的骨干网络，其速度达到 270 帧 /s，模型大小为 23 MB，速度和模型占用内存取得了最优的结果，但检测精度下降明显。而骨干网络采用 MobileNet-v2 的 YOLOv3（即 YOLOv3-LITE），其 F_1 值与 AP 值在所有模型中取得了最优的效果，且相对于传统 YOLOv3 方法，模型 AP 值提升 1.68%，F_1 值提升了 0.84%，且模型权重所占内存减小 208 MB，在 GPU 上的检测速度对视频检测的帧率高达 246 帧 /s，在 GPU 上的检测速度可以达到 22 帧 /s。由于在果园采摘机器人中绝大部分采用的是嵌入式终端或者移动设备，YOLOv3-LITE 网络具有明显的优势。

3. 使用 GIoU 损失函数的检测结果

使用 YOLOv3-LITE 为基础网络，将 GIoU 回归损失函数替代传统 YOLOv3 的回归框损失函数，对模型进行训练，在测试集 A+B 的检测结果对比如表 8-6 所示。采用 GIoU 替代模型的边框回归损失函数对模型的 F1 值提升了 0.93%，AP 值提升 0.75%，而平均 IoU 值提升了 4.11%，且相对于传统 YOLOv3 提升显著。可以看出将 GIoU 作为损失函数，对边框回归的准确率影响较大，这使得柑橘果实的定位更加精准，能为柑橘采摘机器人提供精度较高的定位信息。

表 8-6　使用 GIoU 损失函数的检测结果

网络模型	F_1/%	AP /%	平均 IoU/%
YOLOv3	91.92	88.70	82.60
YOLOv3-LITE	92.76	90.38	83.21
GIoU+YOLOv3-LITE	93.69	91.13	87.32

4. 不同遮挡程度对比实验

由于叶片对样本的遮挡及样本之间互相重叠，都会对模型的检测精度带来较大的影响，因此将遮挡程度作为控制变量，使用网络模型为改进的 YOLOv3-LITE 模型，分别取测试集 A 和 B 以及 A+B 验证检测结果，见表 8-6 和图 8-19。对轻度遮挡果实的识别，模型的 F_1 值能达到 95.27%，AP 值能达到 92.75%，平均 IoU 高达 90.65%。且在全部测试集中，F_1 值达到 93.69%，AP 值为 91.13%，平均 IoU 为 87.32%。从表 8-7 可以看出，在果实遮挡及重叠的情况下，模型的识别精度会有所降低。一方面是因为卷积神经网络在对小目标及目标密集的图像进行卷积计算的时候，在深层网络会丢失一些信息；另一个原因是考虑到实际应用场景，在做数据标记的时候对单个柑橘遮挡面积超过 70%，距离较远、目标极小的柑橘未做标记，这对识别效果也会有一定的影响。但从图表中可以看出在严重遮挡且目标密集的环境下，模型也能达到 91.43% 的 F_1 值和 89.10% 的 AP 值。

表 8-7　不同遮挡程度的检测结果对比

测试集	F_1/%	AP/%	平均 IoU/%
A	95.27	92.75	90.65
B	91.43	89.10	83.73
A+B	93.69	91.13	87.32

图 8-19　不同遮挡程度对比结果

A. 遮挡程度较轻；B. 遮挡程度较严重且果实密集

5. 不同检测方法对比实验

分别对 Faster-RCNN、SSD 和改进的 YOLOv3-LITE 网络进行训练，在不同测试集下对比实验。如表 8-8 和图 8-20 所示，在果实轻度遮挡的情况下，三个模型的 F_1 值都达到 91% 以上，AP 值在 89% 以上。改进的 YOLOv3-LITE 比 SSD、Faster-RCNN 在速度精度方面提升明显，且在重度遮挡的情况下，F_1 值也能达到 90% 以上，相对 SSD 与 Faster-RCNN 提升近 3 个百分点。从图 8-20 中可以看到改进的 YOLOv3-LITE 网络对遮挡大于 70% 的柑橘会有漏检，首先这是由于在做柑橘目标的标记的时候，对遮挡大于 70% 的默认不做标记。其次，在较暗的背景下也会影响柑橘目标的检测精度。另外，从表 8-8 中可以看到 SSD 与 Faster-RCNN 在检测精度方面比较接近。

表 8-8　不同网络模型的检测结果对比

测试集	网络模型	F_1/%	AP/%
A	GIoU+YOLOv3-LITE	95.27	92.75
	SSD-30	92.36	89.26
	Faster-RCNN	91.78	89.53
B	GIoU+YOLOv3-LITE	91.43	89.10
	SSD-30	88.72	86.89
	Faster-RCNN	89.13	87.08
A+B	GIoU+YOLOv3-LITE	93.69	91.13
	SSD-30	89.75	87.64
	Faster-RCNN	89.89	87.87

在训练时间方面，统一设置模型每次迭代训练的批次大小为 32，其中 Faster-RCNN 模型训练时间为 16.7 h，SSD 模型训练时间为 12.2 h，提出的 YOLOv3-LITE 模型训练的时间为 10.6 h，由于 YOLOv3 与 SSD 去掉了全连接层，在训练时间上相对 Faster-RCNN 会有显著提升，并且采用混合训练与迁移学习的方式，有效降低了训练时间。在检测速度方面，在 GPU 上，YOLOv3-LITE 可以达到 246 帧 /s 的检测速度，比 SSD 检测速度提升近 4 倍，比 Faster-RCNN 提升了近 20 倍。综合上述 5 组对比实验的结果分析表明，本节提出的改进 YOLOv3-LITE 轻量级神经网络能够有效识别自然环境下的柑橘果实，识别准确率和识别速度具有较显著的优势。

三、基于边缘计算的柑橘果实识别系统

针对当前柑橘果实目标检测模型多数需在服务器上运行，难以直接在果园部署且识别实时性较差等问题，设计了基于边缘计算设备的便携式柑橘果实识别系统。该系统由优化的目标检测模型和嵌入式智能平台组成；通过扩展 YOLOv4-Tiny 目标检测算法，将所有批量归一化层合并到卷积层，加快模型前向推理速度；采用多尺度结构并使用 K-means 聚类方法获得柑橘数据集的先验框大小，使网络模型对柑橘果实识别具有更强的鲁棒性；使用 GIOU 距离度量损失函数，使网络模型更加关注柑橘图像中重叠遮挡的区域；将改进算法部署到 NVIDIA Jetson nano 嵌入式平台，实现边缘端检测。试验结果表明，识别系统

图 8-20　不同检测方法对比结果

A. 原图；B. SSD；C. Faster-RCNN；D. 改进的 YOLOv3-LITE

对柑橘果实的识别平均准确率达 93.01%，召回率达到 97%，平均交并比为 82.15%；单幅图片的推断时间约为 150 ms，对视频的识别速率为 16 帧 /s。

（一）数据处理与平台选择

1. 数据的采集与数据集制作

在湖南省宜章县柑橘果园拍摄果实图像，室外图像 1 413 张，室内图像 200 张。从微软开源的 COCO 数据集中提取柑橘果实类别图像 400 张。将两种图像数据整合在一起之后，选取其中的 900 张柑橘果实图像，使用 Matlab 软件对柑橘果实图像使用随机调整亮度、对比度、色彩饱和度等数据增强方法，统一裁剪为 416×416 像素，另外得到 900 张增强后的图像，至此，数据集共包含 2 913 张柑橘果实类别图像。

使用 Labelme 图像标注工具，对图像中的柑橘果实目标进行标注。将数据集 2 913 张图像按 70%、20%、10% 的比例拆分，训练集、验证集、测试集图像分别为 2 039 张、582 张和 292 张。

2. 边缘计算设备

柑橘果实识别系统中硬件设备主要由边缘计算开发板、可视化所需要的显示屏、外接摄像头和供电模块组成。选择 Jetson nano 嵌入式平台作为外接 USB 的主机接口，该平台配置了四核 ARM Cortex-A57 CPU 处理器、4GB LPDDR4 内存和 16GB 存储空间；使用 Maxwell 架构 GPU，浮点运算能力可达 472 GFLOPS。平台支持多个处理器处理，具有丰富的 AI 编程神经元，加快设备运行深度学习算法速度；操作系统为 Ubuntu18.04；平台在显示视频检测的工况下功率为 5 W。系统平台供电电源模块为容量 5 000 mAh、电压 12 V 的可均衡充电锂电池。

（二）改进网络模型与试验平台

1. YOLOv4-Tiny 网络模型

基于改进 YOLOv4-Tiny 网络模型的柑橘果实检测算法采用图 8-21 所示的网络结构，模型输入为 416×416 分辨率的柑橘果实图像，经过特征提取网络提取特征后，通过两个检测分支分别输出 13×13 分辨率、26×26 分辨率的特征图以供模型推理使用。

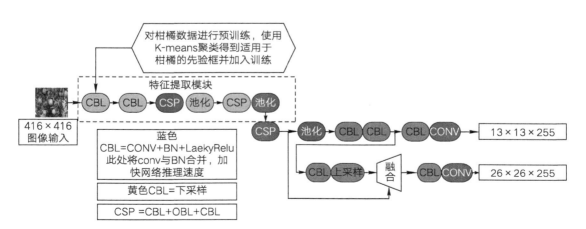

图 8-21　改进 YOLOv4-Tiny 网络模型框架

YOLOv4-Tiny 网络模型的改进工作主要包括：

（1）使用 K-means 聚类算法改变先验框大小

K-means 聚类算法聚类的原始数据只有标注框的检测数据集，使用 YOLOv4-Tiny 中产生的标注位置和类别的 txt 文件，包括目标的相对区域位于原图的位置信息 (x, y) 以及目标框的宽高 (w, h)，通过传统的 K-means 聚类算法聚类 k 个相应高度和宽度的 Anchor box 大小；引入 IOU 值，最后得到的 Anchor box 与每一个 bounding box 计算 IOU 值，选取最大值，计算得出不同图像尺度下 Anchor box 的大小；在所有的标注框都分配完毕后，为每个区域重新计算聚类中心。在使用的柑橘数据集中，由于柑橘果实相互之间的重叠效果严重、柑橘果实较小、与树叶之间的密集遮挡等问题，对柑橘的检测造成困难。通过使用 K-means 聚类算法重新聚类原始的先验框大小，进而最大化匹配柑橘小目标。

（2）基于 GIOU 的边框损失函数

IOU 用于表征任意两个矩形框计算了图像产生的候选框与原始数据标注标准框的重叠度，反映了检测出边界框的优劣性。改进 YOLOv4-Tiny 网络模型采用了 GIOU。在计算时，若框与框的相交区域为 0，则 IOU = GIOU。GIOU 不仅对重叠的区域有所关注，还高度关注非重合区域，当图像产生的候选框与原始数据标注标准框的面积并集相对于最小外接矩形的面积很小时，GIOU 收敛于 −1，更能反映两者的重合度。在使用的柑橘数据集中，柑橘密集重叠且难以轻易被识别，使用 GIOU 作为柑橘目标检测网络的损失函数，使网络对遮挡、重叠的柑橘果实识别效果更好。

2. 试验平台与数据

将算法移植到 Jetson nano 嵌入式平台，主要参数设置为：每次迭代训练的样本数为 64，共 16 批次，对这些样本迭代 12 000 次，每迭代 1 000 次，保存一次网络模型权重，初始学习率为 0.001，在 2 000、6 000 次迭代时使用动量相加的方式改变学习率。YOLOv4-Tiny 原算法在训练集上迭代 9 000 次后趋于稳定，改进的 YOLOv4-Tiny 算法迭代 3 000 次之后稳定，模型拟合能力更强，学习效果更优。

使用 YOLOv4-Tiny 在 COCO 数据集上得到的预训练权重进行迁移学习，通过反向传播算法来更新参数，不断回传参数来降低损失值。在训练过程中，使用多尺度训练策略，提高模型识别不同分辨率柑橘图像的效果。使用平均准确率、对单张图片的处理速度和对视频帧的处理速度作为评价指标。

（三）柑橘果实识别系统运行效果

为了验证改进后的 YOLOv4-Tiny 在 Jetson nano 嵌入式平台上运行的效果，通过比对不同网络框架与不同模型之间在 Jetson nano 运行的差别，来判断模型效果。与原始的 YOLOv4 相比，改进的 YOLOv4-Tiny 模型对图片的推理时间缩短 2.25 s，视频的推理速度提高了 15.5 帧 /s；与最初的 YOLOv4-Tiny 相比，在准确率提高了 0.94% 的情况下，平均每张图片的推理速度快 0.07 s，视频推理速度提高 4 帧 /s。

图 8-22 为改进前后模型对同一张柑橘图像的识别效果，可以清晰地看到部分受密集遮挡未被识别的柑橘果实在改进的算法中被标识出来，体现了改进的柑橘果实检测模型的有效性。通过使用改进的 YOLOv4-Tiny 对不同距离拍摄的柑橘果实图像进行检测，展示效果如图 8-23 所示。

未检测出

A   B

图 8-22 柑橘果实图像检测结果对比

A. 原始算法的检测结果；B. 改进后算法的检测结果

图 8-23 对拍摄的柑橘图像检测效果

数字课程学习

▶ 教学课件   ✎ 自测题   ⬇ 知识拓展

第9章
果树病虫害的智能化管理

我国幅员辽阔，跨寒、温、热三个气候带，种植的果树种类和品种繁多，分布广泛，果园病虫害种类繁多。据资料记载，危害果树的病虫害有 3 600 多种。由于病虫害的为害，果树减产在 30% 以上，经济损失每年高达数十亿元。因此，防控病虫害就成为现代果园生产管理的重要环节。病虫害的智能化管理是指在掌握病虫害生活史和流行规律基础上的智能识别和精准防控过程。

 第1节 主要果树病虫害及防控策略

一、我国果树的特点

我国果树主要分为常绿果树和落叶果树两类，常绿果树往往生长在亚热带、热带，温度高、湿度大，周年生长、多次抽梢、四季常青。我国常绿果树种类有 25 科、43 属，近百种，分布地域辽阔，柑橘、菠萝、荔枝、芒果、枇杷是主要栽培品种。常绿果树除番木瓜和菠萝外，一般寿命在数十年至数百年，结果年限长达 15 ~ 30 年（柑橘）和 60 ~ 80 年（荔枝、龙眼、枇杷、芒果等）。

落叶果树多生长在温带和亚热带，温度、湿度相对较低，只有一个生长期，具有明显的季相变化。落叶果树寿命较长，其中苹果、葡萄、李、桃、杏等结果寿命均有几十年，栗、柿、梨等科可达百年以上。

二、果树病虫害的发生特点

与大田作物相比，果园生态系统更为复杂。在果园生态系统中，病虫害、天敌及周围环境往往形成一种似大田非大田、似森林非森林的相对稳定的生态环境。其一，果树多属多年生植物，在果园建立后，病虫害种类、数量将逐年累积增多，加上果园内较稳定的生态环境条件，病虫逐渐产生明显的优势种群及潜在的优势种群，延续存留，造成积年为害。其二，果园较大的立体空间为病虫害的生长提供了较大田作物更为宽阔的空间，但同时也为害虫的天敌提供了生存空间。因此，在进行病虫害防治时，应充分利用这些特点。其三，果树生长的不同时期，随着季节温度的变化，果树对病虫害抵御能力也会发生变化，其病虫害发生特点也具有差异。

（一）营养生长期

定植后 2~3 年主要以营养生长为主，抽梢次数多，树冠尚未形成，果园间作的作物种类多，杂草生长迅速而繁茂，生态系统不稳定，病虫害种类以为害叶片的居多。

（二）生长结果初期

定植后 3~8 年树冠基本形成，产量渐增，营养生长和生殖生长趋于平衡，生态系统比较稳定，螨虫、蚧壳虫、蚜虫、粉虱、木虱、蛾类、实蝇类等害虫增多，病害种类增多，以侵染花器及叶部为主。

（三）盛果期

盛果期是果树生长中的一个重要的时期，病虫害的种类与生长结果初期相似，但病虫害发生程度明显加剧；且园内食心虫类虫害开始发生，病害开始侵染果实。

（四）衰老更新期

此时期结果变少，抽梢次数增多，新梢短而弱，树势差，对病虫的抵抗力低，生态系统不稳定，枝干和根部的病虫害种类多且为害严重，加剧了果园的衰败。且一些弱寄生菌所致的病害，如腐烂病、枝干的轮纹病、干腐病等会大发生，导致树势继续下降，又进一步加重病虫为害。

三、果树主要病害与发病原因

（一）果树病害分类

1. 按照病因分类

果树病害可以分为非侵染性病害与侵染性病害。

非侵染性病害是由果树生长环境中的非生物因素如土壤和气候条件不适宜引起的病害，如冻害、日灼、营养胁迫等产生的症状。侵染性病害可以分为真菌病害、细菌病害、病毒病害、线虫病害等，是果树病害防控的主要内容。

果树病害的病原菌种类大部分是真菌病害（如苹果黑星病、白粉病等），部分为卵菌病害（如葡萄霜霉病）和细菌病害（如柑橘溃疡病、桃细菌性穿孔病、柑橘黄龙病等）。这些病原菌侵染果树的部位分别是叶、果实、枝干和根部。

2. 按照传播方式和传播媒介分类

果树病害可以分为种苗传病害、土传病害、气传病害、昆虫等媒介传播病害。

3. 按照病害症状分类

果树病害可以分为腐烂型病害、斑点或坏死型病害、花叶或变色型病害等。

4. 按照受害部位分类

可以分为根部病害、叶部病害、果实病害等。

（二）主要果树重要病害介绍

1. 柑橘黄龙病

柑橘黄龙病是一种寄生于韧皮部筛管和薄壁细胞组织中，至今不能离体培养的革兰氏阴性细菌（韧皮部杆菌）引起的柑橘毁灭性病害，属于国际检疫性病害。柑橘感染黄龙病一般叶片呈现非对称性黄化，出现"红鼻子"果（图 9-1）。柑橘黄龙病主要通过木虱、带病接穗或苗木等传播，黄龙病已经成为柑橘产业的头号杀手，带毒幼苗 2~3 年内死亡；成年树感染，病果一般果小味酸或味淡，病树 5~6 年后就丧失经济生产价值，树死园毁。目前全世界有 40 多个国家和地区、我国有 10 多个省市地区的柑橘受到黄龙病的危害，其中广东、福建中南部、江西赣州、湖南南部、广西南部等柑橘产区黄龙病危害严重。柑橘黄龙病现今仍处在可防不可治的阶段。

2. 柑橘溃疡病

柑橘溃疡病是由黄单胞杆菌引起的世界性病害，具有易传播、难防治的特点。主要为害嫩梢、嫩叶和果实，形成木栓化稍隆起、中央呈"火山口状"开裂的病斑（图 9-2）。受害严重会导致植株落叶、落果、树势衰弱，果实外观品质严重受损。

柑橘溃疡病病菌主要潜伏于病部组织内（病叶、病枝梢和病果）越冬，其中秋梢上的病斑是病菌越冬的主要场所；第二年春季，细菌从病斑溢出，借风雨溅打，昆虫、人畜和树枝接触传播至幼嫩枝梢、嫩叶及幼果上，只要在幼嫩的器官上保持水湿 20 min，病原细菌便可经由气孔、水孔、皮孔或伤口侵入，在受侵染的组织里迅速繁殖并充满细胞间隙，刺激寄主细胞增大，使组织肿胀破裂，膨大的细胞木栓化后不久即死亡。

柑橘溃疡病菌主要随风、水传染，当雨水较多时较易发病，害虫啃食的叶片伤口处也易感染溃疡病。在 25~30℃条件下，果园柑橘溃疡病发病与降水量成正相关。每次新梢生长都有一个发病高峰，尤以夏、秋梢较重。

3. 苹果树腐烂病

苹果树腐烂病（图 9-3）是由苹果黑腐皮壳菌引起的、发生在苹果树上的病害，俗称烂皮病、臭皮病。苹果树腐烂病主要危害结果树枝干、果实，也可危害幼树和苗木，可导致苹果树树势凋零，树主干和枝干枯萎死亡，最后整株树甚至整个果园毁灭，是苹果树上一种严重的病害。

苹果树腐烂病病菌以菌丝体、分生孢子器及子囊壳在病皮及病残株枝干中越冬，第二年春遇降水产生分生孢子，靠雨水和昆虫传播，从死组织伤口、叶痕、果柄痕和皮孔等处侵入。潜伏的病菌主要在夏季树体形成的落皮层组织上扩展，发生早期病变，出现表面溃疡，再经冬、春发病盛期，到第二年果树进入生长期病势停顿，发病盛期结束，形成一次发病过程。

凡是引起树势衰弱的因素，如高负载量、冻害、日灼、施肥不当、枝条失水、虫伤、修剪不当或修剪过重都会引起苹果树腐烂病的发生。

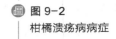
图 9-1
柑橘黄龙病病症及传播媒介

图 9-2
柑橘溃疡病病症

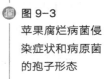
图 9-3
苹果腐烂病菌侵染症状和病原菌的孢子形态

4. 桃树流胶病

桃树流胶病分非侵染性和侵染性两种。非侵染性是一种生理性病害，在全国桃产区均有不同程度的发生。侵染性桃树流胶病是由葡萄座腔菌和落叶松葡萄座腔菌侵染所致。桃树流胶病在4—10月都可能发生，5—9月危害最重，主要危害桃树主干和主枝。流胶病严重时，树干遍体流胶，树势衰弱，叶片变黄，树梢枯萎，甚至枝干或全株枯死。

侵染性桃树流胶病病菌在被害枝条内越冬。翌年春季大量病菌在降水和大风天从病部溢出，顺着枝干流下或溅附在新梢上，从皮孔、伤口侵入，成为新梢初次感病的主要菌源。早春气温15℃以上时开始发病，25℃左右及降水较多时病情严重，入冬以后病情减轻。

桃树流胶病发生与树龄、树势、栽培管理水平、温度、湿度等条件关系密切：长期干旱后的暴雨，会加重流胶病发生；树龄大的树发病重，幼龄树发病轻；黏土地、瘦瘠土壤和酸碱过重的果园容易出现流胶病；综合管理水平低或病虫害严重的桃园发病重。

5. 猕猴桃溃疡病

猕猴桃溃疡病是一种严重威胁猕猴桃生产的毁灭性细菌性病害，发病严重时在一个发病季节就会导致毁园。目前初步认为猕猴桃溃疡病菌属于丁香假单胞杆菌，主要危害猕猴桃的新梢、枝蔓、叶和花蕾，以危害1~2年生枝梢为主。植株受害后，2月中下旬开始发病，在枝蔓上发生1~3 cm长的纵裂缝，流出深绿色水渍状黏液；高湿条件下，在裂缝处分泌白色菌脓，最后变黑呈铁锈状溃疡斑，病部上端枝条发生龟裂，萎缩枯死。

猕猴桃溃疡病（图9-4）是一种低温、高湿性病害，容易在冷凉、湿润地区发生并造成大的危害。病菌的传播途径主要是借风、降水、嫁接等活动进行近距离传播，通过苗木、接穗的运输进行远距离传播。

图 9-4
猕猴桃溃疡病菌侵染后的危害特征

6. 香蕉枯萎病

香蕉枯萎病是一种由尖孢镰刀菌古巴专化型侵染引起，侵染香蕉植株维管束的真菌性土传病，又称香蕉黄叶病或巴拿马病，是全球香蕉最严重的毁灭性病害之一，是国际植物检疫对象。

香蕉一旦感病，病株下层叶及靠外的叶鞘开始变为黄色，先从叶基部逐渐向上，或从叶缘向中脉逐渐变黄，以后整叶变黄、凋萎、下垂，由黄变褐色干枯；有的病株是心叶坏死，基部的假茎纵裂，整株叶均凋萎下垂；病株的维管束变成褐色，越接近茎基部颜色越深。

带病蕉苗和病土是香蕉枯萎病的初侵染源。病原菌由根部侵入香蕉后，经维管束组织向块茎发展扩散；香蕉枯萎病通过带菌的水、分生孢子进行近距离扩散，通过带菌的种苗、土壤和农机具等调运和搬移进行远距离传播。感病的春植蕉一般6—7月开始发病，8—9月加重，10—11月进入发病高峰；高温多雨、土壤酸性、砂壤土、肥力低、土质黏重和耕作伤根等因素，有利于病害发生。

不同果树都有各自重要的病害，表9-1列举了重要果树的主要病害名录，供参考。

表 9-1　重要果树的主要病害名录

序号	果树病害	序号	果树病害	序号	果树病害
1	苹果树腐烂病	38	梨根癌病	75	柿疯病
2	苹果轮纹病	39	梨锈水病	76	山楂腐烂病
3	苹果斑点落叶病	40	葡萄霜霉病	77	山楂干腐病
4	苹果褐斑病	41	葡萄灰霉病	78	山楂枯梢病
5	苹果白粉病	42	葡萄白粉病	79	山楂早期落叶病
6	苹果炭疽病	43	葡萄炭疽病	80	山楂黑星病
7	苹果锈病	44	葡萄黑痘病	81	山楂花腐病
8	苹果霉心病	45	葡萄溃疡病	82	山楂锈病
9	苹果青霉病	46	葡萄褐斑病	83	山楂白粉病
10	苹果黑星病	47	葡萄枝枯病	84	柑橘黄龙病
11	苹果花腐病	48	葡萄蔓割病	85	柑橘溃疡病
12	苹果褐腐病	49	葡萄黑腐病	86	柑橘衰退病
13	苹果银叶病	50	葡萄根癌病	87	柑橘碎叶病
14	苹果根腐病	51	葡萄酸腐病	88	柑橘裂皮病
15	苹果病毒病	52	葡萄卷叶病	89	温州蜜橘萎缩病
16	苹果类病毒病	53	葡萄扇叶病	90	柑橘疮痂病
17	苹果苦痘病	54	桃流胶病	91	柑橘脚腐病
18	苹果水心病	55	桃褐腐病	92	柑橘树脂病
19	苹果黄叶病	56	桃腐烂病	93	柑橘黑斑病
20	苹果小叶病	57	桃疮痂病	94	柑橘褐斑病
21	苹果虎皮病	58	桃根癌病	95	柑橘炭疽病
22	梨树腐烂病	59	核桃黑斑病	96	柑橘黄斑病
23	梨黑星病	60	核桃枝枯病	97	柑橘灰霉病
24	梨黑斑病	61	核桃溃疡病	98	柑橘煤烟病
25	梨轮纹病	62	核桃腐烂病	99	柑橘膏药病
26	梨白粉病	63	核桃炭疽病	100	柑橘立枯病
27	梨炭疽病	64	枣锈病	101	柑橘油斑病
28	梨疫腐病	65	枣疯病	102	柑橘青霉病
29	梨锈病	66	冬枣溃疡病	103	柑橘绿霉病
30	梨褐斑病	67	枣皱胴病	104	柑橘褐色蒂腐病
31	梨褐腐病	68	板栗疫病	105	柑橘酸腐病
32	梨干腐病	69	栗仁斑点病	106	柑橘黑腐病
33	梨干枯病	70	柿炭疽病	107	柑橘褐腐病
34	梨白纹羽病	71	柿角斑病	108	柑橘黑色蒂腐病
35	梨煤污病	72	柿圆斑病	109	柑橘根结线虫病
36	梨根腐病	73	柿白粉病	110	柑橘裂果病
37	梨病毒病	74	柿黑星病	111	柑橘日灼病

（三）果树病害发生的条件

果树发生病害需要具备三个条件，也称为"病害三角"。一是容易感病的果树材料（寄主）；二是存在植物病原菌或传播媒介昆虫等（病原）；三是有适当的环境条件（环境），如降水、高温等（图9-5）。其中，切断任何一个环节，果树病害都能避免。

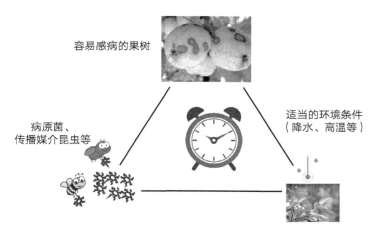

容易感病的果树

病原菌、
传播媒介昆虫等

适当的环境条件
（降水、高温等）

图 9-5　果树病害发生的条件

四、果树主要害虫种类

根据其为害部位和特性可分为下列几类：吮吸式害虫、食叶性害虫、花果类害虫、蛀杆蛀根类害虫和地下害虫。

（一）吮吸式害虫

吮吸式害虫是指一类吸取植物汁液造成危害的害虫，可为害叶、果、花蕾、枝梢和根部等部位，引起取食斑痕，叶卷、枝萎，树势衰弱，甚至枯死，严重影响产量和品质，同时许多种类能诱发煤烟病，传播病毒病。

1. 螨类

螨类（mites）指的是蛛形纲（Arachnida）害虫，体型微小，为0.1～0.2 mm，近圆形或椭圆形，是为害果树的重要害虫之一。螨类的发育繁殖适温为15～30℃，属于高温活动型。温度高低决定了螨类各虫态的发育周期、繁殖速度和产卵量的高低，在热带及温室条件下，全年都可发生。干旱炎热的气候条件往往会导致其大发生。由于螨类发生量大、繁殖周期短、虫态多样且隐蔽，因此抗性上升快，难以防治。果树上最重要的害螨是叶螨，其次是瘿螨等。

（1）叶螨

集中于叶取食，为害叶的螨类。包括柑橘、苹果全爪螨（红蜘蛛）、柑橘始叶螨（黄蜘蛛）、山楂叶螨等。

（2）瘿螨

仅次于叶螨的重要害螨。包括柑橘锈螨（锈壁虱）、柑橘瘿螨（瘤壁虱）、荔枝瘿螨、梨瘿螨和枣顶冠瘿螨等。

2. 蝉类

为害果树比较严重的蝉类（hoppers）害虫主要有黑蚱蝉、大青叶蝉、桃一点叶蝉（图9-6）。蝉类害虫除了以刺吸式口器刺吸汁液对植物造成危害外，某些种类的独特产卵方式对植物的危害有时比其取食危害更为严重。

黑蚱蝉数年发生1个世代，以若虫在土壤中越冬，或以卵在寄主枝条内越冬。土壤中的老龄若虫在旬平均温度≥22℃时会在雨日后傍晚钻出地面，爬上树干或植物茎干脱皮羽化；成虫主要产卵于直径4~5 mm的当年生枝条上，用产卵器刺破枝条直达髓部。被产卵的枝条会留下点状产卵痕，几天后产卵痕以上的枝条失水枯死。另外，在土壤中的若虫会刺吸寄主根部汁液，成虫刺吸植株枝条汁液，影响树体长势。

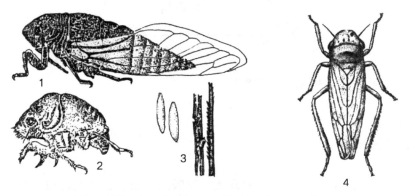

图9-6　黑蚱蝉和叶蝉示意图（引自邓秀新和彭抒昂，2013）

1. 黑蚱蝉成虫；2. 黑蚱蝉若虫；3. 黑蚱蝉卵及带卵枝梢；4. 叶蝉成虫

大叶青蝉一年约发生3代，其成虫和若虫均刺吸寄主植物的枝梢、茎、叶汁液，尤以成虫产卵造成的危害最为严重。成虫于秋末产卵于幼树枝干皮层内，产卵时啃破表皮直达形成层，被害枝条经冬春寒冷干旱大风等，易导致枝干枯死或全株死亡。

桃一点叶蝉1年发生4~6代，以成虫在桃园附近的常绿林木、落叶、杂草和树皮缝隙中越冬，次年3—4月芽萌动时成虫迁入寄主植物内产卵、取食为害。成虫活动喜欢温暖晴朗天气，除迁入时期外，5月中下旬第1代若虫孵化盛期、7月中下旬及以后第2代若虫盛发期均是桃一点叶蝉防治的关键用药时期。

3. 蚜虫类

蚜虫（aphids）又称蜜虫，体长约2 mm，也是繁殖最快的昆虫，1年能繁殖10~30个世代，世代重叠现象突出。目前已经发现的蚜虫共有10个科约4 400种，约有250种严重为害农林业和园艺业品种，如苹果黄蚜、梨卷叶蚜、桃蚜、橘蚜，常造成春、夏、秋各梢嫩叶卷曲，其分泌物污染橘叶，诱发煤烟病。蚜虫类是地球上最具破坏性的害虫之一。

4. 介壳虫类

介壳虫（scales）种类非常多，其中又以红蜡蚧、矢尖蚧、吹绵蚧、梨圆蚧等为害严重。介壳虫多聚集植株枝梢、叶和果实上吸取汁液，吸食量大。植株受害后抽梢量减少、枯枝增多，产量下降，严重时引起植株死亡。

介壳虫繁殖能力强，1年1~3代。卵孵化为若虫，经过短时间爬行，营固定生活，即形成介壳。它的抗药能力强，一般药剂难以进入体内，防治比较困难。因此，一旦发生，不易清除干净。

介壳虫发生为害与环境条件的关系密切，温暖高湿度的环境有利于介壳虫生存，而当相对湿度低于15%时，介壳虫的若虫会大量死亡，因此干旱的年份不利于介壳虫的发生。

5. 蝽类

蝽（bugs）为半翅目昆虫，体小至中型，体壁坚硬而体略扁平，很多种类胸腹部常有臭腺，可散发恶臭，俗称臭屁虫。对果树造成危害的蝽类害虫的主要有梨网蝽、荔枝蝽、茶翅蝽、绿盲蝽等。蝽类害虫一般以成虫在果园边杂草、枯枝落叶、树皮屋檐下缝隙内越冬，主要以成、若虫吸食叶、嫩梢和果实汁液，近成熟期的果实受害严重。柑橘幼果受害后油胞破裂，果皮紧缩变硬，果小汁少或果肉木栓化，常在果面形成黄斑，刺孔针眼大小比吸果夜蛾食痕小，且不呈水渍状，初不明显，后呈黑点腐烂，一般3 d后开始落果。

6. 蓟马类

蓟马（thrips）是昆虫纲缨翅目的统称，体微小，体长0.5~2 mm，幼虫呈白色、黄色或橘色，成虫黄色、棕色或黑色。蓟马种类多，食性复杂，主要有植食性、菌食性和捕食性三类，其中植食性占一半以上。蓟马是果树的重要害虫之一，以成虫和若虫锉吸植株幼嫩组织（枝梢、叶片、花、果实等）汁液，被害的嫩叶、嫩梢变硬卷曲枯萎，植株生长缓慢，节间缩短；幼嫩果实被害后会硬化，严重时造成落果，严重影响产量和品质。

蓟马一年四季均有发生，在不同地方1年发生代数不同，北方1年发生3~4代，南方1年最多可发生20代。蓟马喜欢温暖、干旱的天气，其适温为23~28℃，适宜空气相对湿度为40%~70%；湿度过大时不能存活，当湿度达到100%、温度达31℃时，若虫全部死亡。

7. 木虱类

木虱（psyllids）种类很多，为害果树的木虱主要有中国梨木虱和柑橘木虱。两种木虱均以成虫和若虫吸食芽、叶和嫩梢汁液来为害寄主；若虫同时在下层叶面分泌蜜露，易招致煤烟病。另外，柑橘木虱还是柑橘黄龙病的传播媒介，木虱的防治对柑橘黄龙病的防控有重要作用。

中国梨木虱在我国1年3~6代，而柑橘木虱在我国南方柑橘不同产区1年6~15代不等，均以成虫越冬。柑橘木虱成虫体长约3 mm左右，属喜温、喜光昆虫，卵的发育起点温度约8.5℃，若虫约为15.6℃，一个世代完成的有效积温约为480℃。

8. 粉虱类

常见粉虱10余种，如黑刺粉虱、柑橘粉虱、温室白粉虱等。粉虱类害虫均以若虫刺吸果树嫩叶，诱发煤烟病，影响树势和果实品质，其中黑刺粉虱和温室白粉虱对果树危害最为严重。

黑刺粉虱1年3~4代，且世代不整齐，成虫喜欢较阴暗的环境，常在树冠内幼嫩的枝叶上活动，能够借风力传播。寄主叶面上发生严重时，排泄物增多易引发烟煤病等。

温室白粉虱在温室条件下1年可发生近10余代，世代重叠。温室白粉虱喜欢群集于嫩叶上取食，成虫对黄色和绿色有趋性，喜欢产卵于上部嫩叶上。

（二）食叶性害虫

广义的食叶性害虫是指为害叶的害虫，包括吸取叶汁液的吮吸性害虫、潜食叶肉的潜叶性害虫和蚕食叶的害虫。本部分主要介绍后两种害虫。

潜叶性害虫是指以幼虫潜入叶肉内取食并残留表皮的昆虫，果树方面主要包括鳞翅目的潜叶蛾类。蚕食叶的害虫主要是鳞翅目类昆虫，少部分是直翅类和鞘翅类的叶甲等，均具有咀嚼式口器，蚕食叶形成缺刻或孔洞，严重时将叶吃光，仅剩下枝干、叶柄或主脉。

1. 潜叶蛾类

果树上为害的潜叶蛾类（leaf miners）主要有为害柑橘的柑橘潜叶蛾和为害苹果的金纹细蛾。

柑橘潜叶蛾1年发生8代以上，多的达15代，与当地气温密切相关，气温在25~30℃对种群数量增长最为有利。综合各地潜叶蛾生活史资料表明，均温26~29℃时，15~20 d完成一代，卵期2~3 d，幼虫期5~6 d，蛹期6~8 d，产卵前期2 d，成虫寿命5~10 d。潜叶蛾主要以幼虫为害幼芽嫩叶，个别情况会为害果实。幼虫钻入叶表皮之下取食叶肉组织，造成蜿蜒的虫道，并在中间留下粪线。柑橘春梢为害最轻，夏秋梢叶是潜叶蛾主要为害对象，被害叶卷缩，可成为柑橘全爪螨（红蜘蛛）、卷叶蛾等害虫的越冬场所；不仅造成被害叶光合效率低，易于脱落，并且有可能诱发柑橘溃疡病等侵染性病害。

金纹细蛾1年发生4~5代，以蛹在被害的落叶内过冬。第二年3—4月苹果发芽开绽期为越冬代成虫羽化期。成虫喜欢在早晨或傍晚进行交配、产卵。卵多产在幼嫩叶片背面绒毛下，卵单粒散产，卵期7~10 d。幼虫孵化后从卵底直接钻入叶中，潜食叶肉，致使叶背被害部位仅剩下表皮，被害部内有黑色粪便。成虫羽化时，蛹壳一半露在表皮之外。8月是苹果园全年中为害最严重的时期。

2. 蓑蛾类

蓑蛾俗称袋蛾（bagworm moth），为害果树的主要有大蓑蛾、茶蓑蛾、白囊蓑蛾等。

蓑蛾食性杂，寄主除柑橘外，还包括茶、枇杷、苹果、桃、桑、枣和栗等多种植物。主要以幼虫取食叶、嫩枝梢和果皮，形成缺刻、孔洞，引起果实腐烂落果。大蓑蛾每年发生1~2代，茶蓑蛾每年发生1~3代，白囊蓑蛾一年1代。均以老熟幼虫在枝叶上的袋囊内越冬，次年3—4月开始取食。成虫趋光性强，夜晚尤其活跃，喜在傍晚或清晨交尾。

3. 刺蛾类

刺蛾（slug moth）分布广泛，幼虫蛞蝓形，体上有刺和毒毛，因触及皮肤红肿痛痒，故俗称"痒辣子"。

刺蛾食性杂，寄主除柑橘外，还包括枣、李、梨、核桃、梧桐、柳、杨等多种果树和林木。其一年发生1~3代，均以老熟幼虫在茧内越冬；成虫有趋光性，夜晚活动，有假死性。主要以幼虫取食叶为害，低龄幼虫只食叶肉，将叶吃成网状；大龄幼虫可将叶吃成缺刻，仅留主脉和叶柄，使叶受害处干枯，严重影响植物生长，有时扁刺蛾幼虫还取食柑橘果实表皮，引起果实腐烂。

4. 卷叶蛾类

卷叶蛾害虫因其幼虫吐丝连缀植物叶卷成包状并匿居其中取食，又称卷叶虫（curling insect），寄主有柑橘、柿、梨、桃、桂花、茶、栎、樟等。为害果树的卷叶蛾类主要有褐带长卷叶蛾、苹小卷叶蛾、拟小黄卷叶蛾等。

卷叶蛾多以幼虫咬食新芽、嫩叶和花蕾，仅留表皮呈网孔状，并使叶片纵卷，潜藏叶内连续为害植株，严重影响植株生长和开花；有时钻进果实里面啃食果肉。

卷叶蛾在北方一年 3~4 代，南方一年 4~8 代。卷叶蛾成虫对糖、醋有较强的趋性，成虫白天隐蔽在叶背或草丛中，夜间活动。

5. 蝶类

通称蝴蝶（butterfly），虽然是人们喜爱的观赏昆虫，但有些蝴蝶也是果树的重要害虫，如柑橘凤蝶、玉带凤蝶、香蕉弄蝶、山楂粉蝶等，多以幼虫取食为害叶片和新梢，造成缺刻与孔洞，严重时将全叶吃光，仅残留叶柄。

蝶类一般一年 3~6 代，以蛹在枝上、叶背等隐蔽处越冬。成虫喜食花蜜，善于飞翔，白天活动，以中午至黄昏前活动最盛。卵多散产于嫩芽、叶背上，以嫩叶尖端居多，幼虫老熟后，多在隐蔽处吐丝做垫，在胸腹间环绕成带，缠在枝干等上化蛹。

6. 尺蠖类

尺蠖（looper）幼虫腹部只有 1 对腹足和 1 对臀足，爬行时一曲一伸，故又称为步曲。为害果树的主要尺蠖有木橑尺蠖、枣尺蠖、（海南）油桐尺蠖（图 9-7）等。

尺蠖每年发生 2~4 代，以蛹在土壤中越冬，幼虫蚕食嫩叶、嫩梢及花蕾，成虫有趋光性，昼伏夜出，白天多栖息于防护林树干背风处或柑橘主干及叶背，晚上活跃，飞翔力强。

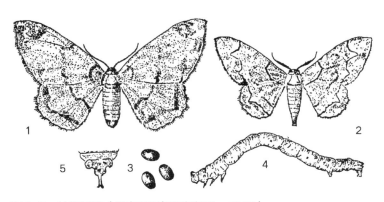

图 9-7 油桐尺蠖（引自邓秀新和彭抒昂，2013）
1. 雌成虫；2. 雄成虫；3. 卵；4. 幼虫；5. 蛹（腹末）

（三）花果类害虫

花果类害虫指取食为害花、果实和种子的各类害虫。由于它们咬食花器、蛀食果实和种子，造成落花、落果，严重影响果园产量和果实品质。这类害虫多为害隐蔽，不易发现，防治比较困难。为害果树花果的主要害虫种类有蝇蚊类和蛾类。其他杂食性害虫也能为害果树花果，如蓟马、金龟子等在花期或幼果期取食，引起果实果面伤痕；叶甲、蝗虫、蜗牛等啃食果皮；叶蝉在果实成熟期刺吸造成果面油胞破裂、塌陷；粉虱等刺吸汁液，分泌蜜露，诱发煤烟病，使果面发黑；介壳虫、螨类等刺吸果汁引起黄斑落果等。

1. 蝇蚊类

为害果树的蝇蚊类主要有柑橘大实蝇、蜜柑大实蝇、柑橘小实蝇、柑橘花蕾蛆瘿蚊类、橘实雷瘿蚊、金柑芽瘿蚊（柑瘿蚊、柑芽瘿蚊）、柑橘芽瘿蚊等。

（1）柑橘大实蝇

寄主植物仅限柑橘类，一年发生1代，以蛹在土表下20～60 mm处越冬；越冬蛹一般于4月下旬和5月初开始羽化出土，5月中下旬为羽化盛期；成虫夜伏昼出，喜停叶背面；雌成虫产卵期为6月上旬到7月中旬，卵于7月中旬开始孵化，9月上旬为孵化盛期；10月中旬到11月下旬化蛹、越冬。柑橘大实蝇以成虫产卵于柑橘幼果中，幼虫孵化后在果实内蛀食果肉，常使果食未熟先黄，早期落果，严重影响果实产量和品质。

（2）柑橘小实蝇

以幼虫危害果实，取食果瓤，使果实未熟先黄，造成大量早期落果。除为害柑橘、石榴、桃、李、杏、梨、苹果等果实外，也危害蔬菜和花卉，在我国属于检疫性害虫。

柑橘小实蝇一年发生3～9代，以蛹在潮湿疏松表土层或成虫栖于杂草丛中越冬，世代重叠。成虫全天均可羽化，上午10点前最盛；羽化后的雌虫以产卵管刺伤寄主果实（或自然受伤果实）吸取分泌出的蜜露和一些植物分泌的花蜜，羽化后11～13 d性成熟，开始交尾。雌虫可多次交尾，交尾后2～3 d便产卵，可持续产卵25 d以上，平均产卵400～1 800粒。产卵多在果皮与果肉之间，幼虫期孵化后便潜入瓜果果肉取食为害。幼虫较活跃，但一般不会从一个寄主果实转移到另一个寄主果实为害。老熟幼虫有弹跳习性，脱离受害果实，弹跳落地，钻入泥土中或土、石块、枯枝落叶的缝隙中化蛹，化蛹多在土壤下1～5 cm深处。

（3）柑橘花蕾蛆瘿蚊类

幼虫在花蕾内蛀食，被害花蕾膨大呈灯笼状，不能开花而脱落。柑橘花蕾蛆一年一般发生1代，老熟幼虫主要在树冠周围30 cm内外、6 cm土层内土中结茧越冬，越冬幼虫3—4月作茧化蛹，羽化出土；羽化后成虫1～2 d即可交配，产卵于花蕾内，幼虫在花蕾内为害10余天，随后幼虫老熟并脱蕾入土结茧。一年1代者即越冬，一年2代则在晚橘现蕾期羽化，花蕾露白时产卵于花蕾内，第2代幼虫老熟后脱蕾入土结茧越冬。

2. 蛾类

为害果树花果的蛾类害虫主要有桃蛀螟、吸果夜蛾、梨小食心虫、梨大食心虫、苹小食心虫、桃小食心虫、核桃举肢蛾、柿蒂虫等。

（1）桃蛀螟

属鳞翅目螟蛾科。为害桃、桃、李、山楂、板栗、柑橘等果实。以幼虫蛀食果实，果实常变色脱落或果内充满虫粪，不可食用。桃蛀螟一年一般发生2～5代，以老熟幼虫在向日葵遗株、玉米和高粱茎秆内、果树翘皮裂缝里、树洞内、堆果场或果仓的各种缝隙中做茧越冬。4月初化蛹，4月底—5月下旬羽化。成虫白天常在寄主叶背面和落叶丛中停歇，傍晚后活动，取食花蜜或桃和葡萄等成熟果实的汁液，喜产卵在枝叶茂密处的果实上或两个以上果相互紧靠的地方。虫卵孵化的幼虫先在果梗、果蒂基部吐丝蛀食果皮，后从果梗附近蛀入为害幼嫩核仁和果肉。蛀孔常流出透明的胶质，并排出褐色颗粒状粪便，流胶与粪便黏结而附贴在果面上，果内也有虫粪。成虫有趋光性，对糖醋液有趋性。

（2）吸果夜蛾

属鳞翅目夜蛾科。吸果夜蛾类害虫以成虫刺吸果实汁液，造成果实腐烂和落果。主要为害柑橘、苹果、梨、葡萄等果树的果实。在我国南方，吸果夜蛾4月为害枇杷，5—6月为害桃、李，6月下旬至8月为害芒果、荔枝、龙眼，8月中旬至12月为害柑橘。

吸果夜蛾种类多，各种吸果夜蛾混合发生，但常以嘴壶夜蛾、枯叶夜蛾和鸟嘴壶夜为害最严重、最普遍。吸果夜蛾一年发生2~6代，田间虫态不整齐；经常以老熟幼虫在地表草丛落叶中结茧越冬，翌年羽化成虫。幼虫取食叶片，成虫昼伏夜出，对黑光灯有趋性，喜食糖醋液；喜欢傍晚飞入果园，静伏果面刺吸汁液。闷热无风的夜晚出现量最多，气温降至13℃以下或风力达3级以上时，蛾量骤降。

（3）梨小食心虫

属卷蛾科，世界范围内分布，在果树上主要以幼虫为害果实为主，部分也为害嫩梢、花穗、果穗。多数情况下，梨小食心虫为害果实时，幼虫先从萼洼和梗洼处蛀入一个孔，先在果肉浅层为害，将虫粪从蛀孔内排出；外围堆积的粪便逐渐变黑、腐烂，形成一块较大的黑疤，俗称"黑膏药"；然后幼虫逐渐蛀入果实的果心中，在果核周围蛀食并排粪于其中，形成"豆沙馅"，果实易脱落。

梨小食心虫在我国北方一年3~4代，南方一年6~7代，世代重叠。老熟幼虫一般在树干基部、枝干的裂缝等处结茧越冬，越冬代幼虫于翌年3月中下旬化蛹，4月中旬开始羽化；越冬代成虫（第1代幼虫）多产卵于叶背上，初孵幼虫5月开始为害嫩叶和新梢，6月出现幼虫钻蛀树上部果实的现象；6月下旬开始出现第2代幼虫，幼虫继续为害新梢、果实；7月下旬第2代成虫达到羽化高峰，8月上旬盛发第3代幼虫，主要钻蛀为害果实，能多次转果为害；8月下旬出现第3代成虫羽化高峰，9月上旬第4代幼虫为害达到高峰。梨小食心虫成虫多在白天羽化，昼伏夜出，以晴暖天气上半夜活动较盛，有明显的趋光性和趋化性。

（四）蛀杆蛀根类害虫

主要指钻蛀枝梢、树干和根部的害虫，在韧皮部或木质部形成蛀道为害的害虫。其为害影响树体的生长或发育，使树势衰退，乃至枝梢甚至整个树体死亡，或易被风吹折。主要有天牛、吉丁虫、透翅蛾类、小蠹虫类、豹蠹蛾等。

1. 天牛

植食性昆虫，危害核桃、柑橘、苹果、桃等果树的天牛类型主要有星天牛、褐天牛、苹枝天牛、桃红颈天牛、梨眼天牛、葡萄虎天牛等。

（1）星天牛

星天牛是日本、中国及韩国特有的一种天牛，幼虫俗称"盘根虫""围头虫"，成虫俗称"花牯牛"，广泛分布于全国各地，主要为害柑橘、苹果、梨、桃、无花果等。幼虫钻蛀植株主干基部和主根，使植株树势衰退，树枝枯黄落叶乃至整株死亡，蛀食树干下有成堆虫粪；成虫咬食嫩枝皮层，形成枯梢。

星天牛一年发生1代，以幼虫在树干基部或主根木质部蛀道内越冬，4月化蛹，4月下旬至 5 月上旬成虫开始羽化外出活动，5—6 月为羽化盛期，5 月下旬至 6 月中旬为产卵盛期，6—7 月孵化为幼虫。成虫羽化后，在蛹室停留 5~8 d，然后咬破根颈处羽化孔外的树皮，爬出后飞向树冠树梢，取食嫩枝皮层或树叶，多在黄昏前后交尾产卵，交尾后 10~15 d 开始产卵，每头雌虫可产卵 20~80 粒。成虫寿命 1~2 个月，卵期 9~14 d。

（2）褐天牛

幼虫俗称老木虫、桩虫，成虫俗称"黑牯牛"，主要为害柑橘和葡萄等。幼虫经常蛀食距地面 16 cm 以上的主干和主枝，受害枝常易被风吹断；若枝干虫口较多，因水分和养分疏导受阻，树势易衰退死亡。褐天牛是一种柑橘毁灭性害虫。

褐天牛 2~3 年完成 1 代，以幼虫、成虫在蛀道或成虫在树洞内越冬。7 月上旬前孵化的幼虫，翌年 8 月上旬至 10 月上旬化蛹，10 月上旬至 11 月上旬羽化为成虫，在蛹室中越冬，次年 4 月下旬成虫出洞；8 月以后孵化的幼虫，则第 3 年 5—6 月化蛹，8 月后成虫出洞活动。成虫特别喜欢在闷热或无风天气黄昏外出，雌虫交尾后次日清晨即开始产卵，卵主要产于离地面 16 cm 以上的主干至 3 m 高侧枝上的裂缝、地衣、伤口、树皮凹陷处以及两枝并生的缝隙内，其中以近主干分叉处密度最大。14~21 d 后初孵幼虫在树皮下蛀食，树皮表面流胶，幼虫长至 10~15 mm 时开始蛀入木质部，先横向、后向上蛀食，蛀道岔道经常纵横交错，有 3~5 个气孔与外相通。夏卵幼虫期 15~17 个月，秋卵幼虫期约 20 个月，蛹期 30 d 左右。

2. 吉丁虫

属于鞘翅目吉丁虫科，主要有柑橘爆皮虫、柑橘溜皮虫和苹小吉丁虫等。柑橘爆皮虫仅为害柑橘类植物，是一种毁灭性害虫。幼虫蛀害主干或大枝，在皮下造成许多虫道，被害树皮整片爆裂，易造成整株或大枝死亡；柑橘溜皮虫仅为害柑橘类植物，幼虫缠绕潜蛀枝条皮层形成螺旋状虫道，被害处表面有泡沫状流胶，造成树皮剥裂、枝条断枯、树势衰弱；苹小吉丁虫为害苹果及其砧木、梨、桃、杏等果树，以幼虫在枝干皮层内纵横蛀食造成皮层干裂枯死、凹陷变黑褐色。吉丁虫可随苗木传播、危害性大，是国内检疫对象。

吉丁虫 1 年发生 1 代，以幼虫在树枝木质部越冬，翌年 4 月上旬开始化蛹，5 月上旬开始羽化，中旬末开始出洞，出洞后 1~2 d 即交配产卵，6 月上旬开始孵化成幼虫为害枝干，7 月下旬开始进入木质部越冬。

（五）地下害虫

地下害虫是指活动期或为害虫态时生活在土壤中并为害植物地下部分、种子、幼苗或近土表主茎的一类害虫，主要有蝼蛄、蛴螬、金针虫、地老虎、根蛆、根蝽、根蚜、拟地甲、蟋蟀、根蚧、根叶甲、根天牛、根象甲和白蚁等。

1. 蛴螬

蛴螬是金龟子或金龟甲的幼虫，杂食性，喜食刚播种的种子、根、块茎以及幼苗，是世界性的地下害虫，对作物危害很大。

蛴螬 1~2 年 1 代，幼虫和成虫在土中越冬，成虫即金龟子，白天藏在土中，晚上 20—21 时进行取食等活动，咬断幼苗根、茎，造成苗木死亡。

2. 蝼蛄

蝼蛄属直翅目蝼蛄总科，主要有华北蝼蛄、东方蝼蛄、金秀蝼蛄、河南蝼蛄和台湾蝼蛄，多食性；蝼蛄成虫、幼虫都在土中，能为害果树的种子和幼苗。

蝼蛄 1~3 年完成 1 代，均昼伏夜出，晚 21—23 时为活动取食高峰，具有群集性、趋光和趋化性等特性。

3. 地老虎

地老虎属鳞翅目夜蛾科，又名土蚕、切根虫等，是我国各类农作物苗期的主要地下害虫。

地老虎的一生分为卵、幼虫、蛹和成虫（蛾子）4 个阶段，为多食性害虫，低龄幼虫在植物的地上部为害，取食子叶、嫩叶，造成孔洞或缺刻；中老龄幼虫白天躲在浅土穴中，晚上出洞取食植物近土面的嫩茎，使植株枯死。

全国各地发生世代差别较大，一年发生代数由北向南逐渐增加，如东北地区 1~2 代、广西南宁 5~6 代。

（六）其他害虫

1. 叶甲

叶甲的成虫和幼虫均为植食性，取食植物的根、茎、叶、花等，取食叶形成不规则缺刻和孔洞。幼虫能分泌黏液，尾部上弯，粪便排在背上，被黏液和粪便污染的嫩叶，1 d 后便焦黑，严重的 3~4 d 后脱落。许多种类对果树能造成严重危害，如恶性叶甲、柑橘潜叶甲、枸橘潜叶甲、栗叶甲、核桃扁叶甲、椰心叶甲、黑额光叶甲等。

2. 金龟子

金龟子在我国各地均有分布，其寄主有柑橘、桃、苹果、梨等多种果树，主要以成虫和幼虫取食植物的叶片、嫩梢、花和蕾，有的取食花瓣、花蕊和柱头，舔食子房，引起落花，降低坐果率，同时造成机械伤害，形成果面伤痕，此外也啃食果面。幼虫生活于土中，一般称为"蛴螬"，啮食植物根和块茎或幼苗地下部。

3. 象虫类

象虫也是一类为害果树的主要害虫，主要以成虫取食嫩叶、春梢、幼果，导致被害叶残缺不全、果面呈凹陷缺刻伤痕，甚至能咬断嫩梢、果柄，造成落花落果。已报道的果树象虫有柑橘灰象虫（大灰象虫、灰鳞象虫、泥翅象虫）、大绿象虫（蓝绿象、绿绒象甲、绿鳞象甲）、小绿象虫（柑橘斜脊象、小粉绿象）、椰子红棕象、香蕉球茎象虫、椰棕象虫等。

4. 蝗虫

南北方均有，以北方发生为害重。主要以成虫和若虫取食叶片、新梢和幼果，导致叶片缺刻或孔洞，或仅残留叶柄；幼果受害处常造成下凹疤痕，影响果实品质。

5. 蜗牛

陆生贝壳类软体动物，杂食性和偏食性并存；以成、幼螺取食新梢、嫩叶和幼果，嫩梢被害后易枯死，嫩叶被咬食后成网状孔洞，边缘组织坏死，幼果被害处组织坏死呈凹陷状，严重影响果实外观和品质。

蜗牛喜欢阴暗潮湿、疏松多腐殖质的环境，昼伏夜出，不喜阳光直射，当温度低于 15℃ 或高于 33℃ 时休眠，低于 5℃ 或高于 40℃，则可能被冻死或热死。

不同果树都有各自重要的虫害，表 9-2 列举了重要果树的主要虫害名录，供参考。

表 9-2 重要果树主要害虫名录

序号	害虫	序号	害虫	序号	害虫
1	山楂叶螨	35	梨二叉蚜	69	木橑尺蠖
2	苹果全爪螨	36	梨木虱	70	草履蚧
3	苹小食心虫	37	梨叶斑蛾	71	黄须球小蠹
4	苹果蠹蛾	38	黄褐天幕毛虫	72	核桃吉丁虫
5	绣线菊蚜	39	美国白蛾	73	芳香木蠹蛾
6	苹果瘤蚜	40	黄刺蛾	74	核桃瘤蛾
7	苹果绵蚜	41	褐边绿刺蛾	75	绿尾大蚕蛾
8	黑绒鳃金龟	42	梨冠网蝽	76	核桃缀叶螟
9	铜绿丽金龟	43	梨叶肿瘿螨	77	核桃长足象甲
10	苹毛丽金龟	44	梨茎蜂	78	枣尺蠖
11	麻皮蝽	45	梨瘿华蛾	79	绿盲蝽
12	金纹细蛾	46	梨笠圆盾蚧	80	截形叶螨
13	旋纹潜叶蛾	47	梨金缘吉丁	81	栗小爪螨
14	苹果小卷叶蛾	48	梨眼天牛	82	栗瘿蚊
15	黄斑卷叶蛾	49	香梨优斑螟	83	栗大蚜
16	盯梢卷叶蛾	50	葡萄根瘤蚜	84	柿举肢蛾
17	苹掌舟蛾	51	葡萄叶蝉	85	柿绒粉蚧
18	舞毒蛾	52	葡萄粉蚧	86	长绵粉蚧
19	桑天牛	53	水木坚蚧	87	柿星尺蠖
20	枝天牛	54	葡萄透翅蛾	88	白小食心虫
21	苹果小吉丁	55	葡萄缺节瘿螨	89	山楂小食心虫
22	康氏粉蚧	56	刘氏短须螨	90	山楂花象甲
23	朝鲜球坚蚧	57	桃小食心虫	91	山楂超小卷叶蛾
24	大青叶蝉	58	桃蚜	92	山楂木蠹蛾
25	蚱蝉	59	日本球坚蚧	93	山楂绢粉蝶
26	梨云翅斑螟	60	桃蛀螟	94	山楂喀木虱
27	梨小食心虫	61	桑白蚧	95	蝼蛄
28	梨实蝇	62	二斑叶螨	96	橘大实蝇
29	梨实蜂	63	桃红颈天牛	97	橘小实蝇
30	梨虎象	64	桃卷夜蛾	98	蜜柑大实蝇
31	梨黄粉蚜	65	桃潜叶蛾	99	柑橘木虱
32	茶翅蝽	66	蜗牛	100	柑橘全爪螨
33	梨白小卷蛾	67	核桃举肢蛾	101	柑橘始叶螨
34	梨瘿蚊	68	云斑天牛	102	柑橘锈螨

序号	害虫	序号	害虫	序号	害虫
103	柑橘瘿螨	112	黑褐圆盾蚧	121	柑橘凤蝶
104	柑橘大绿蝽	113	糠片盾蚧	122	柑橘爆皮虫
105	白蛾蜡蝉	114	矢尖蚧	123	柑橘天牛
106	黑刺粉虱	115	黑点蚧	124	恶性橘啮跳甲
107	柑橘粉虱	116	柑橘卷叶蛾	125	柑橘潜叶跳甲
108	橘蚜	117	柑橘潜叶蛾	126	柑橘灰象甲
109	吹绵蚧	118	柑橘蓟马	127	柑橘花蕾蛆
110	柑橘堆粉蚧	119	油桐尺蠖		
111	红蜡蚧	120	吸果夜蛾		

五、果园病虫害绿色防控策略和技术

果园病虫害防控应遵循"预防为主、综合防治"的方针，做到绿色防控，尽量减少化学药剂依赖。在充分掌握病虫害的病原生活史和流行规律的基础上，应用合适的药剂和高效的喷药系统，是实现果园病虫害绿色高效防控的基础。而高效的喷药系统不仅包括高效的喷药设备，还包括规范的果园和树形，以及智能化的防治处理方案等。

（一）遵循"预防为主、综合防治"的方针

果树在一个生长季节受到的病虫为害种类非常多（如表9-1和表9-2），如果针对某一病虫害进行喷药防治，不仅成本高、用药量增加和产生抗性，而且也没有能力对出现的病虫害不停地进行喷药防治。果树病虫害防控一定要遵循我国植物保护方针，即"预防为主、综合防治"。综合防治（IPM），是指综合利用各种不同的方法，包括物理、化学、生物及栽培耕作方法预防控制果园的昆虫、病菌及杂草所造成的危害，达到减少化学肥料、化学药剂，保护生态环境的目的。果树病虫害综合防治策略如图9-8所示。

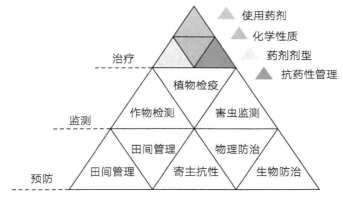

图 9-8　果树病虫害综合防治策略（引自 Naranjo et al，2001）

（二）建设现代化果树病虫害防控植保体系

现代果业病虫害防治是一套现代化果树植保体系，涉及信息收集处理、栽培管理、防控设备、人员培训和社会化服务等方面。现代植保技术体系需要加强"六化建设"：一是病虫害监测预警信息化；二是防控物质装备现代化；三是植保绿色防控应用技术集成化；四是果树病虫害防控服务社会化；五是果树病虫害防控人才队伍专业化；六是植保管理规范化。我国 2020 年 5 月 1 日已经颁布实施了《农作物病虫害防治条例》（以下简称《条例》），《条例》第十条明确指出，国家鼓励和支持使用生态治理、健康栽培、生物防治、物理防治等绿色防控技术和先进施药机械，以及安全、高效、经济的农药。因此，建设现代化果树病虫害防治植保体系有了法律法规基础。

（三）与农艺措施密切相结合

果园智能化病虫害管理，必须要与农艺措施相结合，才能高效使用智能化植保装备进行病虫害管理。如宽行、密株、窄冠的果园种植方式，方便智能化果园风送式施药设备的应用；开心薄叶层的树形能够提高植保无人机作业效率。

同时通过积极应用农业栽培措施，可以大大降低果园病原基数，减少农药施用，实现病虫害绿色综合防控。

1. 清洁果园

果树进入休眠期可以刮除枝干上的病斑、病瘤、粗皮、翘皮，结合冬剪剪除病虫枝、枯死枝、病僵果，并清扫地面枯枝、落叶、杂草及病残体，集中烧毁，能有效降低越冬的病虫数。

2. 生长季节修剪

在果树生长季节，及时剪除并销毁病虫枝、旺长枝、内膛过密枝，保持树体通风透光，使枝枝见光，可以有效减轻病虫害发生。

3. 果园生草

果园行间种植牧草不仅能有效增加土壤肥力，而且可以改善果园小气候，增加天敌种群，从而达到病虫害防治效果。种草时间一般春季为 3 月中旬至 5 月中旬，秋季为 8 月底至 10 月上旬。草种一般选耐阴、株型低矮、耐践踏、再生力强的品种，适合果园种植的牧草有百喜草、紫花苜蓿、黑麦草、'冬牧 –70'黑麦、白三叶、小冠花、毛苕子等。

4. 疏花疏果

疏花疏果不仅可以提高果实品质，而且可以有效调节树体果实负载量，保持结果期树势健壮，增强抗逆性及抗病性。疏花一般从花序伸长至分离期开始，在整个花期均可进行，优先疏除弱花序、开花晚的花序、位置不当的花序及腋花芽，然后对串花枝采取"隔一去一"或"隔一去二"的方法。疏果于花后 1 ~ 2 周进行，优先疏除小果、病虫果、畸形果、位置不当的果，然后疏除过密果等。

5. 果实套袋

套袋可有效防治蝽象、桃小食心虫、斑点落叶病、轮纹病和煤污病等的危害，还可降低农药残留，提升果实品质。在劳动力有保障、劳动力成本可以承受的情况，可以考虑对果实进行套袋处理，以生产高附加值的产品。

6. 防虫、防鸟网

防虫网是在果园人工构建一道屏障，将一些个体较大的害虫拒之网外，以达到防虫护果目的。此外，防虫网反射、折射的光对害虫还有一定的驱避作用。在果实整个生长季节，需要不定期查看果园防虫网的状况，发现漏洞及时修补，防止果树枝梢生长或其他外力戳破防虫网。

在果实成熟期，常会遭到多种鸟的啄食，影响果实产量和品质。由于国家规定不能使用药剂和枪械伤害鸟类，因此在果树周围悬挂防鸟网是一个较有效的办法。

7. 树干涂白

树干涂白不仅能反射阳光，减少热量吸收，降低枝干的日间温度，减小昼夜温差，有效减轻日灼和冻害，而且可使枝干腐烂病、溃疡病、轮纹病的发展受到抑制，可以防止蛀干害虫在枝干上产卵，减少越冬害虫。因此果树树干涂白也是一项有效的果树病虫害防控措施。

（四）诱杀技术

1. 诱虫灯防控果园害虫

频振杀虫灯、太阳能诱虫灯等发出 330~400 nm 的紫外光波，人类对该光不敏感，但是果园中一些鳞翅目害虫、翘翅目害虫对该光比较敏感，在夜间这些害虫就会飞向杀虫灯，因此可以利用害虫对该波段光源的趋光性，采用光、波、色等引诱害虫扑灯，并通过高压电网杀死害虫，同时辅助对害虫进行测报。

（1）使用方法

在果园使用杀虫灯时，应把灯悬挂在空闲地或水池上，以免灯周围的果树遭受诱来而未被杀死的害虫伤害。杀虫灯于 4 月上旬安装，每 3 hm² 安装 1 台，灯间距 200 m，开灯日期自 4 月中旬至 10 月中旬（不同地区根据天气变化合理调整时间），可采用光湿控智能开关装置，白天、雨天关灯，晚上开灯。装灯高度根据树高确定，以灯底座低于树梢 30~50 cm 为宜。

（2）注意事项

杀虫灯是较为理想的病虫害绿色防治措施，省钱、省力、环保。但是杀虫灯诱虫谱较广，有时一些有益昆虫也被诱杀，如草蛉、寄生蜂等，所以使用杀虫灯时要慎重。

一盏杀虫灯可以防治 50 亩的鳞翅目、半翅目、鞘翅目等害虫。但是必须连片投放，对于一户十几亩的果园，或较为分散的果园，不仅杀虫效果不理想，反而会增加病虫害的密度，因此不建议使用。

2. 色板诱杀果园害虫

不同害虫的成虫对颜色有不同喜好，色板就是利用某些颜色对昆虫的吸引特性，在不同颜色的塑料板上涂上特殊胶质，制成可胶黏昆虫的诱捕器，对昆虫进行物理诱杀。

（1）色板选择

常见的色板颜色有黄、绿、蓝、黑等，很多害虫（如有翅蚜虫、叶蝉、粉虱、斑潜蝇等）喜好黄色，所以很多地方的果园使用黄色粘虫板来诱杀害虫。果蝇类喜好黑色粘虫板，绿盲蝽喜欢蓝色和绿色粘虫板，因此防治不同害虫要选择合适颜色的粘虫板。

（2）使用方法

利用色板防治果园害虫一般在害虫发生初期使用，但应避开蜜蜂传粉的盛花期。使用时一般将色板垂直悬挂在树冠中层外缘的南面，可以每亩先悬挂 3~5 片监测虫口密度，当色板上虫量增加时，每亩均匀悬挂 20~30 块；具体悬挂数量依据色板面积进行适当调整，以及通过监测依害虫发生趋势而进行调整。当害虫粘满色板时，要及时摘除并置换色板；在天敌释放的时段一般不悬挂粘虫板，以免色板误伤天敌。

3. 性诱剂诱杀果园害虫

性诱剂是人工合成的一种性外激素物质，也称性信息素。自然界绝大多数雌性昆虫为寻找配偶，会向体外释放一种具特异性气味的微量化学物质，以引诱同种异性进行交配，这种化学物质称性诱剂或性信息素。利用人工合成的昆虫性诱剂诱杀雄虫，从而减少田间雌雄成虫交配概率，降低下一代的发生量。用性诱剂诱杀果园害虫具有专一性高、无抗药性、对环境安全等优势。

目前，全世界有几百种昆虫性诱剂。我国用于防治果园害虫的性诱剂有桃小食心虫、梨小食心虫、金纹细蛾、苹果蠹蛾、苹小卷叶蛾、桃蛀螟等性诱剂。性诱剂使用方法如下：

（1）使用时间

在害虫发生早期，虫口密度比较低时就开始使用，如在斜纹夜蛾、甜菜夜蛾、小菜蛾等害虫越冬代成虫始盛期开始使用。

（2）悬挂方法

一是悬挂的高度以诱芯离地面 1.5 m 左右。此法悬挂简单，但是风大时水盆摇晃，易将水晃出盆外，不易保持盆内水面高度而影响诱杀效果。二是搭一个三角形支架，将盆放于支架上。此法能保持水面稳定，不受大风的影响。安置好水盆后，向盆内加入清水，水内加 0.2% 的洗衣粉；加水量为水面离诱芯下沿距离 1~2 cm 为宜。

（3）诱芯放置密度

一般间隔 20~25 m 放置 1 盆，地势高低不平的丘陵山地或果树密度大、枝叶茂盛的果园宜放置密一些，而平坦地或果树密度较少的果园放置间隔可适当稀一些，每亩放置 3~5 个诱捕器即可。

4. 其他诱杀技术

（1）食诱剂诱杀果园害虫

昆虫食诱剂是基于昆虫对某些植物气味的偏好，通过释放较高浓度的昆虫偏好植物（花香）气味，诱集昆虫直接转移到取食的特定场所，再运用诱捕器或者化学农药进行集中捕杀的技术。

（2）诱虫带防控果园害虫

诱虫带由单层瓦楞纸制成，同时添加了对越冬害虫具有引诱和催眠作用的醇类化学物质，对害虫有极强的诱惑作用。害虫一旦进入即很少外逃，并能很快进入休眠状态，有利于集中捕杀。诱捕对象以越冬幼虫为主，也可以是体形小、隐蔽在树干翘皮裂缝中越冬的较难防治的害虫，如螨类、康氏粉蚧、苹小卷叶蛾、梨网蝽、苹果绵蚜等。根据靶标害虫越冬虫态体型大小不同选用不同棱波幅的诱虫带，如棱波幅 4 mm×5 mm 的诱虫带主要用来诱集叶螨类害虫，棱波幅 5 mm×6 mm 的诱虫带主要用来诱集康氏粉蚧、卷叶蛾等体型较大的害虫。

（3）迷向法防控果园害虫

迷向法又称性诱剂迷向散发器，内含高浓度的性诱剂，来掩盖雌性成虫的位置，误导雄性成虫难以找到雌性成虫，使其交配推迟或不能交配，从而减少虫口密度，达到防治的目的。果园迷向法可以有效防治梨小食心虫、苹小卷叶蛾和苹果蠹蛾。

（五）天敌应用

果园害虫天敌主要分为捕食性和寄生性两大类。捕食性天敌主要有捕食性瓢虫、草蛉、小花蝽、蓟马、食蚜蝇、捕食螨、蜘蛛和鸟类；寄生性天敌主要有各种寄生蜂、寄生蝇、寄生菌等。

1. 瓢虫

大多数瓢虫都是肉食性的，主要捕食各种蚜虫、叶螨和介壳虫等；有色瓢虫和龟纹瓢虫主要捕食苹果瘤蚜、苹果黄蚜等；黑缘红瓢虫主要捕食桃球蚧、东方盔蚧、白蜡虫等；红点唇瓢虫捕食桑白蚧、梨圆蚧、龟蜡蚧、桃球蚧、朝鲜球蚧、东方盔蚧等。

2. 捕食螨

果园常见的捕食螨有植绥螨、西方盲走螨、钝绥螨等，可捕食山楂叶螨、苹果全爪螨和二斑叶螨等的卵、若螨和成螨。

3. 寄生蜂

果园内常见的有蚜茧蜂、赤眼蜂类、绒茧蜂类、姬蜂类、跳小蜂等。蚜茧蜂个体很小，以卵和幼虫寄生苹果黄蚜、苹果绵蚜、瘤蚜、桃蚜和梨蚜等多种蚜虫；其他寄生蜂多寄生于卷叶蛾、刺蛾、食心虫、潜叶蛾、毒蛾、毛虫、尺蠖、天牛、蚧壳虫等。

（六）高效化学防控技术

采用高效植保机械喷洒化学农药仍然是目前果树病虫草害防控的最有效方法之一。果园杀菌剂和杀虫剂的施药技术可以采用拖拉机牵引或悬挂式果园风送喷雾机，也可以采用自走式或无人驾驶果园风送喷雾机，可以选用扇形雾喷头、激射式喷头；还可以采用植保无人飞机。

1. 果园风送式喷雾机

果园风送式喷雾机是一种适用于较大面积果园施药的大型机具。它不像一般喷雾机仅靠液泵的压力使药液雾化，而是依靠风机产生强大的气流将雾滴吹送至果树的各个部位。风机的高速气流有助于雾滴穿透稠密的果树枝叶，并促使叶片翻动，提高了药液附着率，且不会损伤果树的枝条或损坏果实。因此，风送式果园喷雾机可以利用气流的吹送作用把浓密的农药雾滴吹送到果树树冠内膛，对病虫害防治有较好效果。果园风送式喷雾机有悬挂式、牵引式和自走式等。牵引式又包括动力输出轴驱动型和自带发动机型两种。它们具有喷雾质量好、用药省、用水少、生产率高等优点；但需要与相关农艺措施相配合，例如株行距及田间作业道路的规划、树高的控制、树形的修剪与改造等。

果树树冠高大、枝叶茂密，如苹果、梨等仁果类果树，必须采用大风量低风速的风送式果园植保机械才能使雾滴穿透进入茂密的树冠中。如果采用手动喷雾机具，很难把树冠喷透，除非加大施药液量，但是施药液量过大则会导致雾滴聚并、药液流失。据测算，如果采用大雾滴大容量喷雾法，即使树冠已经进入盛叶期仍有 30% ~ 45% 的药液流失，农药利用率低；若改为细雾滴低容量喷雾方法，则可以显著提升农药利用率。

2. 航空植保装备

航空植保是一种高效、快速、便捷的施药方法，其特点是效率高、效果好、立体性强、劳动强度低、一机多用等。我国目前航空喷雾设备有直升飞机、固定翼飞机、三角翼、动力伞等有人驾驶的航空植保装备，也有单旋翼、多旋翼无人植保机。航空植保因其便捷、省工、省时、高效等优点受到了政府、农药企业、种植大户等的关注，但是其在果树病虫害防控技术方面还有待优化。

3. 智能精准技术装备

为提高农药利用率，减轻对环境的污染，许多先进的技术，如全球定位技术（GPS）、地理信息系统（GIS）、变量喷头等技术被应用在农药使用领域，"精准施药"技术迅速发展。"精准施药"的核心是在研究田间病虫害相关因子差异性的基础上，获取农田小区病虫害存在的空间和时间差异性信息，采取技术可行、经济有效的施药方案，在每一个小区上准确喷洒农药，使喷出的雾滴在处理小区形成最佳的沉积分布。目前，我国部分大型喷杆喷雾机已经安装了变量喷雾配件，可以实现精准变量喷雾。随着我国现代化农业建设的推进，智能精准化的现代施药技术装备必将在果树病虫害防治领域得到更广泛的应用。

第2节 果树病虫害智能化预警技术

果树病虫害给果品生产造成重大经济损失，是现代农业生产中面临的重要问题。准确估计果树病虫害发生情况，正确采用合理的管理方案仍然是科学界面临的挑战。果园病虫害的传统防治一般采用化学防治方法，然而过度使用化学药剂不仅增加成本、影响果品质量，而且会造成环境污染。因此，准确估算果园病虫害发生率、病虫害严重程度，以及病虫害对果园产量和果品的负面影响，对果园安全丰产优产具有重要意义。

病原对果园的侵害具有侵染途径多样、传播速度快等特点，果园病虫害传统的识别监测及预警主要依靠技术专家知识及果农经验，缺少相应的信息辅助技术手段，因此不能满足准确、快速、有效的预防需求。随着人工智能的深度学习、神经网络、大数据、物联网、传感器等技术的发展与成熟，为果园病虫害识别及监测预警提供了更有效的技术支撑，使得对果园病虫害及时有效且准确高效的识别及监测预警成为可能。

一、果树病虫害监测技术

果树病虫害监测技术是精准、高效、快捷防治果树病虫害的重要前提，主要技术手段包括果园遥感、图像识别、专家系统监测及病虫害测报装置等。围绕上述技术研究，为果业生产提供"千里眼"和"听诊器"，将推动智能化果园病虫害监测预警设备及技术的推广应用，达到防灾减灾和化学药剂使用减量的目标，确保果业增产增收，为现代植保和智慧农业发展提供有力支持。

（一）遥感技术在果树病虫害防治中的应用基础

果园遥感技术是快速准确获取果树生长信息和病虫害发生状态的重要技术手段，具有大面积同步无损检测、时效性强、客观反映作物变化的优点，为及时准确掌握果树病虫害的发生、发展状况技术提供支撑。

1. 遥感技术实现果园病虫害监测的主要手段

第一，应用可见光和红外遥感技术探测病虫害对果树生长造成的影响，跟踪其演变状况，分析评估受灾程度。

第二，应用可见光和红外遥感手段监测病虫害源发区域，即虫源或寄主基地的分布及环境要素变化来推断果树病虫害暴发的可能性。

第三，应用昆虫雷达微波遥感直接监测害虫及寄主的活动行为。

2. 遥感技术探测果树病虫害的理论依据

果树生长过程中一旦遭遇病虫害，果树的叶片首先出现变化，会发生落叶卷叶、残叶等现象。微观生理上表现出叶绿体组织等遭受破坏，养分水分吸收、运输、转化等受到影响等。这些变化会导致植物光谱反射特性的变化，通过分析高分辨率、大比例遥感图像上的光谱变异情况，即可辨别出果树受病虫害袭击的异化影像。随着果树病虫害的加重，一方面会加剧各种果树叶片组织的水分代谢受阻，叶色黄化、褐化，叶片的各种色素含量随之减少，以致枯死，光合作用速率下降；另一方面害虫可能吞噬叶片或者引起叶片卷缩、脱落，生物量减少。两种结果在果树光谱特征曲线上表现为可见光区（400～700 nm）反射率升高，而近红外区（720～1 100 nm）反射率降低。虽然果树种类、水分养分状况、生育期、所处地理位置等因素不同，绿色植物叶片光谱特征各波段反射值的具体数据会稍有差异，但这些光谱曲线的总轮廓特征基本保持一致。

3. 遥感技术探测果树病虫害流程

目前遥感技术探测果树病虫害的流程主要由地面光谱信息采集、生物量及农学特征提取、病虫害光谱诊断模型建立、诊断结果评价系统组成。主要技术流程如图9-9所示。

（二）果园病虫害图像识别技术

近年来，快速发展的计算机视觉技术在很多领域得到广泛应用。农业生产中，为提高生产效率，需要对农作物特别是病虫害情况进行监测。随着农业现代化的发展，规模化种植面积越来越大，依靠专业技术人员在种植区域用肉眼观察农作物病虫害情况，所需人工成本巨大、工作效率低且存在主观偏差。因此，需要利用自动化程度高的计算机视觉技术来帮助解决果园生产中的病虫害识别问题。

大部分植物病虫害的发生首先表现在叶片上，导致叶片出现病斑，且不同类型的病虫害导致叶片出现不同颜色、形状和纹理的病斑。因此，基于叶片图像的植物病虫害识别方法一直是植物保护、图像处理、计算机视觉和模式识别等众多领域的一个重要的研究方向。基于叶片图像的植物病虫害识别方法的第一个关键步骤是特征提取，其提取出特征的优劣直接影响病虫害识别算法的识别精度。但病虫害叶片图像具有复杂性，且病斑的颜色、形状和纹理随着时间不断变化，为此需设计出各种类型的分类特征，为提高植物病虫

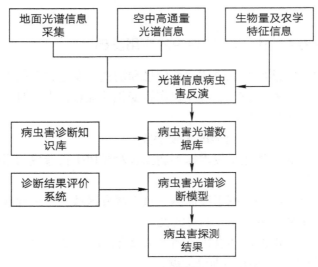

图 9-9 遥感技术探测果树病虫害流程图

害图像识别方法的识别率和鲁棒性提供基础。

图像识别中使用最广泛的特征包括全局特征和局部特征两种。全局特征有颜色特征、纹理特征、形状特征，局部特征有 SIFT（scale-invariant feature transfor）特征 HOG（historgram of oriented gradient）特征及其相互组合。传统获取特征方法通常是依赖从业人员和研究人员，需要大量实验及全面的相关专业知识作为基础，对人员的专业知识要求较高，且应用的数据规模不大、适用范围窄；由于是针对特定识别任务，因此复杂问题的现实应用精度不高。果园病虫害图像自动识别技术的基本思想是利用图像处理技术进行图像去噪、图像增强、背景分离等图像预处理工作，然后进行病斑分割、特征提取工作，最后利用深度学习技术对手工输入的特征进行识别并输出识别结果。其中，深度学习是指通过深度神经网络结构来实现的一种算法，具有深层次结构，可以实现对图像特征自动分层提取，从而解决了传统特征提取面临的问题。

（三）病虫害诊断防治专家系统

病虫害诊断防治专家系统主要由两方面组成：一是"专家"，二是"系统"。"专家"主要是指由专业领域的专家、学者和基层工作者对本领域知识的系统概述、分类整理和经验总结等；"系统"是指智能化的计算机程序，它能够对"专家"进行智能化、规则化处理，转变为计算机可以识别的语言构建知识库，能够运用自身的推理机制从规则化的知识库中选取合适的信息，经过进一步的推理判断完成用户提出的问题请求，通过人机交互界面将求解答案呈现给用户。因此，专家系统简单来说就是一种智能化的计算机程序系统，它能够模拟人类专家的思维方式来解决实际问题，能够达到或接近专家的水平。

病虫害诊断防治专家系统模块主要包含果树病虫害知识查询、病害诊治和虫害诊治三大内容。用户在使用远程图像与视频监控系统获取植物生长状态信息发现病虫害症状后，可以通过手机和电脑客户端登录系统进行病虫害知识的咨询和图片对比，通过病虫害诊断模块，确定病虫害的类别，然后根据知识库的信息获取相应的防治诊断方案。

病虫害诊断防治专家系统构架通常由六部分构成，即知识库、综合数据库、推理机、解释器、人机交互界面、知识获取。

1. 知识库

知识库是专家系统建设的基础和前提，主要包含事先经过规则化、结构化和理论化的专业领域知识集合，在系统运行过程中，可以为系统提供数据参考来源。知识库中的知识主要包含领域内的事实知识和规则知识，知识数量和质量在系统运行过程中具有重要的作用，决定着系统的专业性能和解决问题的水平。因此，知识库是专家系统建设的基础和核心，知识库建设水平的高低直接影响专家系统实际应用水平的高低。

2. 综合数据库

从狭义上讲，综合数据库是专家系统运行过程中的数据缓存和暂存平台，其主要功能在于对系统运行推理过程中得到的起始条件、查询问题、暂时结论和最终结论等信息进行存储。随着系统的不断运行，这些数据不断发生变化，直至得出最终结论。从广义来说，一个系统的建设过程所要用到的信息都是以数据的方式呈现的，综合数据库可以包含整个系统的所有静态和动态数据信息。

3. 推理机

推理机简单来说就是系统推理过程的综合概念，相当于专家在进行问题处理过程中的逻辑思维过程，是专家系统的核心部分。在系统运行过程中，根据事先设定的推理策略，推理机能够根据用户提出的问题请求，进而从知识库和数据库中寻求合理的知识模块给出求解答案。

4. 解释器（即解释程序）

解释器模块主要的功能在于能够将专家系统工作的推理过程展示出来，解释专家系统的运行机制，同时系统管理人员可以根据解释器的展示过程修改和优化推理策略，提高专家系统的性能。

5. 人机交互界面

人机交互界面是用户与系统沟通交流的对话窗口，是用户对专家系统学习认知和使用的平台，是专家系统最直观的表现形式。在界面中，用户可以根据专家系统的模块设置进行知识的咨询和问题的求解决策。

6. 知识获取

知识获取模块能够让专家系统持续地扩展其知识库和数据库的内容，增强其信息储备和解决问题的能力。因此，知识获取模块是系统建设优越性的重要基础，可以不断通过知识的获取、整理和规则化，进一步充实完善知识库和数据库，提高系统的综合应用能力。

综上所述，一个病虫害诊断防治专家系统的开发建设需要多方面的人员进行相互配合，知识库中知识的归纳整理是整个专家系统的基础和重点。目前，综合数据库、推理机和人机交互界面的开发建设和运行流程逐渐成熟，有诸多可参考借鉴的对象；但是知识库却是区别不同专家系统的重要依据，是专家系统的核心。

（四）病虫害测报装置

病虫害测报装置主要包括虫情测报灯或虫情测报仪、孢子捕捉器或孢子监测仪、自动性诱仪和电子鼻等。前两个装备在前面章节有介绍，这里主要介绍自动性诱仪和电子鼻。

1. 自动性诱仪

自动性诱仪采用放性诱剂诱杀害虫的原理，集害虫诱捕、数据统计、数据传输于一体，具备害虫的定向诱集、分类统计、实时报传、远程监测、虫害预警的自动化、智能化功能，具有性能稳定、操作简便、设置灵活等特点。可通过更换诱芯，对不同害虫进行监测诱杀。

2. 电子鼻

树木和作物释放的挥发性有机化合物占地球大气层中该气体的 2/3。果树枝叶挥发性有机化合物有时会受到病虫害的影响，基于该原理，可以通过探测该挥发性有机化合物获得果树病虫害信息。电子鼻是由一系列气体传感器组成，可以用于探测挥发性气体的变化，进而探测出病虫害危害程度的装置。典型的电子鼻主要由测试箱、计算机、蒸汽发生器、清洁气体容器等组成。其中测试箱中包括温控腔、传感器阵列、气体流控制通道等，被测对象气体进入温控腔后，传感器阵列分别读取数据后传送给计算机进行分析处理以得出最终探测结果。电子鼻应用于病虫害监测还是一个新鲜事物，需要不断研发和完善。

二、基于卷积神经网络的果园病虫害识别方法

深度学习是一类模式分析方法的统称，是机器学习实现人工智能的必经路径。很多学者从深度学习的模型设计、训练方式、参数初始化、激活函数选择和实际应用等多个方面进行了研究，提出了很多深度学习的模型，例如卷积神经网络（CNN）、深度玻尔兹曼机（DBM）、深度置信网络（DBM），以及很多改进的深度学习模型，并成功应用于图像识别和植物病虫害识别研究中。

由于卷积神经网络能够直接输入原始图像，现已被广泛应用于计算机视觉和图像识别与分类等领域。这里介绍针对植物病虫害叶片的病斑分割与特征提取难题而提出的一种基于三通道卷积神经网络的植物病虫害识别方法。该方法能够自动从病虫害叶片图像中发现本质特征，并进行病虫害识别。在病虫害识别过程中，该方法不需要对病虫害叶片图像进行复杂的病斑分割和特征提取操作，而是直接输入彩色病虫害叶片图像来对病虫害加以识别。与传统的植物病虫害识别方法相比，该方法是从病虫害叶片图像中自动学习分类特征，而不是依靠已有经验知识来提取手工设计特征。因此，该方法能够克服传统特征提取方法的盲目性和耗时长等不足。

（一）卷积神经网络基本知识

卷积神经网络（CNN）是多层感知机（MLP）的一个变形，它是从生物学概念中演化和从传统神经网络（NN）发展而来。传统的神经网络包括 3 个层：输入层、隐层和输出层，具体包括卷积层、池化层、全连接层、输出层等基本部分；而卷积神经网络包含多个隐层（包括多个卷积层和池化层）（图 9-10）。卷积神经网络通过逐层改善图像的特征，使得特征空间不断变化，由此能够分析更为复杂的图像分类与识别问题。

1. 卷积神经网络基本构成

（1）卷积层

在卷积神经网络中，输入图像中的各个像素表示不同的输入神经元，卷积层的每个神

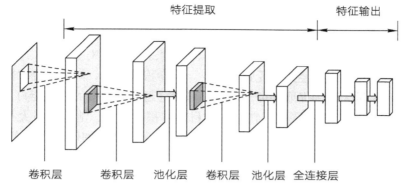

特征提取　　　　　　　　　　　　　　特征输出

卷积层　　　卷积层　池化层　　卷积层　池化层　全连接层

图9-10　卷积神经网络的结构图

经元只与输入图像中一定数量的神经元加权连接。假设输入图像的一个感受野（Receptive Field）为 $K \times K$，则卷积操作是利用卷积核对输入图像的各个 $K \times K$ 区域提取特征，也就是先确定一个 $K \times K$ 的卷积核，即 k^2 个权重参数来连接输入神经元与卷积层神经元；这个卷积核从图像的左上角开始，以一定的步长在图像上移动，每一移动一个新位置，就对输入神经元和对应的权重参数求乘积和。当遍历了一幅图像后就得到一个特征图，由不同的卷积核可提取不同的叶图像特征，卷积核相当于一个数字滤波器。卷积神经网络中的卷积操作采用了权值共享策略，其优点是极大减少了模型需要的训练参数，从而缩短训练时间，且增加了要提取图像的特征维数。

（2）池化层

卷积层的输出是池化层的输入。池化层是对卷积层得到的特征图进行下采样，经池化层操作后的输入特征图的个数保持不变，但维数减少很多。池化操作主要是为了降低特征图的分辨率，减少特征维数；一般可以将上层卷积层的输出数据的维数减少一半，以便于后期的图像分类工作。虽然池化操作可能会丢失部分信息，但在一定程度上防止出现过拟合现象。池化层起到二次提取特征的作用，它的每个神经元对局部感受也进行池化操作，具有空间平移、旋转和伸缩等不变性的特征。

（3）全连接层

在卷积层和池化层之后设置一个或多个全连接层，用于对前面得到的特征进行加权求和，即全连接层的每个输出由前一层的每一个结点乘以一个权重系数，再加上一个偏置值得到。若一个全连接层不是最后一个全连接层，那么它输出的也是特征图，最后一个全连接层输出给输出层。

（4）输出层

输出层采用 softmax 分类器进行图像分类识别，输出结果为每个测试图像对应图像各个类别的概率。若训练集中有 C 类图像，则 softmax 分类器输出 C 个结果，分别对应每个测试图像属于各个类别的预测得分。

2. 训练过程

采用反向误差传播更新权值训练 CNNs，即通过迭代不断优化模型的各个参数，使得模型的预测结果能够与实际图像所属类别的标签值最接近。求解正向输出标签值与实际标签值的平方误差，使得误差最小作为更新参数的准则。

在设计 CNN 结构时需要考虑的因素很多，一般认为 CNNs 的结构层次越深、特征面数目越多，能够表示的特征空间也就越大，则模型的学习能力也就越强。但是，由此可能会让网络的计算变得更复杂，且极易出现过拟合现象。卷积核对于提高 CNNs 的性能非常重要，卷积核的大小决定神经元感受野的大小。若卷积核过小，则无法提取图像的有效局部特征；若卷积核过大，则提取特征的复杂性可能会超过卷积核的表达能力。在实际应用中，应适当选取 CNN 的层次深度、特征面数目、卷积核大小、池化窗口大小及卷积核额移动步长，以便通过训练获得较好的 CNN 模型，同时需要考虑如何缩短训练时间。

（二）果园病虫害识别方法

病虫害叶片图像的颜色是病虫害类型识别的重要特征，可以利用卷积神经网络方法并将其应用到果树病虫害叶片图像的特征提取和病虫害分类。

1. 简单图像预处理

将大小不同的待训练病虫害叶片图像集中调整为统一维数，然后采用对比度自适应直方图均衡法（CLAHE）对图像进行对比度归一化处理，使得图像的位移、旋转度和尺度变换的值在特性范围内均匀分布。

2. 图像分解

将 RGB 彩色病虫害叶片图像分解为 R、G 和 B 3 个通道，作为 CNN 的输入对象。

3. 三通道 CNN 模型设计

三通道 CNN 的架构（图 9-11）与图 9-10 基本相同。为了降低网络的训练耗时，可以在前两个卷积层之间增加一个池化层。基本结构为输入层 I—卷积层 C1—池化层 P1—卷积层 C2—池化层 P2—卷积层 C3—池化层 P3—全连接层 F—输出层 O。

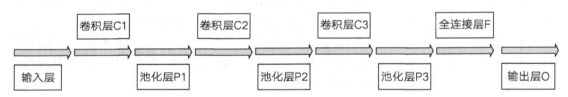

图 9-11　三通道 CNN 的基本结构

设定卷积核大小为 $K \times K$，最大池化层法的池化窗口大小为 $P \times P$，全连接层神经元的数目约为 1 000 个，输出层有 C 个神经元输出 C 种病虫害种类。

在 C1 中，每个神经元与输入病虫害叶片图像指定的一个 $K \times K$ 感受野进行卷积，得到多个不同的特征图输出给 P1；

在 P1 中，对 C1 特征图用 $P \times P$ 区域进行最大池化下采样，但不改变特征图的数目；

在 C2 中，对 P1 池化后得到的特征图进行卷积；

在 P2 中，在 $P \times P$ 区域对 C2 得到的特征图进行最大池化下采样；

在 C3 中，对 P2 得到的特征图进一步进行卷积；

在 P3 中，再在 $P \times P$ 区域对 C3 得到的特征图进行最大池化采样；

两个全连接层 F 包含 1 000 个神经元与 P3 全连接。

在输出层选择一个分类器或一个单层神经网络，通过计算输入样本被分到每一类别的概率来进行图像识别。在训练过程中通过调整参数，使得病虫害叶片图像被正确标识的概率最大。本模型的输出层选择 softmax 分类器，有 C 种病虫害叶片图像需要进行分类，因此在输出层有 C 个神经元，输出 C 个小于 1 的正数值，表示各个待测试图像所属类别的概率。

在 MATLAB 的 Deep learing Toolbox 中，卷积层的一个特征图与上层的所有特征图都关联，对不同的卷积核在前一层所有特征图进行卷积并将对应元素累加后，再加一个偏置，然后求 sigmod 函数值得到一个特征图。而且，卷积层的特征图的数目是在 CNNs 初始化时指定，其大小由卷积核与上一层输入特征图的大小决定。池化层对上一层卷积层的特征图的一个下采样，采用的采样方式是对上一层特征图的相邻小区域进行聚合统计，一般取小区域的最大值或平均值。如假设上一个卷积层中特征图的大小为 $n \times m$，卷积核的大小为 $K \times K$，则卷积层的特征图的大小为 $(n-k+1) \times (n-k+1)$，池化层不改变特征图的大小，由此可以计算出本设计的 CNN 模型的各个卷积层和池化层的特征图大小。

4. 参数初始化

开始训练 CNN 之前，需要对权重和偏置参数进行初始化。一般从以下两个方面考虑采用一些不同的小随机数对 CNN 中所有的参数进行初始化：①取小的随机数，能够保证 CNN 不会因为权值过大而进入饱和状态，进而导致训练失败；②取不同的随机数，能够保证 CNN 正常地学习训练。若利用相同大的数值初始化权值，则 CNN 可能不具有学习能力。随机初始化的权值和偏置的范围一般取为 $[-0.5, 0.5]$ 或 $[-1, 1]$。

5. 微调

微调是利用训练数据库对训练好的 CNNs 进行再训练，从而使训练好的模型参数能够拟合当前的数据库，提取图像中更抽象的特征来进行图像识别。

三、果园病虫害监测预警平台

果园病虫害监测预警平台围绕我国病虫害发生严重、农业生产分散、病虫害专家缺乏、农民专业水平低、科技服务不足的现实问题，融合现代通信技术、计算机网络和多媒体技术，依托病虫害专家专业技术支持，形成果园病虫害网络诊断、远程会诊、移动式诊断决策等多模式果园病虫害诊断防治体系。

果园病虫害监测预警依据生物学、生态学，分析病虫害过去和现在的各种有关因素，能够判断病虫害的未来变化和发展趋势，以降低病虫害带来的灾害性损失。准确、及时的病虫害预警是有效进行病虫害诊疗和改善生态系统的关键。

（一）果园病虫害监测预警过程

果园病虫害监测预警过程从逻辑上划分为确定警情、寻找警源、分析警兆及排除警情等一系列相互衔接的过程。确定警情是大前提，是预警研究的基础，而寻找警源和分析警兆属于对警情的因素分析，预报警度则是预警目标所在，排除警情是目标实现的过程。

1. 确定警情

确定警情是果园病虫害预警过程的第一步。警情，就是事物发展过程中出现的异常情况，可以从警素和警度两个方面考察。警素是指构成警情的指标，病虫害预警一般采用发

第 2 节 果树病虫害智能化预警技术 241

生期、普遍率、严重度或病情指数作为警素；警度是指警情的程度。通常把警情的严重程度划分为五个等级，即无警、轻警、中警、重警、巨警。其中安全警限的确定是关键，当警情指标的实际值不在安全警限范围内，则表明警情出现。结合具体情况，根据警情指标的实际值，观测其落在哪一警限区域，便可监测其警度。

2. 寻找警源

警源是警情产生的根源。对于植物病虫害流行系统来说，染病的寄主植物、具有致病性的病原物和有利发病的环境、人类干预是警情产生的主要根源。根据具体情况，每一种警源还可以再进一步细分，以确定哪一种警源应作为重点关注内容。

3. 分析警兆

警兆是警情暴发的先兆，分析警兆是预警过程中的关键环节。从警源的产生到警情暴发，其间必出现警兆，警兆与警源存在直接或间接关系。通常不同的警情对应着不同的警兆。警兆可以是警源的扩散，也可以是警源扩散过程中其他相关的共生现象；同一警情指标往往对应多个警兆指标，而同一警兆指标可能对应多个警情指标。

4. 预报警度

预报警度是监测预警的目的。根据警兆的变化情况，结合警兆的变化区间，参照警情等级，运用定性和定量方法分析警兆报警区间与警情警限的实际关系，结合专家意见及经验，进行警度预报。在预报警度中，需要注意结合经验方法、专家方法等，以提高预报警度的精确度。

5. 排除警情

针对每一种警情均给出相应的对策建议，以消除警情。病虫害监测预警时，一定要按照"预防为主，综合防治，保护环境"的原则，向用户提供防治方案。

（二）果园病虫害监测预警的特点

1. 警情的累积性和突发性

果园病虫害是自然过程和人类活动影响的结果，因此病虫害的发展和恶化程度会在时间、空间上有一个演替过程。在时间上，表现为从量变到质变的过程，包括渐变、突变、连续、间断、被动、周期、积累等各种演变形式；在空间上，则是系统内部各要素的消长、进退和更换、进化和退化。警情的累积性要求在果园病虫害预警分析中能涵盖一定的时间和空间范围；而警情的突发性则要求重在警情的预报，发现警兆并提出切实可行的措施。

2. 警兆的滞后性

由于警情的累积性特征，病虫害产生的后果显露要相对滞后一段时间，当警兆呈现后，警情的危害性已经相当严重了。因此，需要加强对果园及其环境的动态监测，实时监测被观测对象的状态，这样可以有效地预防病虫害发生。

3. 预警的动态性

评价的取值一般是静态、一次性的，结论也是一次性的，但是预警的取值是多维的，是随不同时间而动态变化的序列，侧重对不同时间、时段动态变化的分析，可加强动态描述。预警评价可以把握不同时期内病虫害所处状态及其演化趋势和速度。

4. 预警的深刻性

预警的实现需要有评价和一般预测等大量工作作为基础，只有认识把握现状和演化趋势才能实现预警。预警阐明的环境问题对揭示环境本质及变化规律更为深刻、准确。预警研究的目的性、针对性更为集中、强烈，对环境的监督管理作用更大，从而实现其警告和警示的目的。

（三）果园病虫害监测预警指标的筛选原则

1. 科学性

病虫害预警系统指标的选择和设计应该建立在科学的基础上，要充分反映病虫害发展的内在规律，指标的定义、计算方法要有科学依据，具有真实性和客观性。

2. 可操作性

病虫害预警指标体系应具有数据获取方便、计算简便的特点，使所构建的指标体系具有较强的可操作性。

3. 准确灵敏

病虫害预警指标与病虫害发生态势应具有较高的关联度，预警指标应该能够准确、灵敏、迅速、及时地提供预警信号。

4. 简捷可靠

预警指标的选择既要全面又要避免繁杂，同时预警指标数据应具有权威性，统计口径应具有一致性，统计数据的量应该足够大。

5. 匹配性

预警指标要与具体的预警相互匹配，不同的病虫害与不同的预警方法匹配。

6. 稳定性

预警指标变化应与病虫害变化过程具有相对稳定的先行、同步和滞后关系。

（四）果园病虫监测预警的方法

预警方法是指系统如何收集资料，进而如何分析整理资料，并提出预警信息，以至实现预警功能全过程的逻辑思想方法。

1. 从手段角度划分

可将预警方法分为指数法、专家经验法、模型法等。

（1）指数法

利用统计学的指数方法把警兆指标的变化综合成指数，依据一个或多个警兆指标指数的大小进行预警。

（2）专家经验法

主要根据以往的经验，采用仿真试验、主观衡量法、保守估计法、竞赛理论等数学模型用类比的方法推算出病虫害的变化趋势。

（3）模型法

狭义上讲是以警情为因变量，以警兆为自变量建立的预警模型；广义上讲是预警系统中用于加工处理原始数据，形成并表达预警信息的方法，包括数理统计法、系统动力学法、灰色系统法、人工神经网络等。

2. 按预警内容划分

可将预警分为发生期预警、发生量预警和灾害程度预警。

（1）发生期预警

预警某种病虫害的状态或级别的出现期或危险期；对于具有迁飞、扩散习性的害虫，预警其迁出或迁入本地的时期，并以此作为确定防治时期的依据。方法包括历期法、期距法、物候法和有效积温法。

历期法是根据某代或某虫态的发育历期，结合温度等环境条件变化规律，推算下一代虫态的发生期，以确定未来的防治适期、次数和防治方法。期距法是根据害虫某虫态或虫龄发生峰日相距防治适期的天数进行预警。物候法是利用其他生物现象作为害虫发生期的预警指标。有效积温法是根据昆虫完成某一发育期的所需的有效温度累积量，当环境温度高于昆虫发育期地点温度时昆虫开始发育，根据完成发育所需温度的累积量计算发育时间。

（2）发生量预警

根据病虫害发生的数量和密度，结合历史累计数据进行预测，估计病虫害未来的发生趋势。

（3）灾害程度预警

在发生期、发生量等预警的基础上，依据病虫害发生周期及破坏力强弱规律，推断病虫害灾害程度及损失大小，配合发生量预警进一步划分防治优先次序及防治重点。

3. 根据预警时效划分

将预警分为短期预警、中期预警、长期预警和超长期预警。

短期预警是指对病虫害几天以后的发生动态做出预警，一般为 7 ~ 10 d。中期预警是对病虫害一个月以后的发生动态做出预警，一般为 10 ~ 30 d。长期预警是对病虫害几个月以后的发生动态做出预警，一般为 30 d 以上。超长期预警是在研究病虫害发生规律的基础上，探索下一年度的发生趋势，并以此为依据做出超长预警。

（五）病虫害预警系统

1. 病虫害预警系统的功能

针对果园病虫害的预警需求，病虫害预警系统主要包括数据采集管理、指标维护评价、病虫害预测预报、病虫害预警分析、病虫害防治决策五个方面。数据采集管理主要指监测、采集、管理数据。如果缺乏统一的数据采集标准，数据的描述和表示各不相同，就会造成数据难以共享。指标维护评价是指标预测预警工作的关键，通过研究病虫害发生机制建立指标体系，保障预测预警的准确性。虫害预测预报是系统汇集各种人工神经网络、支持向量机、组合预测等模型。病虫害预警分析是对警情进行趋势分析，报告警情范围。病虫害防治决策是根据适时防治、科学防治的要求提出防治决策，指导农业生产。

2. 果园病虫害预警系统的结构

根据果园病虫害预警功能，果园病虫害预警系统通常包含数据获取管理单元、预警指标评价系统、果园病虫害预警模型、预警预报单元及防治决策单元（图9-12）。

3. 病虫害预警系统的构建过程

病虫害预警系统首先利用信息采集设备获得果园初始数据并进行归一化处理，通过分析指标相关性、生物学特性及其他相关因子构建预警指标体系，运用数据数理方法建立预警基础数据库；然后依据预警规则构建预警决策模型，并优化决策模型的结构及参数，进而形成不同预警目标的决策模型库，最终给出预警结果。主要构建过程如图 9-13 所示。

4. 病虫害预警系统开发

在农户需求的基础上，结合文献查阅和专家访谈，对领域知识进行系统分析和收集整理，在充分研究病虫害预警模型、专家会诊算法、领域知识获取模型、知识表现等关键技术的基础上，集成智能代理、远程诊断与呼叫中心技术，开发建立用于果园的远程病虫害预警系统。

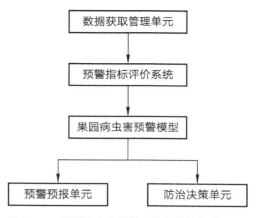

图 9-12　果园病虫害预警系统的模块构成

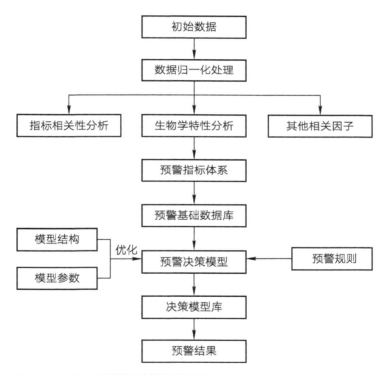

图 9-13　病虫害预警系统的构建过程

病虫害预警系统架构分为五层，即基础平台层、信息资源层、应用支撑层、应用层、访问界面层（图 9-14）。

（1）基础平台层

该层分为三部分，即系统软件、硬件支撑平台和网络基础平台。其中系统软件包括中间件、数据库服务器软件等，硬件支撑平台包括服务器、存储等硬件设备，网络基础平台为系统运行所依赖的网络环境。

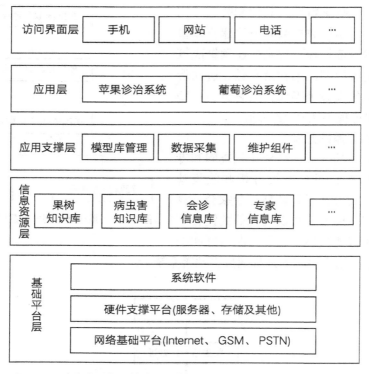

图 9-14　病虫害预警系统体系机构

（2）信息资源层

整个系统的信息资源中心，涵盖所有的数据。它是信息资源的存储和积累，为果园病虫害诊治提供数据支持。

（3）应用支撑层

构建在 J2EE 应用服务器之上，提供了一个应用基础平台，并提供大量公共服务和业务构建，提供构建的开发、运行和管理环境，最大程度提高开发效率，降低工程实施、维护的成本和风险。

（4）应用层

提供所有信息应用和病虫害诊断的业务逻辑。主要包括分解用户诊断业务要求，通过应用支撑层进行数据处理，并将返回信息组织成所需要的格式提供给客户端。

（5）访问界面层

该层是直接面向用户的系统界面。界面要求友好简捷，用户可以通过多种方式访问系统并与系统交互，访问方式包括手机、网站、电话等。

第3节 果树病虫害智能精准防控技术

智能精准防控技术能够在智能识别的基础上，根据作物靶标相应的结构参数调整药液的喷施量，利用对靶变量施药技术，实现有的放矢，减少非靶标区的农药流失与飘移，提高农药的利用率，实现低量精准施药、低污染、高功效、高防效的作业要求。

一、果园喷雾目标信息获取技术

果树冠层信息采集是智能精准防控最重要的环节之一，准确的冠层结构参数是喷雾参数控制与执行的数据基础。传统果树冠层结构主要是通过人工测量果树树高、树宽和样本叶片面积来计算冠层体积、密度等参数，存在工作效率低、测量成本高等不足。随着现代计算机技术、传感器技术及机器视觉技术的发展，各种非接触式测量技术被逐步应用到果树冠层测量中，如微波雷达法、高清 X 射线扫描法、光学传感法、超声波传感法、立体视觉法、LIDAR 传感法和无线电扫描法等果树冠层结构测量技术。

（一）果树冠层主要测量技术

根据果树冠层主要测量技术的实际应用案例，对各种冠层结构信息采集方法的原理及优缺点进行列举比较（表 9-3），其中微波雷达法、高清 X 射线扫描法、光学传感法在果树冠层测量中具有明显的缺点，因此在后续小节中主要介绍立体视觉法、超声波传感法和LIDAR 传感法及其系统在果树冠层测量中的研究与应用现状。

表 9-3　果树冠层主要测量技术的原理及优缺点

采集方法	测量原理	优点	缺点
微波雷达法	利用微波的电磁辐射原理，测量电磁波脉冲在发射器与靶标间的时间	① 使用不受气候条件影响； ② 测量大尺度的冠层结构	① 空间分辨率高（最高为 1~3 m）； ② 不能精确测量冠层的空间结构，如树高、树宽、体积等
高清 X 射线扫描法	高清 X 射线扫描法为薄层扫描及高分辨率算法重建图像的检查技术	① 可以准确重构各种复杂冠层三维结构； ② 不仅可以输出 3D 图像，还可以显示精确的定量数据	① 只能测量直径和高度小于 1 m 的冠层； ② 设备价格高、不适合田间使用； ③ HRCT 的高电压危害人类健康
光学传感法	监测地面光传感网格系统中冠层的光投影，采用图像处理技术分析不同光位置所得到的投影图像来得到冠层参数	① 价格低，适应性强； ② 可以测量冠层尺寸、轮廓、背阴及向阳面积比例	① 要求晴天、光线强、风速低，地植被表面光滑； ② 耗时长、不适合在线使用； ③ 需要算法后处理才可以得到冠层 3D 模型

采集方法	测量原理	优点	缺点
超声波传感法	根据激光从发射点到经靶标反射回到接收点的飞行时间来测量	① 价格低，鲁棒性好； ② 容易执行，适应性好	① 超声波束扩散角度大； ② 分辨率和测量精度低
立体视觉法	① 数码图像传感器接收物体表面的光后，利用CCD或CMOS图像传感器将光信号转换为电信号； ② 立体视觉采用双目数码相机获取两个视野的图像，通过算法将图像坐标转化为实际坐标，将两个图像融合成一个3D点云图像	① 冠层结构（树高、体积、叶面积指数）测量精度较微波雷达和光学传感法高； ② 可以直观地获取冠层结构尺寸的3D图像； ③ 可以获得作物的光谱信息，图像同时支持GIS信息提取	① 需要校准，精度没有LIDAR传感法高； ② 对环境光照要求高，不能适用于密闭果园； ③ 在线使用过程中3D数据的存贮和处理量大
LIDAR传感法	有时间飞行LIDAR和相移LIDAR两种方法，前者主要测量激光脉冲在传感器和靶标之间飞行的时间，而后者是测量发射和反射激光束间的相位差	① 与视觉法相比，后处理速度快。可以快速获取冠层的3D点云，运用适当的算法可以快速准确重构冠层结构图； ② 精度高。与上述方法相比，在时间和空间上可以定量描述冠层； ③ 可以获取冠层3D图像，包括高度、宽度、体积、叶面积指数和叶面积体密度	① 不适合多尘、多雾和潮湿环境； ② 传感器价格高； ③ 冠层体积测量误差与传感器和树冠中心距离、传感器方位角度直接相关，需辅助设备或方法消除这误差； ④ 在线使用过程中3D数据的存贮和处理量大

（二）超声波传感测量技术

超声波传感测量技术是一种时间差距法测量技术，由超声波发射器向某一方位发射超声波，在发射时刻的同时开始计时，超声波在空气中传播时碰到障碍物就立即返回来，超声波接收器收到反射波就立即停止计时。根据超声波在空气中的传播速度和计时器记录的测出发射和接收回波的时间差，计算出发射点距障碍物的距离。超声波传感测量技术具有鲁棒性好、价格低廉的优点；同时存在传输过程中发散角大、测量系统分辨率和测量精度较差的缺点。

一种典型的超声波测量果树冠层体积的超声波测量系统如图9-15所示，该系统中喷雾机一侧安装有3个超声波传感器，通过超声波传感器测出冠层外边界与每个传感器之间的距离 x，根据式（9-1）计算出每个区域的冠层宽度 B，然后分别按式（9-2）、式（9-3）计算区域冠层面积和树冠总体积。

$$B/2 = R/2 - e - x \tag{9-1}$$

$$S = \sum_{i=1}^{3} B_i \times \frac{H}{3} \tag{9-2}$$

$$V = \sum_{i=1}^{L/W_i} S_i \times W_i \tag{9-3}$$

式中，B_i 为第 i 个超声波传感器测量出的冠层厚度，m；L 为果树单行总长，m；W_i 为超声波单次测量的长度，W_i 与超声波测量频率和作业制度有关，m；H 为树高，m。V 为冠层体积，m³；e 为超声波传感器与喷雾机中心距离，m；S 为区域面积；$R/2$ 为喷雾机中心与树干中心距离，m。

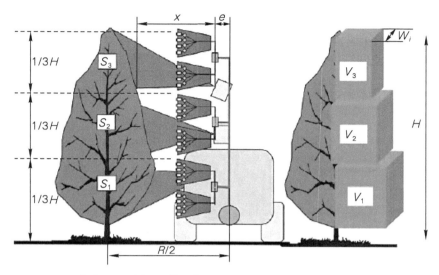

图 9-15　超声波测量果树冠层体积主要原理

注：$R/2$、H、e、x、S、V、W_i 的含义同式（9-1）～式（9-3）；S_1、S_2、S_3 分别为每个超声波传感器测出的截面面积，m²；V_1、V_2、V_3 分别为每个超声波传感器测出的冠层体积，m³。

（三）机器视觉测量技术

机器视觉法测量树冠主要有数码摄影法和立体视觉法两种。机器视觉测量系统中的图像采集器接收到靶标面的反射光后，通过 CCD 或 CMOS 视觉传感器将光学图像转换为电信号矩阵，而后通过模数转换以数字信号输入计算机。

1. 数码摄影法

利用数码摄影技术获取树冠 2D 图像，通过图像处理获得树冠图像面积特征，以椭球型几何结构来代替不同几何结构树冠，预测树冠 3D 结构（图9-16）。利用 CvBox2D 结构体拟合出最接近轮廓的椭圆，得到长半轴尺寸 a、短半轴尺寸 c，以及椭圆率 a/c，采用最小二乘法和五点参数标定法获得普适性树冠面积与体积相关关系模型，即得到与椭圆率的大小相关的树冠体积计算模型，计算公式如下所示。

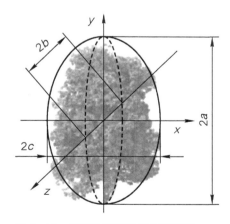

图 9-16　冠层体积图像拟合示意图

注：V 为树冠体积，m³；a、b、c 分别表示椭球的长半轴、中半轴和短半轴长度，m；x、y、z 分别为空间坐标系

$$V = \frac{4\pi}{3}\left(2\,354 - \frac{a}{c}\right)ac^2 \qquad (a/c > 1.354)$$

$$V = \frac{4\pi}{3}\left(\frac{a}{c} - 0.354\right)ac^2 \qquad (0 < a/c \leqslant 1.354)$$

2. 立体视觉法

立体视觉法是基于视差原理，利用双目摄像机从不同角度同时获取周围景物的多幅数字图像，由三角法原理进行物体三维几何信息获取的方法。通过在线融合双目图像形成立体图像，实现树冠空间结构的 3D 信息采集，其图像坐标与实际坐标按式（9-4）转换。

$$\begin{bmatrix} x \\ y \\ z \end{bmatrix} = r \begin{bmatrix} T & 0 & 0 \\ 0 & T & 0 \\ 0 & 0 & -1 \end{bmatrix} \cdot \begin{bmatrix} x' \\ y' \\ 1 \end{bmatrix} \tag{9-4}$$

式中，$T = w/f$，其中 w 为单像素尺寸，mm；f 为相机焦距，mm。其各参数空间示意如图 9-17 所示。

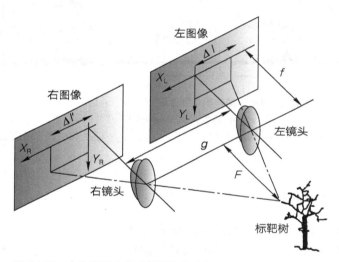

图 9-17　立体视觉空间坐标转换示意图
注：g 为双目相机镜头距离，mm；f 为相机焦距，mm；Δl、Δr 分别为两个图像中的水平位置；F 为相机与靶标点距离，$R = bf/dw$

（四）LIDAR 传感测量技术

LIDAR 传感测量技术是一种新型的探测和重构果树冠层的非接触式测量技术，采用成熟的激光 - 时间飞行原理及多重回波技术，通过激光扫描某一测量区域，并根据区域内各个点与扫描仪的相对位置，以极坐标形式返回测量物体与扫描仪之间的距离和相对角度。目前主要有时间飞行 LIDAR 和相移 LIDAR 两种方法。前者主要测量激光脉冲在传感器和靶标之间飞行的时间，而后者是测量发射和反射激光束间的相位差。与超声波传感测量法相比，LIDAR 传感测量法具有测量精度高、速度快等优点，采用适当的算法可以将 3D 点云数据重构出高精度的果树结构。

LIDAR 传感测量法将树冠按图 9-18 所示，将果树冠层分割成若干单元，利用 Sopaset 软件管理所采集的数据，在后处理软件中计算出冠层轮廓。根据测出的冠层距离 x，按式（9-1）计算出每个单元的树冠厚度 B，然后分别按式（9-2）、式（9-3）计算区域冠层面积和树冠总体积，其中分割的单元数量与传感器的角度分辨率和作业速度相关。

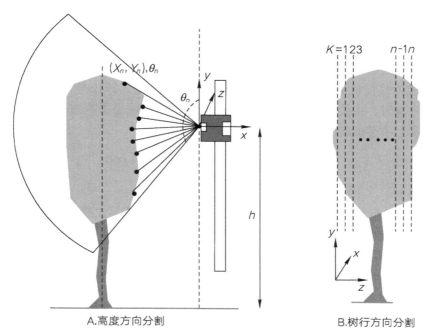

A.高度方向分割   B.树行方向分割

图 9-18   LIDAR 冠层扫描分割示意图

注：h 为传感器安装高度，m；x、y、z 为坐标系；K 为激光扫描次数；θ 为扫描点角度；(X_n, Y_n) 为扫描点坐标

二、果园智能精准施药决策系统

（一）施药量精准计算模型

施药量计算是植保施药过程很重要的环节之一，精准合理的施药量能使病虫害防治效果和环境效益有机统一。果树冠层结构参数是计算植保机械施药量的重要依据，目前普遍采用的施药量计算模型包括基于果园面积（base on ground area，GA）的计算模型、基于冠层体积（base on tree row volume，TRV）的计算模型、基于树体面积（base on leaf wall area，LWA）的计算模型和基于冠层高度（base on leaf wall height，LWH）的计算模型 4 种。

1. 基于果园面积的计算模型

基于果园面积的计算模型没有考虑冠层密度和叶面积，喷雾机按照设定的施药量对不同参数的果树进行恒量施药，造成不同冠层体积的果树上单位面积叶片的施药量不均匀。该模型采用与喷杆喷雾机相似的方法，如式（9-5）。

$$Q_{GA} = \frac{600 \cdot q_s \cdot N}{B \cdot v} \tag{9-5}$$

式中，Q_{GA} 为每公顷的施药量，L/hm^2；q_s 为单喷头的流量，L/min；N 为喷头数量；B 为喷幅，m；v 为喷雾机作业速度，km/h。

由式（9-5）可以看出，GA 模型认为的施药区域为喷幅范围内的土地面积，喷雾机的施药量不根据果树冠层个体差异来调节，喷雾量只与作业面积相关，与作业区域是否有果树、何种特征的果树无关。

2. 基于冠层体积的计算模型

基于冠层体积的计算模型假设一行树由一个长方体冠层体积组成，同时给出防治果树病虫害的推荐施药量，试验结果显示该模型可以显著提高药液分布的均匀性。该模型不断发展，现已成为植保机械精准施药量计算的一种标准方法。2012 年欧盟在修订植保机械施药量计算标准时，主要引用了该模型中每万立方米果树冠层所需施药量的概念。该模型单位树行长度上喷雾机的施药量根按式（9-6）计算。

$$q = \frac{\left[R/2 - x - e\right] \times \dfrac{H}{3} \times v \times i' \times 1\,000}{60} \tag{9-6}$$

式中，q 为单位树行长度上喷雾机的施药量，L；v 为喷雾机作业速度，km/h；i' 为每立方米冠层体积所需的施药量，L/m^3。x、e、H 含义同公式（9-1）和公式（9-2）。

针对 TRV 模型的应用，后续有很多学者根据果树冠层密度和生长期提出了不同的修正系数。如 Boucher 等为减少农药飘移，根据果树冠层密度提出施药量因子（spray volume factor，SVF）；Furness 等提出了 TRV 的单位冠层简化模型（uint canopy row，UCR），该模型不考虑作业面积及种植行距，以 100 m^3 冠层体积为单位，提出每百立方米冠层体积的施药量为 7.5 ~ 10.0 L，该模型在澳大利亚和新西兰得到应用。

3. 基于树体面积的计算模型

与 GA 模型认定的果园面积为施药区域相比，LWA 模型认定的施药作业区域为与喷头相对的果树冠层面积，如图 9-19 所示。该模型主要计算每公顷土地面积所具有的树体面积，主要影响因素有树高和种植行距。树体面积及其施药量计算模型分别为式（9-7）、式（9-8）。

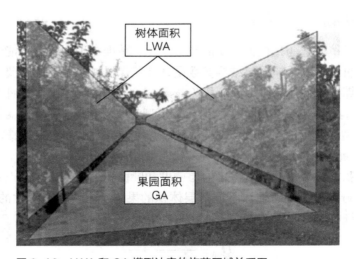

图 9-19　LWA 和 GA 模型认定的施药区域关系图

$$LWA = 2 \times \frac{H}{R} \times GA \qquad (9\text{--}7)$$

$$Q_{LWA} = 2 \times \frac{R}{H} \times Q_{GA} \qquad (9\text{--}8)$$

式中，LWA 和 GA 分别为树体面积和土地面积，m^2；Q_{LWA} 和 Q_{GA} 分别为每公顷树体面积和土地面积所需的施药量，L/hm^2；R、H 含义同式（9–1）和式（9–2）。

LWA 模型适用于在标准果园的双侧喷雾。果农根据该模型以每公顷树体面积所需的施药量为依据调整喷雾机作业参数。Walklate 等在英国开展了 LIDAR 测量、风送喷雾在不同梨园的药液沉积试验，试验结果表明在低于 GA 模型施药量下，LWA 模型计算的施药量是安全有效的。该模型也得到欧盟国家的植保机械厂商的认可，同时欧盟权威部门准备把该模型应用到农药企业，要求农药产品标签上给出建议的模型值。

4. 基于冠层高度的计算模型

在果树种植行距一致的标准果园中，可以将 LWA 模型转换为 LWH 模型，而冠层高度是很容易测量的一个参数。如在非变量施药的情况下，只需将标准行距值代入式（9–8）就可得到 LWH 模型。但该模型由于没有考虑修剪农艺、冠层叶面积指数等变化而没有得到广泛推广。

（二）智能决策模型

1. 对靶开关决策模型

对靶开关决策模型设定一个传感器输出阈值，通过独立控制各个电磁阀的开关实现对靶喷雾。主要适用于果树间具有较大间隙的果园，不能应用于机械化修剪而成的冠层较密的篱笆型果园。该模型主要根据喷雾机两侧的传感器探测出果树施药区是否有果树冠层，然后根据果树冠层的高度调整喷头的位置。目前主要有基于超声波和基于红外探测 2 种方法，如 Gil 介绍了一种基于超声波探测的距离值来控制开关喷头数量及位置的决策算法；Balsari 等通过预设冠层与喷头的距离值为 $0.8 \sim 3.0$ m 时，电磁阀开启喷头喷雾，当距离大于 3 m 时，喷头不开启。另外，Doruchowski 等研制了可以同时控制 16 路喷雾开关的变量喷雾系统，在苹果园与梨园中的试验表明该系统可以减少 $16\% \sim 25\%$ 的农药使用量；许林云等对比分析了超声波、红外和激光传感器探测果树靶标的性能，认为红外传感器受环境光影响较大，应用于果树冠层探测存在一定局限；不过邹建军等针对红外探测控制系统易受环境影响、工作不稳定、探测距离近的缺陷，研制了一种由集成电路构成的果园自动对靶喷雾机红外探测系统，探测距离为 $0 \sim 6.15$ m，最小识别间距小于 0.3 m，该系统工作稳定、灵敏度高、体积小，可有效克服自然光的干扰。

2. 离散型决策模型

对靶开关决策模型只能决策喷头的开关，在喷头打开的情况下其施药量是不变化的，而离散型决策模型不仅可以根据冠层参数决策喷头是否打开，而且可以根据传感器探测到的距离在线决策施药量。与对靶开关决策模型相比，该模型可以更精确控制施药量，但模型的决策数据仅是离散的几个点。目前一般设置 3 个离散施药量：①距离很远，喷头全关；②探测出的距离较远（即树冠薄），则施药量低；③探测出的距离较近（即树冠厚），施药量大。Moltó 等将该决策模型运用到田间试验，结果显示该模型可以减少 37%

的农药使用。

3. 连续型决策模型

连续型决策模型是通过比例电磁阀或PWM（pulse width modulation）电磁阀来控制喷雾的流量，电磁阀开启的时间是基于占空比，当占空比为0时电磁阀关闭，当占空比为100%时电磁阀完全开启，从而实现从0%~100%流量的调节。由连续型决策模型生成斜坡信号，将信号传输给比例电磁阀实现喷雾机施药量的连续控制。Chen等采用PWM电磁阀通过连续型决策模型来调节施药量，发现作业速度为3.2 km/h时，67%的水敏纸样本的雾滴覆盖率超过15%。Escolà等将连续决策模型应用到喷雾机上，根据冠层体积实时调节施药量，发现常规施药中有71%情况属于过量施药，而变量施药中只有16%属于过量施药。

4. 通用型决策模型

变量喷雾中的施药量需要考虑与冠层结构的匹配性，Walklate等推荐了一个喷雾机施药量选择的通用型决策模型，试验证明该模型评价喷雾机农药有效利用率具有很强的适应性。该模型引用了LWA模型中的冠层高与行距比和冠层拦截率与累计拦截率之比两个概念。

$$q = \frac{CQ}{v} \qquad (9-9)$$

$$d \sim \frac{\varepsilon q}{\lambda WH} \qquad (9-10)$$

$$\varepsilon = 1 - exp(-n\lambda W) \qquad (9-11)$$

模型原理如式（9-10）~式（9-13）。式中 q 为单位树行长度上喷雾机的施药量，L；C 为药箱内液体浓度；Q 为喷头总喷雾流量，L/min；v 为喷雾机作业速度，m/s；d 为单位叶片面积的施药量，L/min；W 为冠层厚度，m；H 为树高，m；ε 为拦截率，与树宽和孔隙度积成正相关，计算式为式（9-11）；λ 为孔隙度；n 为喷雾行数。

将式（9-11）代入式（9-10）得

$$d \sim \frac{q}{\sigma H} \qquad (9-12)$$

式中，σ 为冠层拦截率与累计拦截率之比

$$\sigma = \frac{\lambda W}{1 - exp(-n\lambda W)} \qquad (9-13)$$

由式（9-12）、式（9-13）可知，要确保单位叶片面积的施药量一致，必须根据树高、树宽和孔隙度（或叶面积指数）在线调节喷雾机的施药系数。通用型模型是一种最理想化的农药减施模型，可以最大限度提高农药有效利用率，是未来发展的重要方向之一。

三、果园智能施药关键部件及装备

（一）变量喷雾执行系统

喷雾量、气流速度和喷雾距离是影响果树风送喷雾沉积量的最重要的3个技术参数。

因此以下将主要介绍变量喷雾执行系统中的喷雾量、喷雾气流和喷雾位置调控系统。

1. 喷雾量调控系统

目前最常见变量喷雾系统如图 9-20 所示。系统包括 3 个独立的子系统以控制不同高度树冠的喷雾，具有与常规喷雾系统相同的药箱、泵、过滤器和压力表等部件，具有变量喷雾和常量喷雾 2 个作业模式。喷雾量调节主要有 4 种方法。

（1）压力调节

通过改变喷雾压力实现喷雾量的调节。该方法存在调节范围小、非线性、压力变化导致雾滴谱变化，药液沉积不均匀等缺点。但压力调节法具有控制方便和成本低等优点，也有学者研究开发基于压力调节的非线性变量喷雾系统。

（2）喷口截面调节

美国 SprayTarget 公司已经形成具有 VariTarget 系列、VeriJet 系列和 VeriFlow 系列变量喷头。该类喷头的喷口采用一种楔形结构，通过调整弹簧预紧力实现喷口开度随喷雾压力变化而变化，从而实现喷雾量的在线调节。

（3）PWM 调节

脉冲宽度调节（PWM）是通过调节占空比来实现喷雾量的调节，是目前应用最多的一种流量调节方法。魏新华等设计了一种 PWM 间歇喷雾式变量喷施控制器，并在 3WX-200 型悬挂式喷杆喷雾机上试验，试验结果显示整个系统的施药量控制误差在 ±6% 范围内。Liu 等研制了 PWM 集成控制器控制不同的喷头以适应复杂的喷雾系统应用。蒋焕煜等用卡尔曼滤波方法研究了占空比与喷雾流量的关系模型，不同压力条件下模型的决定系数均在 0.995 以上。还有很多学者开展基于 PWM 的变量喷雾系统的雾化性能试验，研究结果表明：喷雾量随着占空比增大而增大，而分布更不均匀；雾滴粒径随占空比增大逐渐缩小，而雾滴速度随占空比增大而增大。

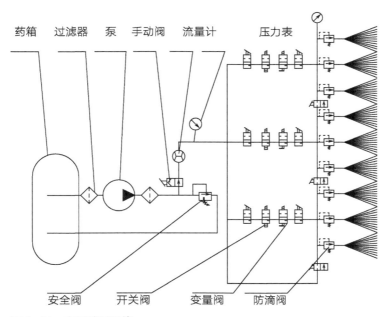

药箱　过滤器　泵　手动阀　流量计　　压力表

安全阀　　开关阀　　变量阀　　防滴阀

图 9-20　变量喷雾系统

（4）直接注入式变浓度调节

通过在喷雾系统的外部能源（泵）和电磁阀直接注入不同浓度的药液以实际浓度调节。蔡祥等构建了一种基于电磁阀的喷嘴直接注入式农药喷洒系统，该研究主要设计了一种基于电磁原理的快速反应阀门，通过 PWM 方式准确改变农药注入量和药液喷洒浓度。胡开群等结合 CAN 总线技术，设计了基于处方图的直接注入式变量喷雾机，对变量喷雾系统的喷洒均匀性和精准度进行了试验验证，结果显示直接注入式变量喷雾的总体变异系数低于 10%。

2. 喷雾气流调控系统

在果树风送喷雾过程中，与冠层相匹配的气流（气流速度、风量、气流方向）可以保证良好的施药效果，气流不足导致雾滴难以穿透冠层，而气流过大会致使雾滴难以沉积而大量飘移。Balsari 等的研究表明，当作业气流以 5 m/s 到达果树冠层时，其雾滴沉积率更高、分布更均匀。而目前果园风送喷雾中的气流道形式主要有环向出风式、塔式、柔性管多头式和独立圆盘式等。这些风送装置都是根据果树种植的特定模式而设计的，一般通过调节风机转速来改变喷雾气流速度，高速运行的风机转速响应时间长，而且其气流分布特性很难根据冠层结构变化来调整。目前学者主要关注气流分布特性与特定冠层的匹配性，如邱威等研制了圆环双流道风机，其气流速度分布与纺锤形果树冠形轮廓相一致；丁天航等针对单风道果园喷雾机两侧气流分布不对称、施药不均匀的现象，研制了双风机双风道系统。但是这些装置的气流速度及方向不能实现连续调节。Landers 在喷雾机出风口安装百叶窗结构，通过百叶窗改变出风口截面积以实现喷雾风量从 0% ~ 100% 调节，试验结果也显示该结构可以有效增加雾滴在冠层的沉积，为气流调控提供了一种新思路；但该类方法的系统执行灵敏度和可靠性都有待进一步提高。

任丽春等采用步进电机驱动，设计了一种风送喷雾风机转速检测与控制系统，为实现风送式喷雾机风机转速的精确控制，试验结果显示系统调速具有良好的动态响应。意大利 Favaro 公司设计 OVS 型喷雾机，其气流速度和方向均可以根据树冠结构进行动态调节。

3. 喷雾位置调控系统

喷雾距离是影响喷雾效果的重要技术参数之一，可以根据果树冠层结构实时调节喷雾距离，实现喷雾与冠层的仿形。Aljaz 等设计了风送喷雾几何位置在线调节装置及其控制算法。该装置显著提高农药有效利用率，降低农药飘移。宋淑然等设计了果园柔性对靶喷雾样机，试验了不同控制方式下的雾滴沉积率，结果显示最高雾滴沉积率达到 88.4%；周良富等针对篱笆型果树特点，参照澳大利亚多头圆盘式喷雾机设计了一种仿行喷雾架，通过电动丝杆调节雾化器的上下左右运动，试验结果显示组合喷雾执行装置完成升降、伸缩和旋转的时间分别为 51.3 s、50.5 s、26.5 s，由此可以看出该装置依然难以实现喷雾位置的在线调节。

（二）果园智能施药装备

果园智能施药装备作为一种一定程度上代替人工施药作业的智能装备，它集人工智能技术、传感器技术、图形识别技术、通信技术、精密及系统集成技术等多种前言科学技术于一体，代表了智能农业装备的先进水平。在现有果园施药装备中，智能施药机器人和植保无人飞机在智能化应用、精准施药及高效作业等方面优势显著，前景广阔。

1. 果园智能施药机器人

果园智能施药机器人由移动平台、喷药机构及辅助系统组成。移动平台包括惯性导航系统、卫星定位系统、控制系统及通信系统，辅助设备有遥控器、通信基站及能源系统等。

果园智能施药机器人移动平台可自主完成在果树行间的前进、后退、转向等动作，并可与遥控器、云平台实时进行数据和视频传输；机具的机械结构具有良好的可调性，以适应不同果园行间距、果树冠层高度等不同的果园环境因素；喷药装置及能源系统均固定安装在移动平台上，可在果园中随移动平台自主移动，实现自主喷药作业。

果园智能施药机器人采用高性能处理器，连接惯性测量单元、RTK 定位模块、4G 通信模块、探测传感器、施药参数求解器、驱动控制模块和施药控制模块，惯性测量单元、RTK 定位模块发送姿态位置数据，探测传感器发送环境及靶标信息，根据施药参数模型计算果园冠层的施药需求，由驱动控制模块驱动机具行驶，施药控制模块调节风送系统和喷雾系统作业，实现果园智能施药机器人的驱动控制、路径规划、自主导航、环境感知、变量施药及远程通信等功能。果园智能施药机器人控制系统结构如图 9-21 所示。

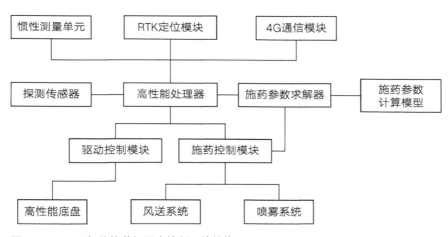

图 9-21　果园智能施药机器人控制系统结构图

2. 实例：多功能田间管理机器人

该款果园施药机器人（图 9-22）具有路径学习、无人驾驶、自主导航、智能作业等特点，不仅大幅节省人力，而且可有效避免药雾对作业人员的危害，能够显著降低果园施药作业的用工数量和劳动强度，喷雾精准、节能环保，可在弱光或夜间环境下作业。与传统手动施药相比，降低劳动强度 90% 以上。

在施药方面，果园施药机器人采用集成式多喷头风送喷雾系统，施药距离远，雾化程度高，树冠穿透效果好，果树受药均匀；在自主导航方面，果园施药机器人采用 GPS 定位导航技术、差分定位原理及惯性导航装置，集精度与稳定性于一体，实现组合式导航；在无人驾驶方面，创新果园施药机器人无人驾驶技术，通过路径学习的方式记住路径，根据记忆路径进行自主导航，从而实现无人值守式的智能作业模式；在智能作业方面，果园施药机器人具有状态感知和智能控制等功能，可实现变量喷施、断点续喷及夜间作业。

图 9-22　果园智能施药机器人实物图

3. 植保无人飞机

植保无人飞机可以无人驾驶、远程遥控、搭载并喷施农药，用于大田及果园农作物病虫害防治。植保无人飞机一般通过地面工作者遥控或规划航路等方式，控制载有药箱的无人飞机进行施药作业。该新型病虫害防治作业方式，打破了地形限制，提高了作业效率，避免了农药对作业人员的危害。植保无人飞机分为固定翼、单旋翼、多旋翼 3 种形式，分别被称作固定翼植保无人飞机、单旋翼植保无人飞机及多旋翼植保无人飞机。植保无人飞机具有飞行方式简单、施药控制智能、突破地形限制等一系列优点，为丘陵山区果园病虫害防治工作提供一种极为有效的新型作业途径。

典型的植保无人飞机分为 3 部分，即机体部分、动力部分和控制部分。机体部分是指植保无人飞机机身骨架部分，为其他部分的固定与安装提供基础；动力部分由电池、电动机、电子调速器或发动机系统等部分组成，为植保无人飞机的运行提供动力支持，使其可以安装控制指令完成相关动作；控制部分是植保无人飞机的控制系统，为运动部分提供科学准确的指令，使其运行过程中完成 GPS 定位、导航、飞行控制与作业、人机交互、切换作业方式等系列动作。

植保无人飞机具有远距离遥控和飞控自主作业功能，工作时只需要在施药作业前采集地块 GPS 信息，进行航路及作业规划，由地面站内部控制系统对飞行端发送控制指令，植保无人飞机上的施药系统进行自主施药作业，完成作业后自主返回起飞点。在植保无人飞机作业同时，可通过地面站显示系统实现实时观察飞机飞行状态及施药作业情况信息。

飞控系统是植保无人飞机的核心，飞控系统根据地面站输出的指令控制电调、水泵，输出相应的动作，通过一系列传感器测量飞行器状态，反馈给飞控系统，飞控系统发出调节输出指令，调整飞行器姿态。飞控系统由 IMU（惯性导航单元）、气压计、GPS 模块、指南针等组成，实现无人飞机姿态稳定控制、任务设备管理、应急控制三大类功能。

IMU 是一种能够测量自身三维加速度和三位角度的设备，内含三轴陀螺仪、三轴加速度计和温度计；气压计主要检测飞行器周边气压，与起飞气压作比较，通过出气压差计算飞行器与起飞点的相对高度；GPS模块能够获得飞行器的经纬度信息和空间位置信息，并采用多普勒效应计算飞行速度。GPS模块使用环境需为空旷地带，远离障碍物遮挡，以保证卫星定位系统的信号接收强度。指南针用于测量飞行器航向，利用磁场方向判别飞行器朝向，高压电塔、信号基站等自身磁场较强的单位将会对指南针产生干扰；存储设备用来存储飞行器数据，飞行器每次开机都会形成一条飞行数据，飞行数据是飞行器发生事故后的重要追溯数据；PMU是植保无人飞机中的电池管理模块，为整个飞控系统提供一个稳定电压；机载施药系统是植保无人飞机中一个相对独立的系统，其由机载药箱、水泵、喷头、控制器等构成，植保飞控系统通过连接控制器，对施药作业的流量及速度进行控制。通常采用PWM控制信号，根据飞行速度，利用PWM占空比调节施药液量。

4. 植保无人飞机在丘陵山地果园的精准智能喷雾案例

中国农业科学院植物保护研究所与深圳大疆公司联合，针对山地丘陵果园喷雾难题，研发了丘陵山地果园植保无人飞机精准智能喷雾技术，并用于柑橘黄龙病的防控（图9-23）。该技术由果园测绘、果园场景建模、精准喷雾3个环节组成。第一步是在RTK功能下P4R对整个目标果园进行测绘，通过P4R所携带的高清摄像机从不同角度对整个果园全覆盖拍摄图片，测出果园内果树树冠尺寸、树高以及每棵果树在果园的位置坐标，为后续果园场景建模做准备。第二步是果园场景建模，即利用Terra软件对P4R测绘照片中目标果树和非果树目标（包含建筑、电线杆、非果树树木等）进行识别，将果园内所有事物呈现在Terra软件建模中，开启Terra软件识别功能后，可在果园建模场景中规划T16作业航线并设定航线参数如航线高度、航线间距等，建成满足地势所需航线。第三步是精准喷雾，即将上步制作航线导入植保无人飞机遥控器，根据在Terra软件中识别结果航线设定，植保无人飞机按该航线飞行，只在识别出果树的位置根据树冠大小开启喷洒功能，进行精准高效施药。植保无人飞机根据作业地形的不断变化，可保持喷头和树冠高度的一致性，并且能做到断点补喷的智能化、精准化。

2021年底，深圳大疆公司发布了适合果园精准喷雾作业的植保无人飞机T40，其配备了"有源相控阵雷达+双目视觉"，组成一个全方位的空间感知系统，系统监测距离远达50 m，可全自主连续绕障，即使复杂地形，依然可以畅飞无阻。在T40机身上，搭载了

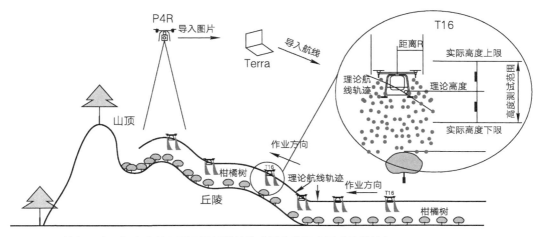

图9-23　植保无人飞机在山地果园开展智能精准喷雾作业示意图（韩鹏绘）

FPV 超高清摄像头，具有云台角度可调，可实时采集果园影像，在遥控器生成高清三维地图；然后，T40 根据航测绘制的三维地图，加上分析后的农业处方图，实现可视化作业。同时，T40 还会自动识别果园地块边界与障碍物，快速规划最优作业航线，减少满载空飞情况，显著提升作业效率。笔者从 2022 年 2 月开始，在广东梅州柚山地果园测试了其精准施药效果（图 9-24），初步结果显示，与地面管道大雾滴大容量喷雾方式相比，该种无人机采用低容量精准施药技术模式，省工、省药，防治效果好，农药利用率高。

图 9-24　大疆 T40 在梅州柚山地果园喷雾作业

数字课程学习

▶ 教学课件　　✎ 自测题　　⬇ 知识拓展

第 10 章
果园智能化管理案例

智能化果园作为果业发展的高级阶段，主要包括数字化感知、智能化决策、精准化作业、智能化管理等应用，是提高生产效率、转变产业发展方式、提高生产力的重要抓手。加快加强以 5G、物联网、机器人和人工智能技术为特色要素的智慧果园关键技术、装备融合创新，具体包括露地种植领域的遥感监测、设施条件的温室环境自动监测与控制、水肥药智能管理、病虫害远程诊断、农机精准作业等。我国重视对智能化果业的布局，并根据自身的资源优势、行业基础、科技能力等，推进适宜我国独特产业环境和产业基础的果园智能化管理之路。

第 1 节 柑橘果园智能化管理案例

为顺应当前农业发展趋势，适应当今柑橘果园轻简化、智能化管理的生产需求，促进柑橘果园管理水平及经济效益提升，武汉禾大科技有限公司联手江西省农业科学院园艺研究所，尝试打造柑橘"数字果园"示范基地，以数字新基建助力柑橘产业转型升级，推动柑橘产业向智能化方向发展。

一、案例背景

本项目案例位于江西省宜春市高安市相城镇江西园艺所"数字果园"示范基地，规划面积 200 亩，种植作物包含'甘平'、'春见'、'大雅'、'爱媛'、砂糖橘、葡萄柚、马尾柚、'纽荷尔'等品种。通过数字化技术与柑橘轻简栽培技术相结合，建立基于数据决策的种植管理平台，并应用水肥一体化技术，实现柑橘生产的可视化、精准化、智慧化管理，满足柑橘果园轻简化、智能化管理的生产需求，打造数字果园高标准示范工程，实现减肥增效、提质增产的农业生产新模式。

二、建设内容

根据项目目标，建设内容为建设"两个系统，一个平台"（图 10-1）。两个系统分别为数字水肥系统和物联网数据监测与控制系统，一个平台即数字果园管理平台。

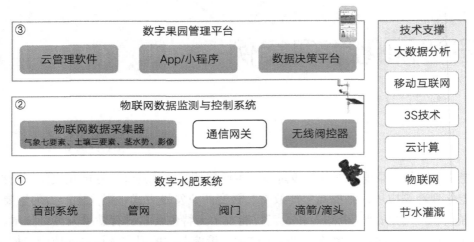

图 10-1 "两个系统，一个平台" 示意图

（一）数字水肥系统

数字水肥系统由禾大科技自主研发的数字水肥机和压力补偿管网系统构成，数字水肥机可实现农业灌溉的分区块、可视化、智能化操作（图 10-2）。通过安装和铺设"首部系统 + 管网 + 阀门 + 喷头 / 滴灌管"形成灌溉基础管网，利用高清数字地图、5G 通信与物联网技术，实现柑橘不同阶段，不同区域的水肥精准化管理。水肥系统包括以下几个核心部分：首部枢纽系统、管网系统、田间控制系统等。

1. 首部枢纽系统

首部枢纽系统是整个灌溉管网系统的核心，是灌溉水源的保证，主要由水泵、过滤系统、施肥设备、肥料配制供应系统等组成。

2. 管网系统

管网系统是将水输送到植物生长区的系统，具备节水、高效、高质量灌溉等优点。管

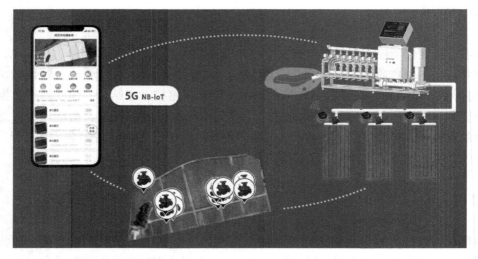

图 10-2 数字水肥系统示意图

网系统主要包含主管、支管、毛管、灌水器等部分。

3. 田间控制系统

在整个灌溉管网系统中，控制阀是非常常用的一部分，主要包含检修闸阀、空气阀、电磁阀等。

（二）物联网数据监测与控制系统

物联网数据监测与控制系统由禾大科技自研的无线控制终端及其他物联网设备构成。通过园区各类物联网设备，实时采集土壤、气候、水分、生产环境、作物长势等数据，与柑橘轻简栽培技术和数字水肥系统相关联，形成数据驱动柑橘种植管理决策体系（图10-3）。该系统包括以下几个核心部分。

1. 果园气象系统

果园气象系统是集成气象站，精准测量气压、气温、湿度、光照强度、降水量、风速、风向气象七要素，并对超出阈值的参数推送预警提示。

2. 土壤墒情监测系统

可监测5层不同位深的土壤，实时测量土壤温度、含水量以及土壤EC值，准确反映监测区域内的土壤营养、墒情状况，为精准的灌溉决策提供数据支持。

3. 作物监测系统

利用作物长势监测摄像头，自动采集并上报作物生长的高清影像，可远程查看作物实时和历史长势情况，为生产管理提供图像数据支持。通过作物茎水势传感器，可准确监测柑橘茎秆水势情况，结合土壤墒情及气象数据，为生产提供精准灌溉的决策数据。

4. 物联网数据控制系统

通过禾大科技自主研制的功耗无线控制终端，可以实现电磁阀的远程控制，实现精准灌溉控制。同时，该终端还可将其他传感器数据传输至控制终端，并上传至云端，最终在数据管理平台实现数据展示。该控制终端是整个物联网数据监测与控制系统的核心。

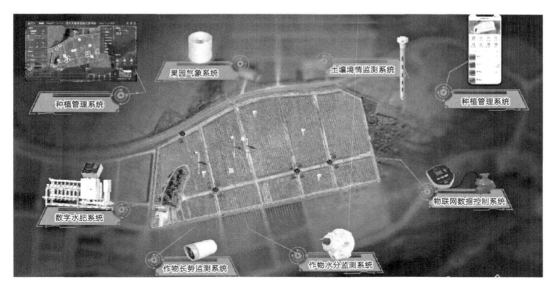

图10-3　数字橘园监测和控制管理系统

（三）数字果园管理平台

数字果园管理平台是整个果园数字化的核心体现。作为一套综合的管理平台，由数字果园展示平台、智慧灌溉云管理软件和灌溉执行平台（App 小程序）组成。

1. 数字果园展示平台

可全面地展示整个灌溉区的管网和设备分布、物联网数据、灌溉数据、养护的实时和历史数据的统计情况（图 10-4），为果园的水肥灌溉、管理精准决策提供数据支持。同时，平台通过不断累积灌溉、施肥及传感器采集的相关数据，为建立柑橘果园的精准灌溉模型奠定基础。

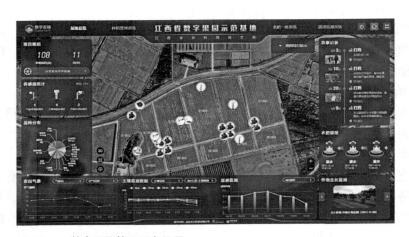

图 10-4　数字果园管理平台界面

2. 智慧灌溉云管理软件

为水肥机定制软件，其利用高清地图、5G 物联网通信技术，对水肥控制实现可视化管理操作。软件采用高清地图进行灌区划分，并在灌区划分基础上按照轮组进行灌溉施肥或按照单灌区进行手动灌溉施肥。支持 4 个施肥通道自定义设置，可满足不同时期对养分配比的需求。灌溉任务设置支持可手动、定时、定周期、数据触发等方式，完成远程灌溉施肥，提升便捷性和及时性。

3. 灌溉执行平台

农服人员和技术员可以通过公司研发的 App 小程序，查看园区物联网设备收集的实时数据，设定和管理灌溉任务；也可以针对不同场景实现作物的智能灌溉，如预设周期性灌溉任务并自动执行，或通过设定不同物联网设备采集的数据阈值，以触发自动灌溉任务，使柑橘生产管理更加智能和便捷。

三、创新成果

（一）精细管理全程监测

通过"柑橘数字管理平台 + 移动端 App"，技术人员与管理者能及时、方便地了解园区各类生产经营必需的历史和实时信息，如风向、风速、降水量、空气温湿度、土壤温湿度等。系统内提供的作物知识库及专家在线咨询系统帮助生产者应对各种生产状况。依托物联网和大数据技术，随时观察果园动态，实现了工作人员、管理人员及技术专家的即时联动，确保了柑橘生产全程监测及精细管理，提升果园管理和生产效率。

（二）智能灌溉精准高效

"数字水肥机＋基础管网"与物联网监测、控制器相结合，配合华中农业大学柑橘轻简化栽培周年管理技术模型，组成智能灌溉管理系统。园区柑橘施肥、灌溉依据系统设定自动运行，结合物联网实时反馈数据进行模型修正，将肥、水融合，在果树最需要的时期，定点、定量、均匀地施入果树根际吸收部位，降低施肥劳动强度，缩短溶肥时间，降低气候条件的影响，提高肥水的利用率，提升柑橘品质。据测算，盛产期果园每亩每年节省用水 60% ~ 70%，每亩节省劳动力投入 300 元以上，节省肥料、农药投入 700 元以上，增效 30% 以上，节支增效 1 200 元以上。

（三）产品溯源多级监管

立足于江西省柑橘标准化要求，将果园生产过程、生长环境数据、柑橘品质数据与二维码防伪结合，构建政府监管、企业自查与公众监督的"三位一体"产品安全与质量管理体系。依托产品溯源及监管体系倒逼果园建立诚信体系，促进农产品质量安全的提升。通过示范应用，将带动其他生产主体加入农产品质量安全追溯体系建设中，建立柑橘品牌，引领产业升级。

葡萄果园智能化管理案例

葡萄的现行栽培技术尤以劳动密集和技术密集为特征，每亩栽培管理花费劳动力近 40 ~ 50 工日，人员薪资已经达到葡萄园经营成本的 50% 以上。葡萄田间管理体力消耗大，目前葡萄园管理鲜见青壮年劳动力，而全国果园从业人员平均年龄已达 59.8 岁，老龄化严重，因此 10 年后将会面临无人管理的严重局面。为了吸引青年在葡萄栽培领域从业，降低管理成本，提高效益，上海交通大学联合有关公司和葡萄专业合作社重构葡萄园管理农艺技术，导入物联网、AI 和机器人自动化技术，组配适宜的智慧化成套技术与装备，制定数字化葡萄园技术标准，建成基于机器人作业的智能化管理葡萄园示范基地，逐步实现葡萄园管理全程的"机器换人"目标（图 10-5）。

一、葡萄园宜机化作业环境改造

采用暗管排水、根域限制、局域根域限制等技术，填埋果园内纵横交错的排水沟，改变园内坑洼不平、机械不能入园的状况，构建便于人、机通行的果园园貌（图 10-6），使

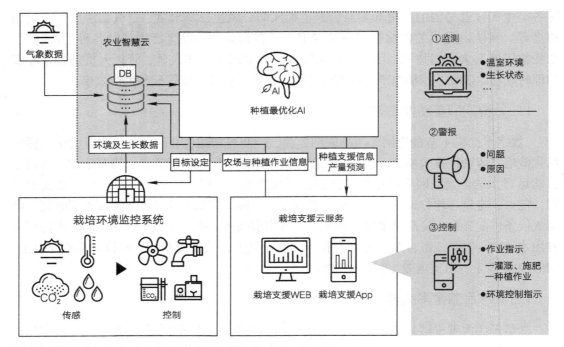

图 10-5　将葡萄园改造成不依赖经验和直觉的智能化管理模式

土壤肥水管理的机械参与率达到 80% 以上。

二、标准化农艺技术重构

（一）大行距种植模式构建

改变目前葡萄树行狭窄、叶幕低矮的矮化密植栽培模式，将葡萄栽培行距扩大到 4 m 以上，进行低密度栽培，变革目前葡萄树形构建，确保成型后有 2 m 以上的空间用于机械通行。

图 10-6　无排水明沟、无障碍性支柱和垄沟的宜机化水平葡萄园貌

（二）树形和叶幕构建

在葡萄园生产管理中全程贯彻"降维、标准、轻量"的理念，使栽培技术由繁复走向简易和标准，树形结构由多层级变为少层级，修剪等管理由"技艺"变"简单"，降低劳动强度，提升农机参与度，降低生产成本。从树形和叶幕构建着手，优化平棚架双主蔓分组式整形方式，构建 H 字形和顺行 T 字形主蔓结构和 VH 型叶幕，形成高光能截获率叶幕及花果穗管理省力的主干高度和新梢、叶幕构型，降低作业的劳动强度，提高作业舒适度，并为机械辅助修剪、采摘等枝、花、果管理提供便利条件。

（三）葡萄穗整形

为保障花果穗管理的智能化，根据智能管理作业要求，需构建易于三维定位识别的葡萄穗整形方式，即葡萄穗顺行成列着生在葡萄主蔓两侧，左右分布误差小于 20 cm，且果穗轴长度 20 cm 以上（图 10-7）。

图 10-7　葡萄穗整形方式

三、葡萄园物联网检测系统

（一）构建管理平台

基于物联网传感器节点、无线通信技术和数据收集分析的管理平台，进行葡萄园环境检测系统监测，实现葡萄园气候环境数据的自动精准采集。

（二）环境数据采集

实时采集葡萄园中温度、湿度、光照强度、CO_2、EC、pH 等多种环境和土壤数据，并将数据可视化展示，以对葡萄树生长状况做出分析判断，并防止种植管理中异常情况的发生。

（三）葡萄园环境在线监测与报警系统建设

根据葡萄园生长时期不同，设置温度、湿度、光照强度、CO_2、EC、pH 等环境和土壤要素的报警阈值，实时将报警触发信息发送至相关人员，提醒相关人员及早采取应对措施。葡萄园环境数字化控制系统如图 10-8 所示。

四、葡萄园精准水肥一体智能化精准灌溉

在全程精准调控的指导思路下，精准获取葡萄树生育与环境响应参数，建立水分动态与环境及果树生长状况的相互反馈关系，整合果树生长诊断信息等，构建精准专家决策系统，最终在专家系统支持下，通过多个传感器融合的智能操作系统，通过实时分析处理传感器数据信息，达到所设阈值时（必要时也可人为干预），自动启动灌溉设备运转；当土壤水势达到标准值时则自动停止灌溉，从而实现精准化、智能化、科学化远程控制的节水灌溉、绿色灌溉和数字化灌溉。监测系统主要包括：基于 IPV6（互联网协议第 6 版）的无线传感器网络架构，可与现有 IP（网际互联协议）网络兼容；采用 COAP（受限应用）与 MQTT（消息队列遥测传输）协议监测环境因子，同时满足主动发布传感器数据和被动传感器数据查询的需求。最终，通过控制系统，实现基于葡萄树体水分状况的水肥一体智能化精准供给（图 10-9）。

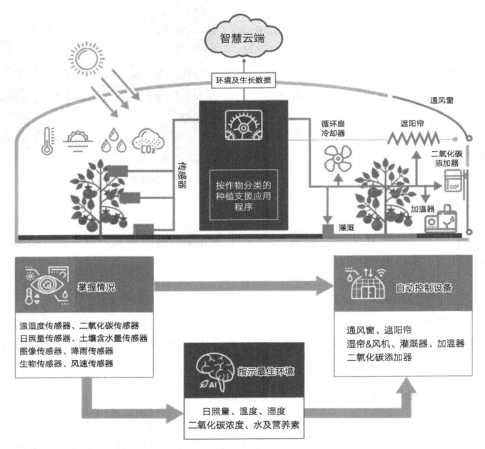

图 10-8　葡萄园环境在线监测与报警系统

图 10-9　基于葡萄树体水分状况的水肥一体智能化精准供给系统

五、病虫害监测预警

建立以空间建模和预测分析为核心的果树病虫害监测预警信息化平台，结合研发的重大病虫害预测模型和技术，设立果树病虫害田间信息采集传输客户端 App，实现定位监测和数据实时传输，以及葡萄树病虫害和气象因子物联网远程监测与数据传输，建立葡萄园智能化病虫害监测、识别和预警系统，主要包括：基于 MQTT 的远程控制技术，借助无线传感器获取葡萄树实时生长环境信息；利用摄像实时获取果树病情、虫情和生长情况等参数和视频图像信息，实现远程监测，果树专家系统在获取信息并判断病虫害程度后，利用数据分析方法实现对果树的病虫害预警、预报分析，提供精准施药管理决策，并通过对智能装备（机器人和电磁阀等）的智能控制，进行自动变量施药，实现果园智慧病虫害防治。

六、葡萄园生产过程智能化机械选配

针对果园花费劳动力多、劳动强度大的生产环节，筛选果园地面管理、土壤培肥、智能化喷药和物料、果品搬运等装备。

（一）模块化履带式电驱移动平台

利用适用于葡萄园场景的多模态 SLAM 组合导航技术，建设履带式电驱移动载物平台，构建基于激光雷达、视觉、北斗 GNSS、毫米波雷达、RGB-D 相机、惯导等多传感器融合的全工作空间嵌入式定位导航模块，以及多机器人物流管理最优化调度平台。

（二）土壤培肥

利用电驱动平台具备的葡萄园导航精准化和多方式障碍感应，根据葡萄园机器人地图构建和自主路径规划方法，对特定目标进行对靶和分区变量开沟施肥。执行末端满足开沟、培肥沟宽度 50～70 cm、深度 40～50 cm，可作业深度、宽度自主测量与控制，偏置式自适应仿形且配备有沟壁垂直切割根系刀具的智能化、机械化开沟和培肥作业装备。

（三）除草

利用电驱动平台具备的葡萄园导航精准化和多方式障碍感应，根据葡萄园机器人地图构建和自主路径规划方法，对特定目标进行对靶和分区变量除草。执行末端配置有行间旋耕和行内避障的旋耕机，具备除草作业自主仿形控制，可实现点对点输出的对靶作业精量控制。

（四）物资运输

利用电驱动平台具备的葡萄园导航精准化和多方式障碍感应，根据葡萄园机器人地图构建和自主路径规划方法，进行点对点输出。执行末端根据种类配备，实现葡萄园物品的无人化运输。

（五）巡园

利用电驱动平台具备的激光雷达、视觉系统，定时巡视葡萄园各部情况，视频报告总控室实时现状与异常（大棚状况、树体生长状况、温湿度状况、观光园内各部位人流状况），为制定指令提供参考。

七、控制云平台

从定位系统、通信系统、识别系统、执行系统和监测系统切入搭建云计算平台、葡萄树信息感知和移动作业机器人，建立葡萄树体结构模型与控制算法，借助作业机器人对葡萄树进行周年自动化管理的控制策略、智能导航和作业规划。集成以智能农业装备为核心的智能葡萄园调度系统，包括田间信息感知获取、田间智能作业机械、田间互通互联，以及云端互联系统、云平台决策管控中心（图10-10），全面覆盖葡萄园生产"耕、管、收"等环节。

图 10-10　智慧果园种植云服务平台

郑重声明

高等教育出版社依法对本书享有专有出版权。任何未经许可的复制、销售行为均违反《中华人民共和国著作权法》，其行为人将承担相应的民事责任和行政责任；构成犯罪的，将被依法追究刑事责任。为了维护市场秩序，保护读者的合法权益，避免读者误用盗版书造成不良后果，我社将配合行政执法部门和司法机关对违法犯罪的单位和个人进行严厉打击。社会各界人士如发现上述侵权行为，希望及时举报，我社将奖励举报有功人员。

反盗版举报电话　（010）58581999　58582371
反盗版举报邮箱　dd@hep.com.cn
通信地址　北京市西城区德外大街4号　高等教育出版社法律事务部
邮政编码　100120

读者意见反馈

为收集对教材的意见建议，进一步完善教材编写并做好服务工作，读者可将对本教材的意见建议通过如下渠道反馈至我社。

咨询电话　400-810-0598
反馈邮箱　gjdzfwb@pub.hep.cn
通信地址　北京市朝阳区惠新东街4号富盛大厦1座　高等教育出版社总编辑办公室
邮政编码　100029

防伪查询说明

用户购书后刮开封底防伪涂层，使用手机微信等软件扫描二维码，会跳转至防伪查询网页，获得所购图书详细信息。

防伪客服电话　（010）58582300